JN036525

学ぶ人は、
変えて
ゆく人だ。

目の前にある問題はもちろん、

人生の問いや、

社会の課題を自ら見つけ、

挑み続けるために、人は学ぶ。

「学び」で、

少しずつ世界は変えてゆける。

いつでも、どこでも、誰でも、

学ぶことができる世の中へ。

旺文社

図やイラストがカラーで見やすい

橋爪の

ゼロから劇的にわかる理論化学の授業

改訂版

橋爪健作 著

旺文社

はじめに

「化学の受験勉強を始めたいが，どこから何を勉強したらよいか困っている。」
「化学の勉強をとりあえず始めてみたけれど…。」
「行きたい大学・学科を受験するには，化学を勉強しなければいけないけれど，化学が苦手で困っている。」
「学校で化学の授業が始まったが，難しくてついていけなくなった。」

など，最近，このような質問や意見を多く受けるようになりました。『化学基礎』と『化学』の教科書を合わせると 800 ページ近くのページ数になることや「発展」という形で高校化学の範囲を超えた内容の記述が教科書に多く書かれていることなどもその原因なのかなと思っています。教科書は多くのことが記載されているため，どこをどう覚えたらよいのか，入試ではそれぞれの分野がどのように問われるのかというのは，教科書をくり返し読み，ひたすら入試問題を解いてもなかなか見えてこないと思います。

　そこで，
「入試で頻出する最重要の内容」を「教科書よりもやさしく，わかりやすく」を目標に，今回，この本を執筆しました。この本をていねいに読み，「必要最小限にしぼりこんだ問題」を解くことで，

「入試で必要とされる内容が短時間で要領よく身につき」，
「正確な知識が得られ」，
「入試問題を解き切るための本物の基礎力がつく」
ようになると思います。

　かたくるしい『まえがき』になりましたが，「読みやすく」，「わかりやすく」執筆しました。あまり身構えず，気楽に読んでみてください。短時間で得点力が飛躍的につくはずです。

　本書で学んでくれた人が目標の大学・学部に合格できるよう，祈っております。第一志望の大学・学部に合格できるように頑張ってくださいね。

橋爪　健作

本書の構成と使い方

　高校化学は，教科書（化学基礎・化学）の全範囲を3分野（「理論化学」・「無機化学」・「有機化学」）に分けることができます。本書では，その中の「理論化学」をくわしく学びます。

　化学の学習をこれからはじめる人，苦手意識をもっている人，試験で点が伸び悩んでいる人のために，本書は，超基礎からていねいに説明していますので，教科書がわからなかったという人でも，無理なく実力がつくようになるはずです。

──● このStepでの目標です。Stepにそって，橋爪先生が超基礎からていねいに説明をします。じっくり，ていねいに読み，勉強していきましょう。

──❷ イメージのしかたや，理解を深めるための説明です。橋爪先生オリジナルの考え方がつまっています。

暗記する事項・考え方のポイントなど，大切なところです。ノートに書きとって暗記する，自分なりのコメントをつけて暗記するなど，工夫して覚えましょう。

学んだ内容を確認しながら，練習問題を解きましょう。とてもくわしい解説になっていますので，理解がスムーズに進み，知識の定着と実戦力がつきます。なお，問題は学習しやすいように，適宜改題しています。

ここまでの内容で特に重要なところをポイントとしてまとめてあります。しっかり確認しましょう。

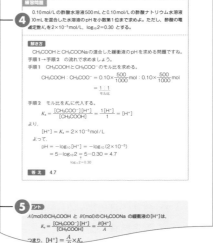

目 次

著者紹介　橋爪健作（はしづめけんさく）

東進ハイスクール講師・駿台予備学校講師。やさしい語り口調と，情報が体系的に整理された明快な板書で大人気。群を抜く指導力も折り紙つき。基礎から応用まであらゆるレベルに対応するその授業は，丁寧でわかりやすく，受験生はもちろん高校 1，2 年生からも圧倒的な支持を得ている。著書に，『橋爪のゼロから劇的にわかる 無機・有機化学の授業 改訂版』『基礎からのジャンプアップノート無機・有機化学（化学基礎・化学）暗記ドリル』（以上，旺文社）『化学（化学基礎・化学）基礎問題精講 四訂版』『化学（化学基礎・化学）標準問題精講 六訂版』（以上，共著。旺文社），『化学基礎 一問一答【完全版】2nd Edition』『化学 一問一答【完全版】2nd Edition』（以上，東進ブックス）などがある。

第1講 | 物質の分類・原子の構造・同位体

Step 1 物質を分類してみよう。

●混合物と純物質

まずは，次の①〜⑤を見てください。

① 空気 ② 窒素 ③ 酸素 ④ アルゴン
⑤ 二酸化炭素

〈問〉 ①〜⑤を「混合物」と「純物質」に分けてみましょう。

混合物とは**複数の物質が混じりあったもの**，純物質（純粋な物質）とは **1 種類の物質からできているもの**をいいます。

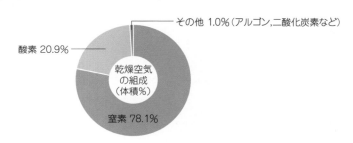

その他 1.0%（アルゴン, 二酸化炭素など）

酸素 20.9%

乾燥空気の組成（体積%）

窒素 78.1%

上の図を見ると，空気は窒素・酸素・アルゴン・二酸化炭素などが混じった混合物であることがわかります。それに対して，窒素，酸素，アルゴン，二酸化炭素はそれぞれ 1 種類の物質からできている（混じっているものがありません！）ので，純物質ですね。

〈答〉 混合物 ⇒ ①空気

　　　 純物質 ⇒ ②窒素，③酸素，④アルゴン，⑤二酸化炭素

混合物の判定にくらべて，純物質の判定は難しく感じましたか？
純物質は決まった融点や沸点をもつため，融点や沸点を手がかりに混合物・純物質を判定することもできますよ。

● 混合物…決まった融点や沸点をもたない
● 純物質…決まった融点や沸点をもつ

→ 例 1気圧(1013hPa)の下，窒素の沸点は－196℃，酸素の沸点は－183℃で一定

●混合物の分離

混合物から目的の物質を分けることを分離，分離した物質から少量の不純物を取り除いて，より純度の高い物質を得ることを精製といいます。混合物の分離・精製には，

(1)ろ過 (2)蒸留・分留 (3)再結晶 (4)抽出 など
P.178で学習します 「無機・有機編」で学習します

があります。ここでは，(1)ろ過と(2)蒸留・分留について紹介します。

(1)ろ過

液体とその液体に溶けにくい固体の混合物をろ紙などを使って分離する操作をろ過といいます。このとき，ろ紙を通過した液体はろ液といいます。例えば，砂が混じった塩化ナトリウム水溶液(食塩水)を図のようにろ過すると，砂がろ紙の上に残り，砂と塩化ナトリウム水溶液を分離することができます。ポイント❶～❸に注意しましょう。

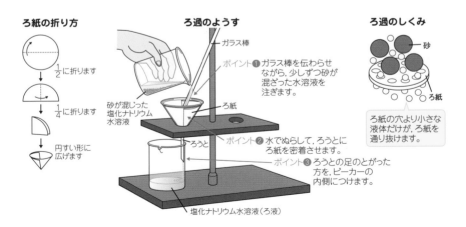

ろ紙の折り方
$\frac{1}{2}$に折ります
$\frac{1}{4}$に折ります
円すい形に広げます

ろ過のようす
ガラス棒
ポイント❶ ガラス棒を伝わらせながら，少しずつ砂が混ざった水溶液を注ぎます。
砂が混じった塩化ナトリウム水溶液
ろ紙
ろうと
ポイント❷ 水でぬらして，ろうとにろ紙を密着させます。
ポイント❸ ろうとの足のとがった方を，ビーカーの内側につけます。
塩化ナトリウム水溶液(ろ液)

ろ過のしくみ
砂
ろ紙
ろ紙の穴より小さな液体だけが，ろ紙を通り抜けます。

(2)蒸留・分留

　液体とほかの物質の混合物を加熱し，発生した蒸気を冷却して再び液体にすることで，液体とほかの物質を分離する操作を蒸留といいます。

蒸留は，成分物質の
沸点の違いを利用して分離します。

　塩化ナトリウム水溶液（食塩水）を次の図のように蒸留すると，水だけが蒸発するので水を分離することができます。ポイント❶～❺をおさえ，器具の名前を覚えましょう。

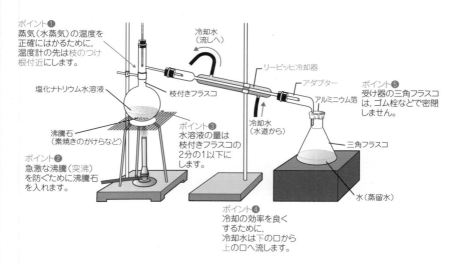

ポイント❶
蒸気（水蒸気）の温度を
正確にはかるために，
温度計の先は枝のつけ
根付近にします。

塩化ナトリウム水溶液

枝付きフラスコ

冷却水
（流しへ）

リービッヒ冷却器

アダプター

アルミニウム箔

ポイント❺
受け器の三角フラスコ
は，ゴム栓などで密閉
しません。

沸騰石
（素焼きのかけらなど）

ポイント❷
急激な沸騰（突沸）
を防ぐために沸騰石
を入れます。

ポイント❸
水溶液の量は
枝付きフラスコの
2分の1以下に
します。

冷却水
（水道から）

三角フラスコ

水（蒸留水）

ポイント❹
冷却の効率を良く
するために，
冷却水は下の口から
上の口へ流します。

　また，石油（原油）などの液体の混合物を蒸留し，沸点の違いを利用して各成分に分離する操作は特に分留（分別蒸留）といいます。

　分留の例としては，次の(1)(2)が有名です。
(1)石油（原油）から，ガソリン，灯油，軽油などを分離する
(2)液体空気から，窒素，酸素などを分離する

●単体と化合物

次は，「単体と化合物の違い」について考えましょう。

重要！　純物質 {単体 化合物 ⇒ つまり，純物質は単体と化合物に分けることができる

気づきましたか？　単体や化合物は，純物質をさらにこまかく分けたものなのです。覚えておいてくださいね。

単体とは1種類の元素からできている純物質，**化合物とは2種類以上の元素からできている純物質**をいいます。

難しいですか？　単体と化合物は，元素記号に注目すると区別しやすいですよ。

さきほど，純物質として窒素 N_2，酸素 O_2，アルゴン Ar，二酸化炭素 CO_2 を紹介しました。

何か気づくことはありませんか？　そうです。N_2，O_2，Ar のように

　　元素記号1種類で表せる純物質が**単体**，

CO_2 のように

　　元素記号2種類以上で表せる純物質が**化合物**

なのです。

ポイント　　単体と化合物の見分け方

- ●単　体…元素記号1種類だけで表せる純物質
  - 例 窒素 N_2，酸素 O_2，アルゴン Ar，鉄 Fe，銅 Cu
    - これで元素記号1種です
- ●化合物…元素記号2種類以上を使って表せる純物質
  - 例 二酸化炭素 CO_2，水 H_2O，塩化ナトリウム NaCl

●単体と元素

　元素という化学用語はすでに出てきましたが，元素は単体と同じ名称でよばれることが多く，その区別がつきにくいです。

> **チェックしよう！**　単体 と 元素 ⇒ 区別しにくい!!

　区別しにくいため，入試で「単体でなく元素の意味で用いられているものを1つ選べ。」というような問題が出題されます。

> **考え方**　元素 ⇒ 単体や化合物をつくっている成分。元素記号で表す。

　これでは，元素と単体を区別しにくいですね。そこで，

① 図で

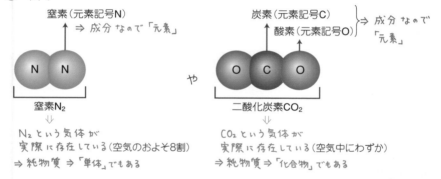

または，

② 文章で

　　「二酸化炭素 は 炭素 と 酸素 から 構成されている」
　　　化合物　　　元素　　　元素

と覚えておきましょう。

> **ポイント**　単体・化合物と元素の見分け方
>
> ●単体・化合物…実際に存在している純物質
> ●元素…………………単体や化合物をつくっている成分
>
> **例**　優勝者に金のメダルが与えられた。
> 　　　┗→ 金 Au という実際に存在している固体をさすので「単体」の意味です
>
> カルシウムは骨に多く含まれている。
> 　┗───→ カルシウム Ca という実際に存在している金属の固体（単体）は骨に含まれ
> 　　　　ていないので，「元素」の意味。骨はリン酸カルシウム（$Ca_3(PO_4)_2$ と書きま
> 　　　　す）を多く含んでいるので，「リン酸カルシウムは骨に多く含まれている。」
> 　　　　という文章であれば，リン酸カルシウムは「化合物」の意味になります

●同素体

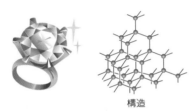

ダイヤモンド
（無色透明，きわめて硬い，電気を通さない）

構造

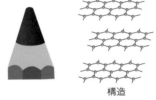

黒鉛
（黒色，やわらかい，電気をよく通す）

構造

　上の図を見てください。●はどれも炭素原子 C を表しています。宝石のダイヤモンドと鉛筆のしんの材料に使われる黒鉛（グラファイト）は，どちらも単体で，同じ炭素元素 C からできています。

　ところが，ダイヤモンドと黒鉛は上の図にあるように，色，硬さ，電気の通しやすさなどの性質が異なります。

　ダイヤモンドや黒鉛のように，**同じ元素からできているのに性質の異なる単体**をたがいに同素体といいます。同素体については，まず，

> **暗記しよう！**　同素体は $\overset{スコップ}{SCOP}$ に存在

と覚えてしまいましょう。

　次に，同素体の例を S，C，O，P の順におさえていくことにします。

(1)硫黄 S の同素体

斜方硫黄 S_8，単斜硫黄 S_8，ゴム状硫黄 S_x を覚えましょう。

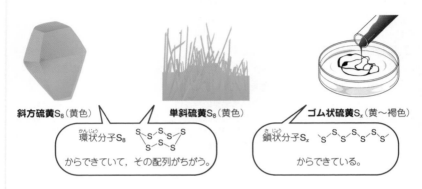

斜方硫黄S_8（黄色）　　　**単斜硫黄S_8**（黄色）　　　**ゴム状硫黄S_x**（黄～褐色）

環状分子S_8 からできていて，その配列がちがう。

鎖状分子S_x からできている。

(2)炭素 C の同素体

ダイヤモンド，黒鉛（グラファイト），フラーレン，カーボンナノチューブを覚えましょう。

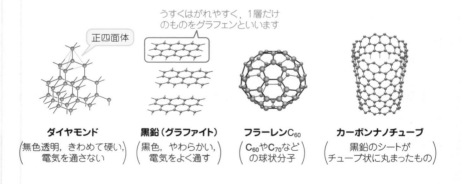

うすくはがれやすく，1層だけのものをグラフェンといいます

正四面体

ダイヤモンド
（無色透明，きわめて硬い，電気を通さない）

黒鉛（グラファイト）
（黒色，やわらかい，電気をよく通す）

フラーレンC_{60}
（C_{60}やC_{70}などの球状分子）

カーボンナノチューブ
（黒鉛のシートがチューブ状に丸まったもの）

(3)酸素 O の同素体

酸素 O_2 とオゾン O_3 を覚えましょう。

折れ線

酸素O_2
（無色・無臭の気体）

オゾンO_3
（淡青色・特異臭の気体）

(4)リンPの同素体

黄(おう)リンP₄と赤(せき)リンPを覚えましょう。

空気中で自然発火するので水中に保存する

黄リンP₄
（淡黄色，猛毒）

正四面体状
分子P₄

マッチ箱の摩擦面は
赤リン

赤リンP
（赤褐色，毒性が少ない）

網目状分子
P

補足 黄リンは，精製すると無色になるので白(はく)リンともよばれます。

ここまでで学んだ内容をまとめますね。

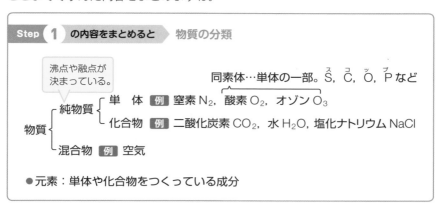

Step 1 の内容をまとめると ▶ 物質の分類

沸点や融点が
決まっている。

同素体…単体の一部。S(ス)，C(コ)，O(ッ)，P(プ)など

物質 ┤純物質┤単 体 例 窒素 N₂，酸素 O₂，オゾン O₃
　　　　　　└化合物 例 二酸化炭素 CO₂，水 H₂O，塩化ナトリウム NaCl
　　　└混合物 例 空気

●元素：単体や化合物をつくっている成分

Step 2 原子に関する化学用語を正確に身につけよう！

●原子

中学で「物質は**それ以上分割できない粒子**からできている」ことを学びました。この考えを原子説といい，唱えた人が**ドルトン**でした。また，この粒子のことを原子といいました。

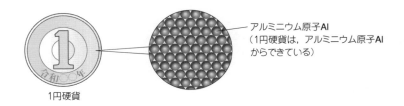

アルミニウム原子Al
（1円硬貨は，アルミニウム原子Al
からできている）

1円硬貨

原子は，種類によって大きさや質量が異なっています。

例 ヘリウム原子　　　　　　　　大きさがちがう　　　　　　**アルゴン原子**

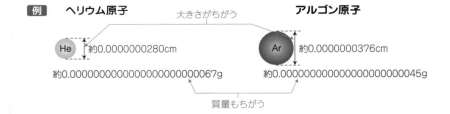

He　約0.0000000280cm　　　　　　　　　　Ar　約0.0000000376cm

約0.00000000000000000000000067g　　　　約0.000000000000000000000000045g

質量もちがう

ここで，ヘリウム原子 He の構造について詳しく調べてみましょう。

ヘリウム原子 He は，その中心に**正の電荷をもつ原子核**とそれをとりまく**負の電荷をもつ電子**とからできていて，原子核と電子との間には電気的な引力が働いています。そして，原子核は，**正の電荷をもつ陽子**と**電荷をもたない中性子**からできています。

また，陽子（⇒電荷＋1）の数と電子（⇒電荷−1）の数が等しいので，原子は電気的に中性です。

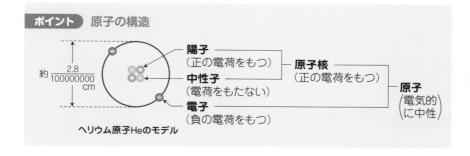

ポイント 原子の構造

約 $\dfrac{2.8}{100000000}$ cm

陽子
（正の電荷をもつ）

中性子
（電荷をもたない）

電子
（負の電荷をもつ）

原子核
（正の電荷をもつ）

原子
（電気的に中性）

ヘリウム原子Heのモデル

●原子の記号表示

元素ごとに原子核中の陽子の数が決まっています。つまり，

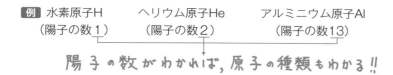

例 水素原子H　　　ヘリウム原子He　　　アルミニウム原子Al
　　（陽子の数1）　　　（陽子の数2）　　　　（陽子の数13）

陽子の数がわかれば，原子の種類もわかる!!

例のように，陽子の数で原子の種類を区別できるのです。そこで，**陽子の数**を原子の背番号つまり原子番号とします。原子番号は元素記号の左下に書きます。

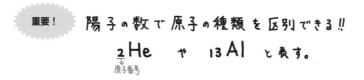

重要! 陽子の数で原子の種類を区別できる!!
$_2$He や $_{13}$Al と表す。
　　原子番号

また，陽子1個の質量は1.673×10^{-24} [注] g，中性子1個の質量は1.675×10^{-24}g（陽子1個とほぼ同じ），電子1個の質量は9.109×10^{-28}g（陽子1個のほぼ $\dfrac{1}{1840}$）です。

[注] $10^{-24} = \dfrac{1}{10^{24}} = \dfrac{1}{100000000\cdots\cdots 0}$　です。
　　　　　　　　　　　　　　　0が24個あります

数値が小さすぎてわかりにくいので，わかりやすくするために陽子1個の質量を1とおいてみます。中性子1個の質量は陽子1個の質量とほぼ同じなので1，電子1個の質量は陽子1個の質量のほぼ $\frac{1}{1840}$ なので $\frac{1}{1840}$ になります。

ポイント 陽子・中性子・電子の質量比

　　1個の質量比は，陽子●：中性子●：電子● ＝ 1：1：$\frac{1}{1840}$

　ここで，ヘリウム原子He 1個の質量は，陽子1個の質量を1とおくと，

ヘリウム原子He

$$\underset{\substack{\text{陽子1個}\\\text{の質量}}}{\frac{1}{1}} \times \underset{\substack{\text{陽子}\\\text{の数}}}{2} + \underset{\substack{\text{中性子}\\\text{1個の質量}}}{\frac{1}{1}} \times \underset{\substack{\text{中性子}\\\text{の数}}}{2} + \underset{\substack{\text{電子1個の}\\\text{質量}}}{\frac{1}{1840}} \times \underset{\substack{\text{電子の数}}}{2}$$

＝4＋0.00108…≒4（およそ4）

$\frac{2}{1840}$ ＝2÷1840＝0.00108…より

注 4＋0.00108は，約4と近似してよさそうですね。

と表せ，アルミニウム原子(陽子13個，中性子14個，電子13個)Al 1個の質量は，同様に，

アルミニウム原子Al
$\left(\begin{array}{c}●13個\\●14個\\●13個\end{array}\right)$

$$\underset{\substack{\text{陽子1個}\\\text{の質量}}}{\frac{1}{1}} \times \underset{\substack{\text{陽子}\\\text{の数}}}{13} + \underset{\substack{\text{中性子}\\\text{1個の質量}}}{\frac{1}{1}} \times \underset{\substack{\text{中性子}\\\text{の数}}}{14} + \underset{\substack{\text{電子1個の}\\\text{質量}}}{\frac{1}{1840}} \times \underset{\substack{\text{電子の数}}}{13}$$

＝27＋0.00706…≒27（およそ27）

$\frac{13}{1840}$ ＝13÷1840＝0.00706…より

と表せます。まとめると，

	ヘリウム原子 He	アルミニウム原子 Al
原子1個の質量	およそ4	およそ27

となって，原子の質量の違いをイメージしやすくなります。

　例えば，アルミニウム原子 1 個がヘリウム原子 1 個よりどのくらい重いかは，わざわざ正確な(こまかい)数値を使って考えなくても，4 と 27 から，およそ $\frac{27}{4}$ 倍重いとわかります。

　つまり，4 や 27 は，ヘリウム原子やアルミニウム原子の質量を考えるときの目安にすることができるのです。この 4 や 27 は「**陽子の数と中性子の数の和**」で，これを質量数とします。

　質量数は原子の質量の目安となり，元素記号の左上に書きます。

ポイント　原子番号と質量数

質量数→ ${}^{4}_{2}\text{He}$ や ${}^{27}_{13}\text{Al}$
原子番号→

${}^{27}\text{Al}$ は ${}^{4}\text{He}$ より約 $\frac{27}{4}$ 倍重いとわかる

● 原子番号 = 陽子の数
● 質量数　 = 陽子の数 + 中性子の数

第 1 講

物質の分類・原子の構造・同位体

ここで，練習問題を解いて，知識を確実にしましょう。

練習問題

(1) 次の文中の $\boxed{\text{a}}$ ～ $\boxed{\text{c}}$ に適当な数値を答えよ。

$^{14}_{6}C$ は，$\boxed{\text{a}}$ 個の陽子，$\boxed{\text{b}}$ 個の中性子，および $\boxed{\text{c}}$ 個の電子で構成されている。 （センター試験）

(2) 次の記述 ① ～ ③ のうちから，正しいものを 1 つ選べ。

① ^{1}H 原子と ^{35}Cl 原子の質量の比は，厳密に 1：35 である。

② 水素原子の大きさは，陽子の大きさと等しい。

③ 元素の原子番号は，原子核に含まれる陽子の数に等しい。 （センター試験）

解き方

(1)　質量数 → 14
原子番号 → 6 C

原子番号 ＝ 陽子の数 ＝ 6 ～a

となり，原子は電気的に中性なので，

原子番号 ＝ 陽子の数 ＝ 電子の数 ＝ 6 ～c

また，「質量数 ＝ 陽子の数 ＋ 中性子の数」から，

中性子の数 ＝ 質量数 － 陽子の数 ＝ 14 － 6 ＝ 8 ～b

(2)　①（誤り）「厳密に」ではありませんでした。「およそ」です。

^{1}H 原子と ^{35}Cl 原子の質量の比は，およそ 1：35 です。

②（誤り）　水素原子の大きさは，陽子の大きさとは等しくありません。

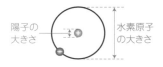

陽子の
大きさ

水素原子
の大きさ

③（正しい）　原子番号 ＝ 陽子の数　でした。

答え　(1)　a…6　　b…8　　c…6
(2)　③

^{1}H 原子の原子核に
中性子はなく，
陽子だけが存在!!

●同位体

原子の中には，**原子番号（陽子の数）が同じで，質量数の異なる原子**が存在するものがあります。これらの原子を互いに同位体（**アイソトープ**）であるといいます。

例 水素の同位体

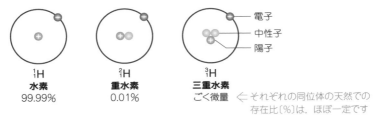

$^1_1$H
水素
99.99%

$^2_1$H
重水素
0.01%

$^3_1$H ── 電子
── 中性子
── 陽子
三重水素
ごく微量 ← それぞれの同位体の天然での
存在比〔％〕は，ほぼ一定です

補足 重水素はジュウテリウム（D），三重水素はトリチウム（T）ともよばれます。

同位体どうしは，質量は異なりますが，化学的性質（他の物質との反応のようす）はほぼ同じです。

ポイント 同位体

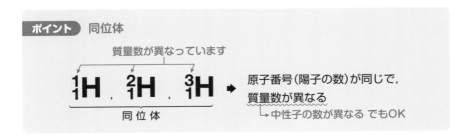

質量数が異なっています

$^2_1$**H**，$^2_1$**H**，$^3_1$**H** → 原子番号（陽子の数）が同じで，
質量数が異なる
同位体
└→ 中性子の数が異なる でもOK

●放射性同位体

同位体の中には，原子核が不安定で，**放射線とよばれる粒子や電磁波を出して別の原子に変化する**ものがあります。このような同位体を放射性同位体（**ラジオアイソトープ**）といいます。

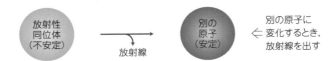

放射性
同位体
（不安定）

放射線

別の
原子
（安定）

別の原子に
← 変化するとき，
放射線を出す

放射線には，$\overset{\text{アルファ}}{\alpha}$ 線，$\overset{\text{ベータ}}{\beta}$ 線，$\overset{\text{ガンマ}}{\gamma}$ 線があります。ここで，

$$\beta 線を出す放射性同位体として {}^{14}_{6}C$$

を覚えておきましょう。遺跡などから発掘された木炭や木片に含まれている ${}^{14}_{6}C$の割合を調べると，その木がいつ伐採された(枯れた)かを推定することができます。

ポイント 放射性同位体

　　　${}^{14}C$ は β 線を出す。

第2講　周期表・電子配置・イオン化エネルギー・電子親和力

Step ① 周期表を暗記しよう！

② 電子配置を書けるようにしよう！

③ イオン化エネルギーと電子親和力を正しくとらえよう。

Step ① 周期表を暗記しよう！

●周期表

多くの化学者が，性質の似ている元素をグループに分類する方法を研究し，**元素を原子番号の順に並べていくと，性質のよく似た元素が周期的にあらわれる**（⇒周期律といいます）ことに気づきました。例えば，原子番号と単体の融点の関係は次のようになります。

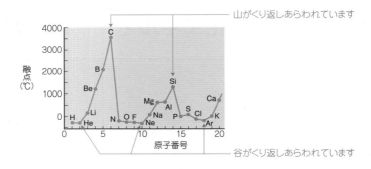

山がくり返しあらわれています

谷がくり返しあらわれています

1869 年，メンデレーエフが元素を原子量の順に並べ，性質のよく似た元素が同じ列にくるように配列した最初の周期表をつくりました。

みなさんが使っている現在の周期表は，元素を原子番号の順（原子量の順ではありません。注意！）に並べ，その電子配置も考えてつくられています。

周期表は，原子番号 1 の水素 H から原子番号 20 のカルシウム Ca までは必ず覚えましょう。周期表を覚えることで，今後の化学の学習が楽になりますよ。（原子番号 36 まで覚えられるとなおよいです。）

覚え方の例

	1	2	3	4	5	6	7	8	9	10	11	12	13	14	15	16	17	18
1	₁H スイ																	₂He ヘー
2	₃Li リー	₄Be ベイ											₅B ボ	₆C ク	₇N ノ	₈O ー	₉F フ	₁₀Ne ネ
3	₁₁Na ナナ	₁₂Mg マグ											₁₃Al アリ	₁₄Si シッ	₁₅P プ	₁₆S ス	₁₇Cl ク	₁₈Ar アー
4	₁₉K ク	₂₀Ca カ	₂₁Sc スコ	₂₂Ti ッチ	₂₃V バ	₂₄Cr クロ	₂₅Mn マン	₂₆Fe 鉄	₂₇Co 子	₂₈Ni に	₂₉Cu どう?	₃₀Zn あえん	₃₁Ga が	₃₂Ge ゲ	₃₃As 明日	₃₄Se せ	₃₅Br しゅう	₃₆Kr くる?

　ゴロ合わせは強引な部分がありますから，自分なりに覚えやすく直してかまい
ません。なんとか覚え切りましょう!!

　周期表を覚えたら，次は周期表の **POINT** を確認していきます。

POINT 1　周期表の**縦の列**を族（⇒1族〜18族まであります），**横の行**は周期（⇒
　　　　　　第1周期〜第7周期まであります）といいます。

POINT 2　**同じ族に属する元素**を同族元素といい，同族元素は性質が似ている
　　　　　　ことが多く，とくに性質が似ている同族元素に特別なグループ名を
　　　　　　つけてよびます。

　　　　　　〈グループ名〉

　　　　　　水素Hを除く1族元素 ⟶ アルカリ金属　← Hは除きます!!　注意しましょう!

　　　　　　2族元素 ⟶ アルカリ土類金属

　　　　　　17族元素 ⟶ ハロゲン

　　　　　　18族元素 ⟶ 貴ガス（希ガス）

次ページの周期表で
POINT 1, POINT 2
を確認しましょう。

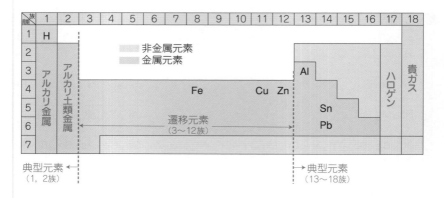

紹介してきたことよりも多くの情報がのっていますね。

まず，周期表の両側や中央付近に注目してください。

POINT 3 **1，2 族**と**13〜18 族の元素**を典型元素，**3〜12 族の元素**を遷移元素とよびます。「遷移元素以外が典型元素」と覚えましょう。

注 12 族の元素は，遷移元素に含める場合と含めない場合があります。

次に，   と   部分に注目してください。

POINT 4   を非金属元素，   を金属元素といいます。

金属でない。Hも忘れないこと!!　　　「**Al**の階段の左側」と覚えよう！

遷移元素の中で詳しい性質がわかっているものはすべて金属元素です。

原子番号 100 以降の元素については
詳しい性質がわかっていません

中学時代に，塩酸にマグネシウム Mg を入れると，水素 H_2 が発生することを学びました。

マグネシウム Mg は，塩酸や希硫酸などの酸と反応します。
ただし，塩基とは反応しません。

ところが，**金属の中には，酸だけでなく水酸化ナトリウムのような強塩基とも反応するものがあります。** このような金属を両性金属(りょうせい)といいます。両性金属は，

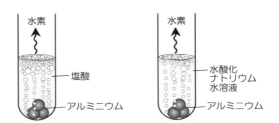

Al ， Zn ， Sn ， Pb
アルミニウム　亜鉛(あ)　スズ(すん)　鉛(なり)

を覚えましょう。

水素

塩酸

アルミニウム

水素

水酸化
ナトリウム
水溶液

アルミニウム

> アルミニウム Al は，塩酸や水酸化ナトリウム水溶液と反応します。

Step 1 の内容をまとめると　周期表

- 周期表は $_1$H ～ $_{20}$Ca（できれば $_{36}$Kr）までを暗記する！
- 同族元素のグループ名を暗記する！
- 両性金属は，あ(Al) あ(Zn) すん(Sn) なり(Pb)

次の練習問題を解くことで，さらに多くの知識をつけましょう。

練習問題

　元素に関する記述のうちで，あてはまる元素が１種類だけであるものを，次の①～⑤のうちから１つ選べ。

① 単体が常温・常圧で液体である元素

② 第４周期の遷移元素のうち，金属元素でない元素

③ 周期表の１族元素のうち，金属元素でない元素

④ 周期表の第１周期元素のうち，非金属元素でない元素

⑤ 周期表の第２周期元素のうち，金属元素である元素　　　　　(センター試験・改)

- -

解き方

① 　常温・常圧（⇒教室をイメージしましょう）で液体の単体は，臭素 Br_2 と水銀 Hg だけです。覚えておきましょう。常温・常圧で例えば水 H_2O も液体ですが，H_2O は化合物ですね。

　　あてはまる元素は，２種類（臭素 Br と水銀 Hg）です。

② 　第４周期の遷移元素のうち，金属元素でないものはありません。

　　第４周期の遷移元素（$_{21}Sc$ から $_{30}Zn$ まで）は，すべて金属元素でしたね。

③ 　１族元素は，H，Li，Na，K，… でした。よって，金属元素でない元
　　　　　　　　　　　非金属元素　アルカリ金属（金属元素）

　素は，水素 H の１種類だけです。 答

④ 　第１周期元素は，H，He でした。非金属元素でない元素はありません。
　　　　　　　　　　　　　スイ　ヘー
　　　　　　　　　　　　　非金属元素

⑤ 　第２周期元素は，

　　Li，Be，B，C，N，O，F，Ne
　　リー　ベイ　ボ　ク　ノ　ー　フ　ネ

　　金属元素　　　　　　　非金属元素

　でした。金属元素はリチウム Li とベリリウム Be の２種類ですね。

答え　③

Step 2 電子配置を書けるようにしよう！

●電子殻

原子は，「原子核とそれをとりまく電子」とからできていました。電子は，原子核のまわりを**いくつかの層に分かれて運動**しています。これらの層を電子殻といって，電子殻は原子核に近い内側から順に，**K殻，L殻，M殻，N殻…**とよばれています。

Kからアルファベット順になっています

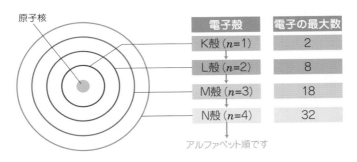

電子殻	電子の最大数
K殻 ($n=1$)	2
L殻 ($n=2$)	8
M殻 ($n=3$)	18
N殻 ($n=4$)	32

原子核

アルファベット順です

それぞれの電子殻に入ることができる電子の最大数は，

K殻：2個　　　L殻：8個　　　M殻：18個　　　N殻：32個

になります。電子殻を内側から

K殻 ($n=1$)　　　L殻 ($n=2$)　　　M殻 ($n=3$)　　　N殻 ($n=4$)

K殻は内側から1番目なので，　2番目　　　3番目　　　4番目
$n=1$とします

と数えると，内側から n 番目の電子殻に入ることのできる電子の最大数は，

暗記しよう！　　$$2 \times n^2 = 2n^2 \text{ 個}$$

になります。つまり，それぞれの電子殻には

K殻 ($n=1$)　　　L殻 ($n=2$)　　　M殻 ($n=3$)　　　N殻 ($n=4$)
$2 \times 1^2 = 2$個　　$2 \times 2^2 = 8$個　　$2 \times 3^2 = 18$個　　$2 \times 4^2 = 32$個

の電子が入ることができるのです。

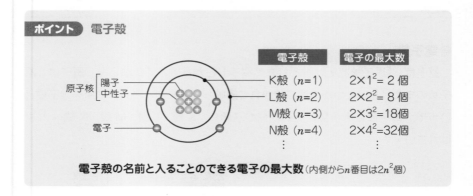

電子殻	電子の最大数
K殻（$n=1$）	$2×1^2= 2$ 個
L殻（$n=2$）	$2×2^2= 8$ 個
M殻（$n=3$）	$2×3^2=18$個
N殻（$n=4$）	$2×4^2=32$個

電子殻の名前と入ることのできる電子の最大数（内側からn番目は$2n^2$個）

●電子配置

電子殻への電子の入り方を電子配置といいます。次の **POINT** をおさえ，さまざまな原子の電子配置を考えてみましょう。

POINT 1　入ることのできる電子の最大数は，K 殻 2 個，L 殻 8 個，M 殻 18個，N 殻 32 個でした。

POINT 2　電子の入り方は，ふつう原子核に近い K 殻から順になります。これは，原子核（陽子があるため＋に帯電）に近いほど電子（−に帯電）が強く引きつけられ安定なためです。

POINT 3　$_{19}$K と $_{20}$Ca の電子配置には注意する。

ここで，周期表を思い出しましょう。元素が原子番号の順，つまり陽子の数の順に並んでいました。

$$_1\text{H}，\quad _2\text{He}，\quad _3\text{Li}，\quad _4\text{Be}，\cdots$$

原子番号＝陽子の数 です

また，原子は電気的に中性だったので，

原子番号 ＝ 陽子の数 ＝ 電子の数

となります。以上から，

原子番号 ＝ 陽子の数 ＝ 電子の数 なので…

POINT 2 より，K殻から入る

$_1$H は電子の数が1個で，K殻に1個 つまり K(1)となる。

$_2$He は電子の数が2個で，K殻に2個 つまり K(2)となる。

$_3$Li は電子の数が3個で，K殻に2個，L殻に1個 つまり K(2)L(1)となる。

POINT 1 より，K殻は2個まで，**POINT 2** よりK殻の次はL殻に入る

同じように考えていくと，$_{10}$Ne，$_{11}$Na，$_{18}$Ar の電子配置はどうなると思いますか？

$_{10}$Ne　K(2)L(8)　　　　← $_{10}$Neは，電子の数が10個です

$_{11}$Na　K(2)L(8)M(1)　　← L殻は8個まで

$_{18}$Ar　K(2)L(8)M(8)　ですね。

ここで，化学用語を紹介します。**最も外側の電子殻にある電子**を**最外殻電子**といいます。

$_2$He　K(2)　　　　　　$_{10}$Ne　K(2)L(8)　　　　　　$_{11}$Na　K(2)L(8)M(1)

最外殻電子は2個　　　　　　最外殻電子は8個　　　　　　　　最外殻電子は1個

また，ヘリウム $_2$He の K 殻やネオン $_{10}$Ne の L 殻のように，**電子ですべてうまっている電子殻**を**閉殻**といいます。**最外殻が閉殻のときや，アルゴン $_{18}$Ar のように最外殻電子の数が 8 個のときは，その電子配置はとても安定**です。

$_2$He　K(2)　　　　　$_{10}$Ne　K(2)L(8)　　　　　$_{18}$Ar　K(2)L(8)M(8)

電子がすべてうまった閉殻なので安定　　　　　　　最外殻電子が8個なので安定

ヘリウム $_2$He，ネオン $_{10}$Ne，アルゴン $_{18}$Ar は，18 族元素の貴ガスです。**貴ガスの電子配置は，他の原子の電子配置に比べてとくに安定**ということになります。

ポイント 貴ガスの電子配置

He，Ne，Ar，Kr，…（貴ガス）の電子配置はとくに安定。

もちろん，クリプトンも安定です!!

電子配置のつづきを考えます。**POINT 3** を思い出してください。$_{19}K$ と $_{20}Ca$ の電子配置には注意が必要でした。カリウム $_{19}K$ は，原子番号が 19 なので，陽子の数も 19 個で，電子の数も 19 個でした。**POINT 2** から，K 殻→L 殻→M 殻→… の順に電子が入っていき，**POINT 1** から，入ることのできる電子の最大数は，K 殻 2 個，L 殻 8 個，M 殻 18 個なので，

$_{19}K$ K(2)L(8)M(9)

となりそうです。ところが，実際には，

$_{19}K$ K(2)L(8)M(8)N(1)

になってしまいます。大学入試では，カリウム $_{19}K$ とカルシウム $_{20}Ca$ の電子配置が

$_{19}K$ K(2)L(8)M(8)N(1)　　　$_{20}Ca$ K(2)L(8)M(8)N(2)

になることを覚えておけば大丈夫です。ちなみに，原子番号 21 の $_{21}Sc$ では，

遷移金属元素

$_{21}Sc$ K(2) L(8) M(8+1) N(2)

9

最外殻電子は2個
21個目はM殻に入ります

> 遷移元素の原子の最外殻電子の数は，ふつう 1 個または 2 個になります。

のように M 殻が 9 個になります。一度，ノートに $_1H \sim _{20}Ca$ までの電子配置は書いてみてくださいね。

Step 2 の内容をまとめると（その1）　$_1H \sim _{20}Ca$ までの電子配置

元素名	原子	電子殻				元素名	原子	電子殻			
		K	L	M	N			K	L	M	N
水素	$_1H$	1				ナトリウム	$_{11}Na$	2	8	1	
ヘリウム	$_2He$	2				マグネシウム	$_{12}Mg$	2	8	2	
リチウム	$_3Li$	2	1			アルミニウム	$_{13}Al$	2	8	3	
ベリリウム	$_4Be$	2	2			ケイ素	$_{14}Si$	2	8	4	
ホウ素	$_5B$	2	3			リン	$_{15}P$	2	8	5	
炭素	$_6C$	2	4			硫黄	$_{16}S$	2	8	6	
窒素	$_7N$	2	5			塩素	$_{17}Cl$	2	8	7	
酸素	$_8O$	2	6			アルゴン	$_{18}Ar$	2	8	8	
フッ素	$_9F$	2	7			カリウム	$_{19}K$	2	8	8	1
ネオン	$_{10}Ne$	2	8			カルシウム	$_{20}Ca$	2	8	8	2

●イオン

例えば，原子番号が 12 のマグネシウム $_{12}$Mg の電子配置を図で表してみます。

原子番号 ＝ 陽子の数 ＝ 電子の数 ＝ 12 個 で，電子配置は

K(2) L(8) M(2) です。これを図に表すと，

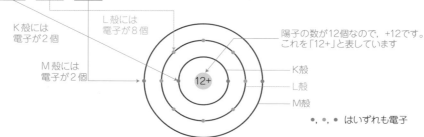

K 殻には
電子が 2 個

L 殻には
電子が 8 個

M 殻には
電子が 2 個

陽子の数が 12 個なので，+12 です。
これを「12+」と表しています

K 殻
L 殻
M 殻

•, •, • はいずれも電子

となります。

さて，原子は「陽子の数 ＝ 電子の数」なので，電気的に中性でした。この原子が，**電子を失うと正（プラス）の電荷を帯びて陽イオン**に，**電子をとり入れると負（マイナス）の電荷を帯びて陰イオン**になります。マグネシウム原子 $_{12}$Mg や塩素原子 $_{17}$Cl の例を見てみましょう。

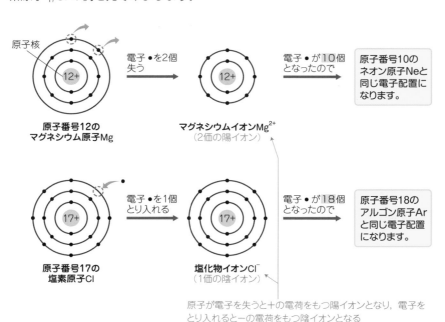

原子核

電子 •を2個
失う

電子 • が10個
となったので

原子番号10の
ネオン原子Neと
同じ電子配置に
なります。

原子番号12の
マグネシウム原子Mg

マグネシウムイオンMg^{2+}
（2価の陽イオン）

電子 •を1個
とり入れる

電子 • が18個
となったので

原子番号18の
アルゴン原子Ar
と同じ電子配置
になります。

原子番号17の
塩素原子Cl

塩化物イオンCl$^-$
（1価の陰イオン）

原子が電子を失うと＋の電荷をもつ陽イオンとなり，電子を
とり入れると－の電荷をもつ陰イオンとなる

この**失ったりとり入れたりする電子の数**を**イオンの価数**といいます。原子が n 個の電子を失うと n 価の陽イオン，n 個の電子をとり入れると n 価の陰イオンになります。

　原子 1 個からできているイオンを**単原子イオン**，**原子 2 個以上からできているイオン**を**多原子イオン**といいます。イオンは，元素記号の右上にイオンの価数と正負の符号をつけた化学式で表します。

| 単原子イオンの例 | | 多原子イオンの例 |

2 価の陽イオン
を表しています

1 価の陰イオン
を表しています

Mg^{2+}　　　Cl^{-}　　　SO_4^{2-}

マグネシウムイオン　　塩化物イオン　　硫酸イオン

●価電子

　電子配置を書いたときに，最も外側の電子殻にある電子を最外殻電子とよびました。

　貴ガス(He，Ne，Ar，Kr，…)を除く典型元素は，イオンになるときや他の原子と結合するときに，**1〜7 個の最外殻電子が活躍**します。この活躍する電子を**価電子**といいます。

　ただし，貴ガス原子の電子配置はとくに安定でしたので，貴ガスはイオンになることや他の原子と結合することがほとんどありません。つまり，活躍する電子がなく，貴ガスの価電子は 0 とします。また，貴ガスは他の原子と結合しにくいために原子 1 個で存在して分子のようにふるまうので，貴ガスの原子は単原子分子とよばれます。

ポイント　価電子

- ●最外殻電子の数 ＝ 価電子の数　（貴ガスを除く典型元素）
- ●貴ガスの価電子の数 ＝ 0

●単原子イオンの電子配置

マグネシウム原子 Mg は最外殻電子つまり価電子を 2 個失って 2 価の陽イオン Mg^{2+}, 塩素原子 Cl は最外殻に電子を 1 個とり入れて 1 価の陰イオン Cl^- になりました。

$_{12}Mg$　K (2) L (8) M (2)　➡　$_{12}Mg^{2+}$　K (2) L (8)　　　($_{10}Ne$ と同じ電子配置)

$_{17}Cl$　K (2) L (8) M (7)　➡　$_{17}Cl^-$　　K (2) L (8) M (8)　($_{18}Ar$ と同じ電子配置)

ここで, 次のポイントを覚えておきましょう。

ポイント　単原子イオン

● 価電子が 1 ~ 3 個の原子 $\xrightarrow{\text{価電子をすべて放出します}}$ 1 ~ 3 価の陽イオンになりやすい

● 価電子が 6・7 個の原子 $\xrightarrow{\text{2・1個の電子を受けとります}}$ 2 価・1 価の陰イオンになりやすい

原子は, イオンになるときに電子を放出したり受けとったりして, 安定な貴ガスと同じ電子配置になろうとするため, 上のポイントのようにふるまいます。また,

暗記しよう！　イオンになったときの電子配置は,
原子番号が最も近い貴がス
と同じになる（水素イオン H^+ を除く）

ことも知っておきましょう。

1 族 **例**　$_1H$　K (1)　➡　$_1H^+$　　K (0)　（同じ電子配置をもつ原子はない）

　　　　　$_3Li$　K (2) L (1)　➡　$_3Li^+$　　K (2)　　　　（$_2He$ と同じ電子配置）

2 族 **例**　$_4Be$　K (2) L (2)　➡　$_4Be^{2+}$　K (2)　　　　（$_2He$ と同じ電子配置）

16 族 **例**　$_8O$　K (2) L (6)　➡　$_8O^{2-}$　K (2) L (8)　（$_{10}Ne$ と同じ電子配置）

17 族 **例**　$_9F$　K (2) L (7)　➡　$_9F^-$　　K (2) L (8)　（$_{10}Ne$ と同じ電子配置）

● 原子が陽イオン・陰イオンになるときには，

　原子番号が最も近い貴ガスと同じ電子配置になることが多い。

例 $_3Li^+$，$_4Be^{2+}$ ──────────→ $_2He$ と同じ電子配置

　　　$_8O^{2-}$，$_9F^-$，$_{11}Na^+$，$_{12}Mg^{2+}$，$_{13}Al^{3+}$ → $_{10}Ne$ と同じ電子配置

　　　$_{16}S^{2-}$，$_{17}Cl^-$，$_{19}K^+$，$_{20}Ca^{2+}$ ──────→ $_{18}Ar$ と同じ電子配置

単原子イオンは，周期表とあわせて覚えるとよい。
1族は＋1，2族は＋2，16族は－2，17族は－1になりやすい。

族＼周期	1	2	13	14	15	16	17	18
1	H^+							He
2	Li^+	Be^{2+}				O^{2-}	F^-	Ne
3	Na^+	Mg^{2+}	Al^{3+}			S^{2-}	Cl^-	Ar
4	K^+	Ca^{2+}					Br^-	Kr
5	Rb^+	Sr^{2+}					I^-	Xe
6	Cs^+	Ba^{2+}						

⬤，⬤，⬤，⬤，⬤ のグループは，同じ電子配置のもの

元素を原子番号の順に並べると，
価電子の数は左図のように
周期的に変化します。

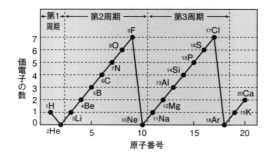

●原子の大きさ・イオンの大きさ

<u>原子やイオンを球形と見なしたときの半径</u>について，その大きさの傾向をおさ
<small>原子半径・イオン半径といいます</small>
えましょう。

【原子半径】

典型元素の原子半径について，❶同じ族の元素と❷同じ周期の元素に分けて比
較します。ただし，貴ガスについては原子半径の求め方が他の元素とちがうので，
他の元素とは比較せず貴ガスどうしで比較します。

❶同じ族の元素について

例えば，1族の Li，Na，K の電子配置を考えると，

$_3$Li　K(2)L(1)　→ 最外殻が L 殻

$_{11}$Na　K(2)L(8)M(1)　→ 最外殻が M 殻

$_{19}$K　K(2)L(8)M(8)N(1)　→ 最外殻が N 殻

となり，周期表の下にいくほど原子核から遠い電子殻に電子が配置されているこ
とがわかります。つまり，周期表の<mark>下にいくほど原子半径が大きく</mark>なります。

また，18族の貴ガス(He，Ne，Ar)について考えると，その電子配置は

$_2$He　K(2)　→ 最外殻が K 殻

$_{10}$Ne　K(2)L(8)　→ 最外殻が L 殻

$_{18}$Ar　K(2)L(8)M(8)　→ 最外殻が M 殻

となるので，貴ガスも周期表の<mark>下にいくほど原子半径が大きく</mark>なります。

❷同じ周期の元素について(貴ガスを除く)

例えば，第3周期の $_{11}$Na ～ $_{17}$Cl の電子配置を考えると，

$_{11}$Na　　　　$_{17}$Cl
K(2)L(8)M(1)　～　K(2)L(8)M(7)　→ 第3周期の元素の
　　　　　　　　　　　　　　　　　　最外殻はいずれも M 殻ですね

となり，最外殻は M 殻のまま，原子番号が大きくなっています。

原子番号が大きくなると陽子の数が増えるので，原子核の正の電荷が増加し，最
外殻電子が原子核に強く引きつけられます。そのため，最外殻が同じ M 殻でも，
<mark>原子番号が大きくなる(周期表の右にいく)ほど原子半径が小さく</mark>なります。

以上から，原子半径を周期表に表すと次のようになります。
（数値の単位は nm（ナノメートル）。1nm＝10^{-9}m です。）

周期	1族	2族	13族	14族	15族	16族	17族	18族
1	H 0.030							He 0.140
2	Li 0.152	Be 0.111	B 0.081	C 0.077	N 0.074	O 0.074	F 0.072	Ne 0.154
3	Na 0.186	Mg 0.160	Al 0.143	Si 0.117	P 0.110	S 0.104	Cl 0.099	Ar 0.188
4	K 0.231	Ca 0.197						

貴ガスは，貴ガスどうしで比較しましょう。

大

ポイント 原子半径

同族元素 ➡ 周期表で下にいくほど原子半径は大きくなる
同一周期の元素（貴ガスを除く）
　➡ 周期表で右にいくほど原子半径は小さくなる

【イオン半径】

（1）陽イオンについて

　原子が陽イオンになると最外殻電子を失うので，より内側の電子殻が最外殻になります。そのため，陽イオンの半径はもとの原子の半径よりも小さくなります。

　例えば，原子番号が 11 の Na で考えると，

$_{11}$Na　　K(2)L(8)M(1) →最外殻が M 殻
$_{11}$Na$^+$　K(2)L(8) →最外殻が L 殻

となるので，Na$^+$ の半径は Na の半径よりも
小さくなります。

Na が最外殻（M 殻）の電子を1個失うことで Na$^+$になります。

(2)陰イオンについて

　原子が陰イオンになると最外殻に電子をとり入れます。例えば，原子番号が17のClで考えると，

$_{17}Cl$　　K(2)L(8)M(7) →最外殻がM殻

$_{17}Cl^-$　　K(2)L(8)M(8) →最外殻はM殻のまま

Clが最外殻（M殻）に電子を1個とり入れることでCl⁻になります。

となります。このとき，最も外側の電子殻はM殻のままですが，M殻の電子の数は7個から8個に増えますね。電子の数が増えると電子どうしの反発力が大きくなることで，陰イオンの半径はもとの原子の半径よりも大きくなります。そのため，Cl⁻の半径はClの半径よりも大きくなります。

Na
原子半径0.186nm

Na⁺
イオン半径0.116nm

Cl
原子半径0.099nm

Cl⁻
イオン半径0.167nm

(3)同じ電子配置をとるイオン

　$_8O^{2-}$，$_9F^-$，$_{11}Na^+$，$_{12}Mg^{2+}$，$_{13}Al^{3+}$はいずれも電子配置が原子番号10のネオンNe原子と同じ(K(2)L(8))です。

　同じ電子配置をとるイオンのイオン半径は，

原子番号が大きくなると陽子の数が増えることで，原子核の正の電荷が増加し，最外殻電子が原子核に強く引きつけられる

ので，原子番号が大きくなる（陽子の数が増える）ほどイオン半径が小さくなります。

$_8O^{2-}>_9F^->_{11}Na^+>_{12}Mg^{2+}>_{13}Al^{3+}$となります

ネオン $_{10}$Ne 原子と同じ電子配置（K(2)L(8)）をもつイオンのイオン半径を比較すると，次のようになります。

$_8O^{2-}$	>	$_9F^-$	>	$_{11}Na^+$	>	$_{12}Mg^{2+}$	>	$_{13}Al^{3+}$

イオン半径　0.126nm　　　0.119nm　　　0.116nm　　　0.086nm　　　0.068nm

ポイント **イオン半径**

(1)陽イオン　**例** $_{11}Na > {}_{11}Na^+$

(2)陰イオン　**例** $_{17}Cl < {}_{17}Cl^-$

(3)同じ電子配置をとるイオン

　　例 $_8O^{2-} > {}_9F^- > {}_{11}Na^+ > {}_{12}Mg^{2+} > {}_{13}Al^{3+}$

| Step | **3** | **イオン化エネルギーと電子親和力を正しくとらえよう。** |

●イオン化エネルギー

　原子から電子を１個とり去って，１価の陽イオンにするのに必要な最小のエネルギーを**イオン化エネルギー**といいます。ちょっと難しいですね。イオン化エネルギーは，言葉ではなく図で **❶→❷→❸** の順におさえるとよいでしょう。

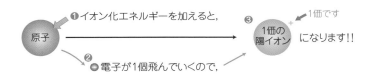

　イオン化エネルギーが<u>小さい</u>原子は，電子が飛んでいき<u>やすい</u>ということですから，陽イオンに<u>なりやすい</u>とわかります。

　同じように考えることで，イオン化エネルギーが<u>大きい</u>原子は，陽イオンに<u>なりにくい</u>とわかりますね。

> **ポイント　イオン化エネルギー**
>
> - **イオン化エネルギーが小さい原子ほど，陽イオンになりやすい**
> - **イオン化エネルギーが大きい原子ほど，陽イオンになりにくい**

　次に，イオン化エネルギーと周期表との関係を考えます。

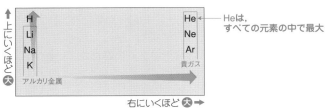

イオン化エネルギーと周期表との関係

覚えておくポイントが２つあります。

POINT 1 同族（たて）は，上にいくほどイオン化エネルギーは大きくなる。
                   └→原子番号が小さいほど

POINT 2 同一周期（よこ）は，右にいくほどイオン化エネルギーは大きくなる。
                          └→原子番号が大きいほど

イオン化エネルギーのグラフもあわせて見ておきましょう。

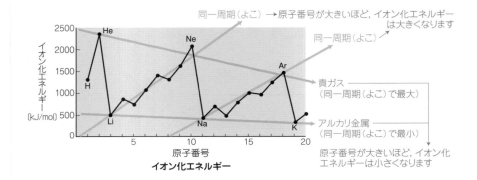

イオン化エネルギー

貴ガス（He，Ne，Ar，…）が山，アルカリ金属（Li，Na，K，…）が谷になっています。

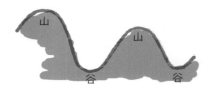

イオン化エネルギーに関する入試問題は多く出題されています。次の練習問題で得点力をつけましょう。

練習問題 **1**

右図は原子のイオン化エネルギー I を原子番号順に示したものである。

(1) 図中の a, b, c は, イオン化エネルギーが周期的に最大値となっている。a, b, c の元素記号を示せ。また, これらの元素はまとめて何とよばれるか, 名称を記せ。

(2) c の元素は, K 殻, L 殻, M 殻にそれぞれ何個の電子をもっているか。

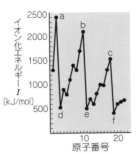

イオン化エネルギー I と原子番号の関係

(3) 図中の d, e, f はイオン化エネルギーが周期的に最小値となる元素である。d, e, f の元素記号を示せ。また, これらの元素はまとめて何とよばれるか, 名称を記せ。

（関西学院大）

解き方

最大値の a, b, c は He, Ne, Ar の貴ガス, 最小値の d, e, f は Li, Na, K のアルカリ金属でした。c の元素は, 原子番号 18 のアルゴン Ar ですから, その電子配置は $_{18}$Ar K(2)L(8)M(8) となります。

答え

(1) a：He　　b：Ne　　c：Ar　　名称：貴ガス

(2) K 殻：2 個　　L 殻：8 個　　M 殻：8 個

(3) d：Li　　e：Na　　f：K　　名称：アルカリ金属

● 電子親和力

原子が電子を 1 個受けとって, 1 価の陰イオンになるときに放出されるエネルギーを電子親和力といいます。電子親和力も言葉ではなく図で **①→②→③** の順におさえましょう。

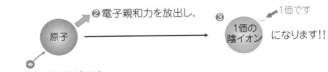

電子親和力はとらえにくいので，グラフから考えていくとよいと思います。

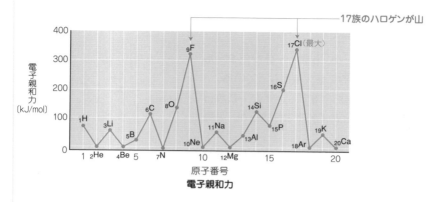

電子親和力

あまり，特徴のないグラフですね。覚えておいてほしいことは，

暗記しよう！　17族のハロゲンであるフッ素原子Fや
塩素原子Clが大きな値をとる

という点です。ハロゲンは，何イオンになりやすかったか覚えていますか？
　そうです。1価の陰イオンでしたね。つまり，

電子親和力が大きい原子は，陰イオンになりやすい

とおさえることができますね。時間がたっても忘れないために，次のポイントの
ように覚えておくとよいと思います。

ポイント　電子親和力のイメージでのとらえ方

　電子親和力の大きい原子
→　グラフをイメージしてみる
→　たしか，17族のハロゲン(F，Cl，…)が大きな値だったな…
→　F，Cl…は，F^-，Cl^-になりやすいぞ
→　陰イオンになりやすい

●電子親和力が大きい原子は，陰イオンになりやすい。
●電子親和力が最大の原子は，Clであることも覚えておきましょう。

学習した内容を最後の練習問題で見直しておきましょう。

練習問題 2

次の(1)〜(5)に最もふさわしい原子を Ⓐ 〜 Ⓘ の中から記号で選べ。

 Ⓐ Na Ⓑ Mg Ⓒ Al Ⓓ H Ⓔ P Ⓕ S Ⓖ Cl
 Ⓗ Ar Ⓘ K

(1) 3価の陽イオンになりやすい原子はどれか。
(2) 2価の陰イオンになりやすい原子はどれか。
(3) イオン化エネルギーの最も小さい原子はどれか。
(4) 電子親和力の最も大きい原子はどれか。
(5) 最も化学的に安定な原子はどれか。

(芝浦工業大)

解き方

(1)，(2) 1族 → H^+，Li^+，Na^+，K^+…
  2族 → Be^{2+}，Mg^{2+}，Ca^{2+}…
  13族 → Al^{3+}…
  16族 → O^{2-}，S^{2-}…
  17族 → F^-，Cl^-…
 になりやすかったですね。よって，3価の陽イオン(Al^{3+})になりやすい
 原子は Ⓒ の Al，2価の陰イオン(S^{2-})になりやすい原子は Ⓕ の S です。

(3) イオン化エネルギーと周期表との関係を思い出しましょう。

(4) ハロゲンの Ⓖ Cl です。

(5) 安定な原子は，単原子分子として存在する貴ガスの Ⓗ Ar ですね。

答え (1) Ⓒ (2) Ⓕ (3) Ⓘ (4) Ⓖ (5) Ⓗ

原子量・単位変換・物質量（モル）

Step

1 原子量，分子量の求め方を
完全マスターしよう！

2 単位を自由自在に
扱えるようにしよう！

3 モルの計算を得意問題にしよう！

4 反応式をつくり，読みとり，
計算できるようにしよう。

Step ① 原子量, 分子量の求め方を完全マスターしよう！

●原子の相対質量

みなさん知っているように，原子1個の質量(陽子，中性子，電子の質量の合計)はとても小さいです。

例 ^{1}H　1個の質量　1.67×10^{-24}g
　　　^{12}C　1個の質量　1.99×10^{-23}g　　すごく軽い！
　　　^{27}Al　1個の質量　4.48×10^{-23}g

注 $\underbrace{\dfrac{1}{10 \times 10 \times \cdots\cdots \times 10}}_{\text{10が24個もあります}} = \dfrac{1}{10^{24}} = 10^{-24}$　です。

このままでは，数値が小さく扱いにくいですよね。そこで，原子の質量を扱いやすくするため，「相対質量」という考え方を使います。

相対質量の考え方は難しいので，まずは次の**例**でおさえましょう。次の(A)，(B)，(C)は，とても質量の小さなボールだと考えてください。

例
　　　　　　　(A)　　　　　　　(B)　　　　　　　(C)

1個の質量　0.0020g　　　　　0.0040g　　　　　0.0060g

(A)，(B)，(C)の質量の関係を「g」で扱うこともできますが，もっと簡単な扱い方があります。例えば，(A) 1個の質量を「1」とおき，(A)を 基準 とした相対値(相対質量)で表すと，(B)の相対質量は「2」，(C)の相対質量は「3」になりますね。

つまり，

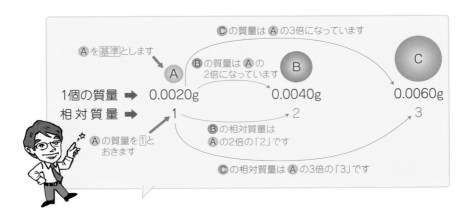

となります。

　原子の世界も，相対質量を用いると扱いやすくなりそうですね。相対質量を考えるためには 基準 が必要でした。国際ルールでは，

重要！ ^{12}C を 基準 とし，^{12}C 1 個の質量を 12

としています。^{12}C 1 個の質量を「12」 基準 とすると，^{1}H や ^{27}Al の相対質量は次のように求めることができます。

求め方 資料を調べると，

　「^{1}H 1 個の質量は ^{12}C の $\dfrac{1.01}{12}$ 倍」，「^{27}Al 1 個の質量は ^{12}C の $\dfrac{27.0}{12}$ 倍」

であることがわかるので，

　「^{1}H の相対質量は $12 \times \dfrac{1.01}{12} = 1.01$」，

　「^{27}Al の相対質量は $12 \times \dfrac{27.0}{12} = 27.0$」　となります。

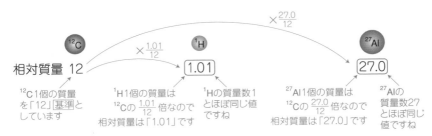

このように，相対質量は質量数とほぼ同じ値になることがわかります。そのため，入試では

「相対質量は，質量数と同じ」

として計算させることもあります。

ポイント 相対質量

- 相対質量の基準は ^{12}C で，$^{12}C=12$ とする。
- 相対質量 $\fallingdotseq$ 質量数 となる。
（^{12}C だけは 基準 なので，$\fallingdotseq$でなく，ぴったり 12）

●原子量

さきほど，^{12}C 1個の質量を 12 とし，^1H や ^{27}Al の相対質量を求めました。この相対質量から，原子量を求めることができます。原子量は，

同位体が存在しないもの ⇒ 相対質量＝原子量
同位体が存在するもの ⇒ 相対質量の平均値＝原子量

となります。

例えば，アルミニウム Al には同位体が存在しません。そのため，Al の原子量は，次のように求めることができます。

Al には ^{27}Al しか存在しない（同位体が存在しない）

⇒ ^{27}Al の相対質量 27.0 が，そのまま Al の原子量となる。

<u>この値は，p.49 で求めました。質量数に近い値でしたね</u>

それに対して，銅 Cu には 2 種類の同位体（^{63}Cu，^{65}Cu）が存在し，存在比は ^{63}Cu（相対質量 62.9）が 69.1％と ^{65}Cu（相対質量 64.9）が 30.9％です。同位体

<u>これらの数値を覚える必要はありません。問題文に与えられます</u>

が存在する **Cu** の原子量は，相対質量の平均値なので，

$$\frac{62.9 \times 69.1 + 64.9 \times 30.9}{69.1 + 30.9} = \frac{62.9 \times 69.1 + 64.9 \times 30.9}{100}$$

$$= 62.9 \times \underbrace{\frac{69.1}{100}}_{\substack{\text{63Cu の}\\\text{相対質量}}\ \substack{\text{存在比}}} + 64.9 \times \underbrace{\frac{30.9}{100}}_{\substack{\text{65Cu の}\\\text{相対質量}}\ \substack{\text{存在比}}} ≒ 63.5$$

相対質量の平均値が
原子量になる

と求めることができます。同位体が存在する原子の原子量は，テストの平均点の求め方をイメージしながら求めるとよいでしょう。

原子量を求めるときのイメージ

化学のテストで，70点の人が3人と80点の人が2人だったら，平均点は，

$$\frac{70 \times 3 + 80 \times 2}{3 + 2} = 70 \times \frac{3}{5} + 80 \times \frac{2}{5} = 74 \text{ 点}$$

となる。

このイメージを大切にしながら，次の練習問題をやってみましょう。

原子量は，テストの平均点の
イメージでいいのか！

次の文中の ───── にあてはまる数値を小数第1位まで答えよ。

炭素の原子量は，正確に測定すると 12.011 であることが知られている。炭素は ^{12}C と ^{13}C だけを含むものとすると，^{13}C の存在比〔%〕は ───── 〔%〕となる。ただし，^{13}C の相対質量は 13.003 とする。

（東京農工大）

解き方

炭素の同位体は，^{12}C と ^{13}C だけとありますので，^{13}C の存在比を x〔%〕とおくと，^{12}C の存在比は $100 - x$〔%〕になりますね。

$^{12}C = 12$ が 基準 なので，「12」となります

$$\text{炭素の同位体}\begin{cases} ^{12}C（相対質量 12） & 100 - x〔\%〕 \\ ^{13}C（相対質量 13.003） & x〔\%〕 \end{cases}$$

あわせて 100% になります

炭素の原子量は，「同位体の存在を考え，その相対質量の平均値から求める」ので，

$$12 \times \frac{100 - x}{100} + 13.003 \times \frac{x}{100} = 12.011$$

$$-\frac{12}{100}x + \frac{13.003}{100}x + 12 \times \frac{100}{100} = 12.011$$

$$\frac{1.003}{100}x = 0.011$$

となり，

$$x ≒ 1.1\%$$

とわかります。

答え 1.1

●分子量・式量

分子からできている物質には「分子量」，**分子からできていない物質**には「式量」を使います。ただ，計算方法はかんたんで，

金属，イオンからなる物質など

$$構成している原子の原子量の合計$$

を求めるだけで OK です。

例 原子量を H 1.0，C 12，O 16，Na 23，Cl 35.5　とします。

(1)　分子からできている水 H_2O，二酸化炭素 CO_2　の分子量

　　H_2O **の分子量**：（H の原子量）×2 ＋（O の原子量）＝ 1.0×2＋16 ＝ <u>18</u>**答**

　　CO_2 **の分子量**：（C の原子量）＋（O の原子量）×2 ＝ 12＋16×2 ＝ <u>44</u>**答**

(2)　分子からできていないナトリウム Na，塩化ナトリウム NaCl　の式量

金属　　　　　　　　イオンからなる物質

　　Na　**の式量**：（Na の原子量）＝ <u>23</u>**答**←金属の単体は 式量＝原子量 です

　　NaCl の式量：（Na の原子量）＋（Cl の原子量）＝ 23＋35.5 ＝ <u>58.5</u>**答**

ポイント　分子量・式量の求め方

　　分子量・式量 … 構成している原子の原子量の合計

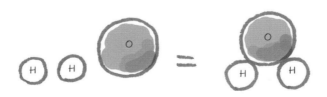

Step 2 単位を自由自在に扱えるようにしよう！

●単位変換

　小・中学生のときに，単位の扱いに苦労した思い出はありませんか？　ここでは，単位を自在に扱えるようにし，化学計算を得意分野にしてしまいましょう。

─ 単位変換の約束 ─

　1 m＝100cm　のように「**同じ量を2通りの単位で表せる**」とき，

$$\frac{1\,m}{100\,cm} \quad \text{または} \quad \frac{100\,cm}{1\,m}$$

と表し，どちらか必要な方を選び，単位ごと計算すると単位を変換できる。

　例えば，5 m は $\dfrac{100cm}{1\,m}$ を利用して，

$$5\,\cancel{m} \times \frac{100cm}{1\,\cancel{m}} = 500cm$$

　　　　　　　　　　　　　m を消去できる！

6 cm は $\dfrac{1\,m}{100cm}$ を利用して，

$$6\,\cancel{cm} \times \frac{1\,m}{100\cancel{cm}} = 0.06m$$

　　　　　　　　　　　　　cm を消去できる！

と目的の単位に変換できます。

● / (マイ)

g/cm^3，mol/L，mol/kg…のような「/（マイ）」がついている単位を，これからよく見かけるようになります。この「/（マイ）」をうまく扱えるようになると，さらにレベルをアップすることができますよ。

/（マイ）を見つけたときの対応のしかた

g/cm^3 のような「/（マイ）」がついている単位を見つけたら，次の①，②を意識できるようにしよう。

① **質量〔g〕 ÷ 体積〔cm³〕** という計算で求めることができる。

② **1cm³ あたりの質量〔g〕** を表している。

例えば，質量81.0g，体積30.0cm³のアルミニウム Al の密度〔g/cm^3〕を求めてみます。密度の単位は g/cm^3 なので $g \div cm^3$ を計算すればよいことがわかります。

$$81.0g \div 30.0cm^3 = \frac{81.0g}{30.0cm^3} = 2.70g/cm^3$$

Step ③ モルの計算を得意問題にしよう！

●物質量(モル)の考え方の基本

物質量のところで，化学がイヤになる人が増えてしまうので，ここはていねい
に説明しますね。

まず，次の図を見てください。

〈問〉 さて，・は何個あるでしょうか？　数えてみてください。

数えると，・は 55 個あります。数えるときに・を 1 個ずつ数えるよりは，

のように・5 個を 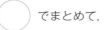 でまとめて， を数えた方がかんたんですよね。

つまり，◯ は 11 タバありますから，・は

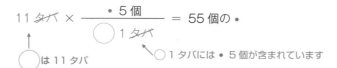

と求めることができます。

〈答〉 55 個

ポイント　　数多くあるものを「楽に」「正確に」数えるときには，
「タバ」（かたまり）で数えるとよい。

これが物質量(モル)の考え方の基本なのです。物質をつくっている原子・分子・イオンの数は「ばく大」です。

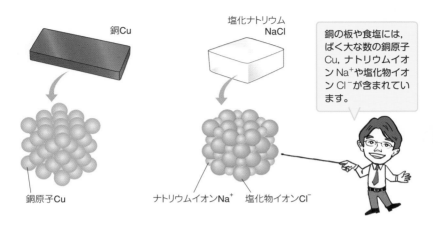

銅Cu

塩化ナトリウム
NaCl

銅原子Cu

ナトリウムイオンNa⁺　塩化物イオンCl⁻

銅の板や食塩には、ばく大な数の銅原子Cu, ナトリウムイオンNa⁺や塩化物イオンCl⁻が含まれています。

このばく大な原子・分子・イオンの数を「楽に」「正確に」数えるため，化学では「タバ」（かたまり）として，物質量(モル)を使います。具体的には，原子・分子・イオンは，

$$1 \text{ タバ} \left(1 \overset{\text{モル}}{\text{mol}}\right) = 6.0 \times 10^{23} \text{個}$$

として数えます。

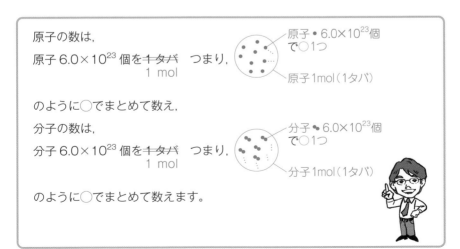

原子の数は，

原子 6.0×10^{23} 個を $\cancel{1 \text{ タバ}}$ つまり，

1 mol

のように○でまとめて数え，

原子・6.0×10^{23}個で○1つ

原子1mol（1タバ）

分子の数は，

分子 6.0×10^{23} 個を $\cancel{1 \text{ タバ}}$ つまり，

1 mol

のように○でまとめて数えます。

分子・6.0×10^{23}個で○1つ

分子1mol（1タバ）

このように，

暗記しよう！ $1 \text{ mol} = 6.0 \times 10^{23}$ 個 の 粒子

原子，分子，イオン など

とし，この数（6.0×10^{23} 個）をアボガドロ数とよびます。ここで，／（マイ）を
思い出してみましょう。6.0×10^{23} 個は 1 mol あたりの粒子の数でしたから，

$$6.0 \times 10^{23} \text{ 個}/\text{mol}$$

← 1 が かくれています

と表すことができますね。この 6.0×10^{23} 個/mol をアボガドロ定数（記号 N_A）
といいます。入試では，

「アボガドロ定数：$N_A = 6.0 \times 10^{23}$/mol（毎モル）　とする」

のように与えられていますので，問題を解くときには「個」と「1」を書き加え
てから解きましょう。

ポイント　アボガドロ定数

アボガドロ定数（N_A）が与えられたら，

$$6.0 \times 10^{23} \text{ 個}/_1 \text{ mol}$$

と書き加えてから問題を解こう！！

また，10^{23} は，$\underbrace{10 \times 10 \times 10 \times \cdots\cdots \times 10}_{\text{10 が 23 個もある！}}$ を表しています。少し難しい表し
方ですが，6 000 000 000 000 000 000 000 00　と表すよりは 6.0×10^{23}
と表す方がまだ楽ですよね。

●有効数字

　信頼できる数字のことを有効数字といいます。有効数字は，小数点に関係なく数字だけを見て取り扱います。

　例えば，次の(例1)〜(例5)は，いずれも**有効数字2桁**となります。

(例1) 3.2　　(例2) 8.3×10³　　(例3) 5.0　　(例4) 0.0056

　　　　　　　　　　　　　　　　有効数字に入ります　　有効数字に入りません

(例5) 60

　末位の0はふつうは有効数字に入ります。ただし，有効数字2桁であることをはっきりと示すために，なるべく 6.0×10 と表しましょう。

有効数字の桁をはっきりと示すためには，指数を使ってなるべく $\underline{A \times 10^n}$ の
　　　　　　　　　　　　　　　　　　　　　　　　　Aは1以上10未満にします
形で表しましょう。

例えば，次の数値を有効数字2桁で表すと，

$$96500 = 9.65 \times 10^4 = \overset{7}{9.65} \times 10^4$$

　　　左へ4回　　有効数字3桁　　　有効数字2桁にするため，
　　　　　　　　　　　　　　　　　有効数字3桁目を四捨五入します

$$0.00007 = 7.0 \times 10^{-5}$$

　　　右へ5回　　有効数字2桁

となります。

　次のページの練習問題で，タバ(mol)の考え方と有効数字の考え方をつかみましょう。

次の文中の □ に適切な数値を有効数字 2 桁で求めよ。

ただし，アボガドロ定数：$N_A=6.0×10^{23}$/mol とする。

アルミニウム原子 Al 3.0×10²³ 個は □ mol である。

解き方

個をつける

まず，p.58 の **ポイント** のように 6.0×10²³ 個／₁ mol と書き直します。

1 をつける

次に，アボガドロ定数は，$\dfrac{6.0×10^{23}\text{ 個}}{1\text{mol}}$ または，$\dfrac{1\text{mol}}{6.0×10^{23}\text{ 個}}$ と表すことができることを思い出します。

最後に，「個から mol への変換」なので $\dfrac{1\text{mol}}{6.0×10^{23}\text{ 個}}$ を利用して，

$$3.0×10^{23}\text{個}×\frac{1\text{mol}}{6.0×10^{23}\text{個}} \ = \ \frac{3.0×10^{23}}{6.0×10^{23}} \ = \ 0.50\text{mol}$$

個を消去します

と求めることができます。

答え 0.50 または 5.0×10⁻¹

6.0×10²³ 個
＝
1 mol

● 1 mol の質量

1 mol の物質の質量は，原子量，分子量，式量の値に g をつけたものになります。

例 原子量 C 12　　O 16　　Na 23　　Cl 35.5　　Cu 64　のとき，

Na 1mol は $\underset{\text{原子量}}{\underline{23g}}$ ，Cu 1mol は $\underset{\text{原子量}}{\underline{64g}}$ ，CO₂ 1mol は $\underset{\text{分子量}}{\underline{44g}}$ ，

NaCl 1mol は $\underset{\text{式量}}{\underline{58.5g}}$ になります。

ここで，/（マイ）を利用してみます。1mol の質量〔g〕は，1mol あたりの質量〔g〕といいかえることができるので，**例** は

Na 23g/mol ，Cu 64g/mol ，CO₂ 44g/mol ，NaCl 58.5g/mol
　　└─1 がかくれています

と表すことができるのです。このようにして表される 1mol あたりの質量を**モル質量**といいます。

モル質量についての問題を解くときには，

> ### 原子量，分子量，式量 に g/mol をつけ，

「1」を書き加えてから解きはじめます。次のページの練習問題でためしてみましょう。

練習問題 2

次の文中の ▢ に適切な数値を有効数字 2 桁で求めよ。ただし，原子量は C=12，O=16 とする。

二酸化炭素 CO_2 2.2g は ▢ mol である。

解き方

二酸化炭素 CO_2 の分子量は，

（C の原子量）＋（O の原子量）×2 ＝ 12 ＋ 16×2 ＝ 44

です。よって，CO_2 のモル質量は g/mol をつけて 44g/mol とし，「1」を書き加えて　44g/₁mol とします。「g から mol への変換」は，$\dfrac{1mol}{44g}$ を利用して，

↑ 1をつける

$$2.2g×\dfrac{1mol}{44g} = 0.050mol$$　　となります。

└─ g を消去します

答え　0.050 または $5.0×10^{-2}$

●気体 1mol の体積

例えば，0℃，$1.013×10^5$ Pa（バスカル）（1 気圧）（⇒標準状態とよぶこともあります）の下で，水 H_2O であれば 0℃ですから氷になっていますが，二酸化炭素 CO_2 なら気体ですね。0℃，$1.013×10^5$ Pa で気体 1mol の体積は，二酸化炭素 CO_2，水素 H_2，酸素 O_2，いずれも（種類は関係ありません！）22.4L になります。

暗記しよう！　0℃，$1.013×10^5$ Pa で 気体 1mol の体積 は 22.4L
（標準状態）

注 空気による圧力が大気圧(1気圧)で,

1気圧 = 1013hPa

= 101300Pa

= 1.013×10^5Pa

です。

(hは, $10^2 = 100$ を表します。)

空気の柱

1気圧

地上の生物や物体は大気の海の底にいる。

いつものように ／(マイ) を利用しましょう。

ポイント 気体の計算のコツ

0℃, 1.013×10^5Pa= 1気圧における気体の体積についての問題では,

$$22.4 \ \text{L/mol} \quad \rightarrow \quad \text{1 mol あたりの体積を} \\ \text{モル体積 [L/mol] といいます}$$

と書き,「1」を書き加えて 22.4L/₁mol とする。

1 mol
=22.4L

練習問題で慣れておきましょう。

練習問題 3

次の文中の ☐☐☐ に適切な数値を有効数字 2 桁で求めよ。

二酸化炭素 CO_2 0.050mol は，0℃，1.013×10⁵Pa における体積が ☐☐☐ L となる。

解き方

0℃，1.013×10⁵Pa における体積に関する問題なので，

$$22.4L /_1 mol$$

と書き直します。「mol から L への変換」は，モル体積 $\dfrac{22.4L}{1mol}$ を利用して，

$$0.050\,\cancel{mol} \times \frac{22.4L}{1\,\cancel{mol}} ≒ 1.1L$$

└───────────┘ mol を消去します

と求めることができます。

答え 1.1

Step 3 の内容をまとめると 物質量(mol)の計算

物質量(mol)の計算では，まず

$$6.0×10^{23} 個 /_1 mol \quad , \quad 原子量 g /_1 mol \quad , \quad 分子量 g /_1 mol \quad ,$$
$$式量 g /_1 mol \quad , \quad 22.4L /_1 mol(0℃，1.013×10^5Pa)$$

と書き直してから解いていこう。

Step ④ 反応式をつくり，読みとり，計算できるようにしよう。

●化学反応式（反応式）

　水素 H_2 と酸素 O_2 の混合気体に点火すると，爆発的に反応して水 H_2O ができます。この化学変化をモデルと化学反応式で表すと次のようになります。

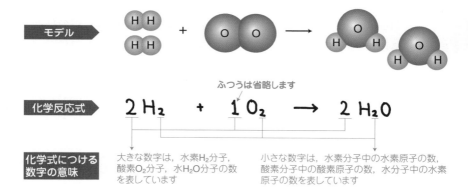

モデル	

化学反応式　　$2H_2 + 1O_2 \longrightarrow 2H_2O$

ふつうは省略します

化学式につける数字の意味　　大きな数字は，水素H_2分子，酸素O_2分子，水H_2O分子の数を表しています　　小さな数字は，水素分子中の水素原子の数，酸素分子中の酸素原子の数，水分子中の水素原子の数を表しています

　このとき，**左辺**の H_2 や O_2 を**反応物**，**右辺**の H_2O を**生成物**といい，左辺と右辺の原子の種類（H，O）と数（H は 4 個，O は 2 個）が等しくなっています。

　この**化学反応式の大きな数字**（係数）から，

「H_2 2個 と O_2 1個 が 反応して，H_2O 2個 が できる」

ことがわかります。ここで，分子数を増やして考えてみます。

「H_2 200 個なら O_2 100 個が反応して，H_2O 200 個ができる」

「H_2 $2×(6.0×10^{23})$個なら O_2 $1×(6.0×10^{23})$個が反応して，H_2O $2×(6.0×10^{23})$個ができる」

タバ（mol）で考えると　　$6.0×10^{23}$ 個で 1 タバ（1mol）なので　　$6.0×10^{23}$ 個で 1 タバ（1mol）なので　　$6.0×10^{23}$ 個で 1 タバ（1mol）なので

　　「H_2 2 mol　と　O_2 1 mol　が反応して，　H_2O 2 mol　ができる」

ことがわかります。

係数

　化学反応式の係数は，物質量(mol)の関係を表している。

●係数関係の使い方

　化学反応式の係数関係を自在に使いこなせるようになれば，化学反応における量の関係がつかめるようになります。

　次の反応から，mol の関係をつかむ練習をしてみましょう。（1 は強調のために，あえて省略していません。）

$$\overset{\displaystyle \times \frac{1}{2}}{\underset{\displaystyle \times 1}{\boxed{2\,H_2 \quad + \quad 1\,O_2 \quad \longrightarrow \quad 2\,H_2O}}} \overset{\displaystyle \times 2}{}$$

〈この反応式からわかること〉

例1 H_2O は，H_2(mol)の ×1 倍 生成する。

例2 O_2 は，H_2(mol)の ×$\dfrac{1}{2}$倍 必要である。

例3 H_2O は，O_2(mol)の ×2 倍 生成する。

　次の練習問題をやってみましょう。

練習問題 1

一酸化炭素 CO を用いて，4.64kg の四酸化三鉄 Fe_3O_4 をすべて鉄 Fe にするとき，一酸化炭素 CO は少なくとも何 kg 必要か。最も適当な数値を，次の①～⑥のうちから1つ選べ。原子量は，C＝12，O＝16，Fe＝56 とする。

$$Fe_3O_4 + 4CO \longrightarrow 3Fe + 4CO_2$$

① 1.68　　② 2.24　　③ 2.44

④ 3.36　　⑤ 3.96　　⑥ 4.48

（センター試験）

- -

解き方

式量や分子量は，

$$Fe_3O_4 = \underset{Fe}{56} \times 3 + \underset{O}{16} \times 4 = 232 \qquad CO = \underset{C}{12} + \underset{O}{16} = 28$$

なので，「g/mol」をつけ「1」を書き加えると，モル質量はそれぞれ Fe_3O_4 232g/1mol，CO 28g/1mol　となります。

4.64kg の Fe_3O_4 は，

$$4.64kg \times \frac{10^3g}{1kg} \times \frac{1\,mol}{232g} = 20mol$$

ここで kg を消去　　ここで g を消去

とわかります。与えられた反応式から，

$$1\,Fe_3O_4 + 4\,CO \longrightarrow 3\,Fe + 4\,CO_2$$

$\times 4$

CO は Fe_3O_4〔mol〕の ×4倍 必要になるとわかります。

よって，CO は Fe_3O_4 20mol の×4倍，20×4＝80mol　必要になり，その質量は CO のモル質量が 28g/1mol であることから，

ここで mol を消去　ここで g を消去

$$80mol \times \frac{28g}{1\,mol} \times \frac{1\,kg}{10^3g} = 2.24kg \qquad とわかります。$$

必要な　　　必要な　　　必要な
CO〔mol〕　CO〔g〕　　CO〔kg〕

答え　②

●完全燃焼の反応式

　入試で出題される反応式は，これから出てくる各分野を学習すると，つくることができるようになります。ただ，完全燃焼の反応式は，今までの知識でつくることができるので，ここで紹介しますね。

　完全燃焼とは，**「燃焼させる反応物中のすべての C や H が CO_2，H_2O に変化する」** ことをいいます。このとき，**C が CO に変化することは完全燃焼ではありません**。注意しましょう。

　反応式の書き方は，次の❶→❺の順になります。

❶ 左辺に「完全燃焼させる物質 と 酸素 O_2」，右辺に「完全燃焼後の物質」を書きます。

❷ 完全燃焼させる物質の係数を 1 とおきます。

❸ C や H などに注目しながら生成物に係数をつけます。

❹ O_2 で係数をそろえます。

❺ ここで，<u>係数が分数になったときは，全体を何倍かして係数を最も簡単な整数にします</u>。

　例えば，エタン C_2H_6 の場合について完全燃焼の反応式をつくってみます。

❶　$C_2H_6 + O_2 \longrightarrow CO_2 + H_2O$　⇐完全燃焼だから，CO_2 と H_2O になります

❷　$1C_2H_6 + O_2 \longrightarrow CO_2 + H_2O$　⇐C_2H_6 の係数を 1 とおきます

❸　$1C_2H_6 + O_2 \longrightarrow 2CO_2 + 3H_2O$　⇐C と H の数に注目して，CO_2 と H_2O の係数をつけます

❹　$1C_2H_6 + \dfrac{7}{2}O_2 \longrightarrow 2CO_2 + 3H_2O$　⇐O の数に注目して，O_2 の係数をつけます

❺　全体を 2 倍して，

　　$2C_2H_6 + 7O_2 \longrightarrow 4CO_2 + 6H_2O$　⇐完成です

次の練習問題で，第3講で学んだ内容の総まとめをしましょう。

練習問題 2

　ある元素Aの単体 2.7g を酸素中で完全に燃焼させたところ，この元素の酸化物 A_2O_3 が 5.1g 得られた。原子量は O=16 とする。

(1) 下線部の燃焼に最低限必要な酸素 O_2 の物質量〔mol〕を有効数字2桁で求めよ。

(2) 下線部の化学反応式を書け。

(3) 元素Aの原子量はいくらか。有効数字2桁で求めよ。

解き方

(1) 中学時代に学んだ質量保存の法則を思い出しましょう。**「化学変化の前後で，その化学変化に関係している物質全体の質量の和は変わらない」** ので，Aと結びついた酸素 O_2，つまり，最低限必要だった酸素 O_2 の質量は，

$$\underset{\substack{\text{酸化物の}\\\text{質量〔g〕}}}{5.1} - \underset{\substack{\text{単体Aの}\\\text{質量〔g〕}}}{2.7} = 2.4g$$

です。ここで，O_2 の分子量は　16×2=32　であり，これをモル質量 $32g/\text{mol}$ と書き直し，「g から mol に変換」することで O_2 の物質量〔mol〕が

$$2.4\cancel{g} \times \frac{1\,mol}{32\cancel{g}}=0.075mol$$

g を消去します

と求められます。

(2) 下線部の完全燃焼の反応式は次のようにつくります。

❶ 　A　　＋　　O_2　　⟶　　A_2O_3　⟸ A_2O_3 が生成します

❷ 　1A　＋　　O_2　　⟶　　A_2O_3　⟸ Aの係数を1とおきます

❸ 　1A　＋　　O_2　　⟶　　$\dfrac{1}{2}A_2O_3$　⟸ Aの数に注目して，A_2O_3 の係数をつけます

❹ 　1A　＋　$\dfrac{3}{4}O_2$　⟶　　$\dfrac{1}{2}A_2O_3$　⟸ Oの数に注目して，O_2 の係数をつけます

❺ 全体を4倍して，

　　4A　＋　$3O_2$　⟶　　$2A_2O_3$　⟸完成ですね

(3) 元素 A の原子量を m とおくと，モル質量は m〔g/$_1$mol〕と書き表すことができます。2.7g の A の物質量は，

$$2.7\mathrm{g} \times \frac{1\,\mathrm{mol}}{m\,\mathrm{(g)}} = \frac{2.7}{m}\,\mathrm{(mol)}$$

g を消去します

となります。ここで下線部の反応式

$$\overset{\times \frac{3}{4}}{4\,\mathrm{A} + 3\,\mathrm{O_2} \longrightarrow 2\,\mathrm{A_2O_3}}$$

から，O_2〔mol〕は A の $\times \frac{3}{4}$ 倍 必要だったとわかります。

よって，(1)より必要だった O_2 が 0.075mol なので，次の関係式が成り立ちます。

(1)の 答え より

$$\underset{\text{A(mol)}}{\frac{2.7}{m}} \times \underset{\substack{\text{必要だった}\\ \text{O}_2\text{(mol)}}}{\frac{3}{4}} = \underset{\substack{\text{必要だった}\\ \text{O}_2\text{(mol)}}}{0.075}$$

これを解くと，$m=27$　となります。

答え 　(1)　0.075mol または 7.5×10^{-2}mol

　　　　(2)　$4A + 3O_2 \longrightarrow 2A_2O_3$

　　　　(3)　27 または 2.7×10

Step 4 の内容をまとめると　　化学反応式の係数関係

$$\overset{\times \frac{c}{a}}{a\mathrm{A} + b\mathrm{B} \longrightarrow c\mathrm{C}}$$
$$\times \frac{c}{b}$$

の反応において，

　　C〔mol〕は，A〔mol〕の $\times \frac{c}{a}$ 倍，B〔mol〕の $\times \frac{c}{b}$ 倍　生成する。

第4講 化学結合と分子間の結合

Step

① 結合の種類を判定できるように
しよう。

② 結合を4種類ていねいに
おさえよう。

③ 極性分子と無極性分子を
見分けられるようにしよう。

④ 分子間力（2種類）の特徴を
つかもう。

Step ① 結合の種類を判定できるようにしよう。

●電気陰性度

原子どうしが結びつくことを結合といいます。原子 A と原子 B が結合するとき，A や B が結合に使われる電子を引きつける能力を数値にしたものを電気陰性度といい，電気陰性度の大きい原子ほど電子を強く引きつけます。

重要!!
A が B より電子を強く引きつけるなら……
⇒電気陰性度は，A ＞ B

電気陰性度のデータは，次のようになります。

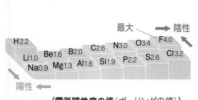
〈電気陰性度の値（ポーリングの値）〉

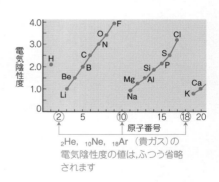
₂He，₁₀Ne，₁₈Ar（貴ガス）の
電気陰性度の値は,ふつう省略
されます

　図から，電気陰性度は周期表の右上の元素ほど大きく，左下の元素ほど小さいことがわかります。貴ガスはふつう他の原子と結合しないので，電気陰性度は省略されます。電気陰性度については，

暗記しよう！
フッ素 F 原子が最大
F ＞ O ＞ N と C ＞ H の大小関係の順

を覚えておきましょう。

●電子式

元素記号のまわり（上下左右）に最外殻電子を・で表した式を電子式といいます。

電子式を書くときには，なるべく<u>対（ペア）をつくらないように書きます。</u>
（4個目まで）

電子式を書いたときに，対になっていない電子を不対電子，対になっている電子を電子対といいます。

暗記しよう! ・・——電子対
・$\ddot{N}$・$\boxed{\cdot}$——不対電子
・

下の表を見ておきましょう。

ポイント 電子式と不対電子の数

族番号		1	2	13	14	15	16	17	18
電子式	第1周期	H・							注 He:
	第2周期	Li・	・Be・	・B̈・	・C̈・	・N̈・	・Ö:	:F̈:	:N̈e:
	第3周期	Na・	・Mg・	・Äl・	・S̈i・	・P̈・	・S̈:	:C̈l:	:Är:
最外殻電子の数		1	2	3	4	5	6	7	2または8
価電子の数		1	2	3	4	5	6	7	0
不対電子の数		1	2	3	4	3	2	1	0

注 He は，Ḧe とは書かない。

●化学結合・分子間力のとらえ方

　原子やイオンなどの**粒子の結びつき方を化学結合**，**分子の間にはたらく引力**を**分子間力**といいます。結合は，全体をイメージでとらえてから，こまかくおさえていくと理解が深まりますよ。

〈結合のイメージ〉

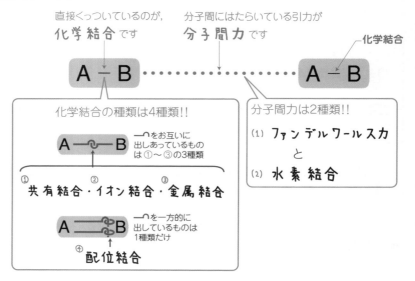

どうでしょうか？　イメージでとらえられましたか？

　A⌒　と　⌒B　がくっついて　A⌒⌒B　となる化学結合には，

① 共 有 結 合　② イオン 結 合　③ 金属 結 合

の3種類がありました。

　次に，この①～③の化学結合を見分けられるようにしましょう。まずは，次の周期表を見てください。

族／周期	1	2	3	4	5	6	7	8	9	10	11	12	13	14	15	16	17	18
1	H																	He
2	Li	Be											B	C	N	O	F	Ne
3	Na	Mg											Al	Si	P	S	Cl	Ar
4	K	Ca	Sc	Ti	V	Cr	Mn	Fe	Co	Ni	Cu	Zn	Ga	Ge	As	Se	Br	Kr
5	Rb	Sr	Y	Zr	Nb	Mo	Tc	Ru	Rh	Pd	Ag	Cd	In	Sn	Sb	Te	I	Xe
6	Cs	Ba	La~Lu	Hf	Ta	W	Re	Os	Ir	Pt	Au	Hg	Tl	Pb	Bi	Po	At	Rn
7	Fr	Ra	Ac~Lr	Rf	Db	Sg	Bh	Hs	Mt	Ds	Rg	Cn	Nh	Fl	Mc	Lv	Ts	Og

■ 金属元素
■ 非金属元素

元素には金属元素と非金属元素がありました。ということは，結合のしかた（くっつき方）には，

(ア)　非金属元素　と　非金属元素　の結合
(イ)　金属 元素　と　非金属元素　の結合
(ウ)　金属 元素　と　金属 元素　の結合

の(ア)～(ウ)が考えられますね。このとき，

(ア)を①の **共有結合**，(イ)を②の **イオン結合**，(ウ)を③の **金属結合**

とよびます。

ポイント　化学結合を見分けるコツ

(ア) 非金属元素　と　非金属元素　の結合　⇒　① の　共有結合　　になる
(イ) 金属 元素　と　非金属元素　の結合　⇒　② の　イオン結合　になる
(ウ) 金属 元素　と　金属 元素　の結合　⇒　③ の　金属結合　　になる

Step 2 結合を4種類ていねいにおさえよう。

●共有結合

共有結合は，非金属元素の原子どうしの結合でした。非金属の原子どうしが**不対電子を出しあってつくった電子対**を共有電子対といいます。

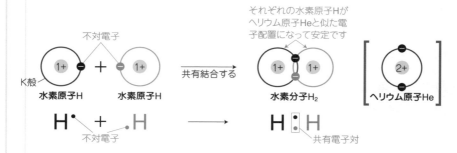

共有結合している水素分子 H_2 を見てください。それぞれの水素原子 H は原子核のまわりに2個の電子をもち，貴ガスのヘリウム原子 He と似た安定な電子配置になっていますね。

次に，原子が共有結合で分子をつくるようすを考えてみます。
まず，水 H_2O です。

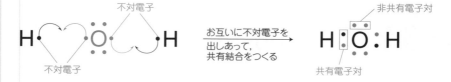

共有結合に使われていない電子対を非共有電子対といいます。次に，二酸化炭素 CO_2 です。

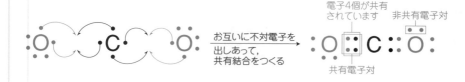

最後に，窒素 N_2 です。

 お互いに不対電子を
出しあって，
共有結合をつくる →

共有電子対　　非共有電子対

電子6個が共有されています

共有結合には，**1組の共有電子対**による**単**結合，**2組の共有電子対**による**二重結合**，**3組の共有電子対**による**三重結合**があります。

単結合

二重結合

三重結合

◯◯は共有電子対

1組の共有電子対 ◦◦ **を1本の線**ー（⇒この線ーを**価標**ということがあります）**で表した化学式を構造式**といいます。

H ― O ― H
単結合

O＝C＝O
二重結合　二重結合

N≡N
三重結合

構造式を見ると，単結合は「ー」，二重結合は「＝」，三重結合は「≡」と表すことがわかりますね。

●原子価と構造式

原子から出ている線の数は不対電子の数と等しくなります。

$\cdot \overset{\cdot}{\underset{\cdot}{C}} \cdot$ ⇒ $-\overset{|}{\underset{|}{C}}-$

不対電子の数　　線の本数
4個　　　　　　4本

$\cdot \overset{\cdot\cdot}{\underset{\cdot\cdot}{O}}$ ⇒ $-O-$

不対電子の数　　線の本数
2個　　　　　　2本

この**線の本数**を**原子価**といいます。

チェック
しよう！

原子価は，$-\overset{|}{\underset{|}{C}}-$ が４価，$-O-$ が２価，
$-\overset{|}{N}-$ が３価

原子から出ている線の本数（原子価）を覚えると，構造式を書くときに役立ちます。

二酸化炭素 CO_2 は，$-\overset{|}{\underset{|}{C}}-$ 1個 と $-O-$ 2個 を共有結合させてつくります。

O — C — O $\xrightarrow{\text{⎯⎯の部分をつないで，}\atop\text{共有結合させる}}$ O = C = O

同じように，窒素 N_2 は $-\overset{|}{N}-$ 2個 を共有結合させてつくります。

N — N $\xrightarrow{\text{⎯⎯の部分をつないで，}\atop\text{共有結合させる}}$ N ≡ N

ポイント 原子のようす

原子のようすは，次のように覚えておきましょう。
（構造式を書くときは，$\underset{\text{非共有電子対}}{\cdot\cdot}$ を書く必要はないですが，あわせて覚えると便利です。）

1 族	14 族		15 族		16 族		17 族	
H-	$-\overset{|}{\underset{|}{C}}-$	$-\overset{|}{\underset{|}{Si}}-$	$-\overset{|}{\ddot{N}}-$	$-\overset{|}{\ddot{P}}-$	$-\ddot{\underset{\cdot\cdot}{O}}-$	$-\ddot{\underset{\cdot\cdot}{S}}-$	$-\ddot{\underset{\cdot\cdot}{F}}{:}$	$-\ddot{\underset{\cdot\cdot}{Cl}}{:}$

上のポイントで覚えたことを使って，次の練習問題を考えてみます。

練習問題

原子価が最も大きい原子を，次の ① ～ ⑤ のうちから１つ選べ。

① 窒素分子中の N　　② フッ素分子中の F

③ メタン分子中の C　　④ 硫化水素分子中の S

⑤ 酸素分子中の O

（センター試験）

解き方

①～⑤の分子のようすと N，F，C，S，O から出ている線の本数（原子価）は，次のようになります。

① 窒素 N_2 分子

:N═N:　──の部分をつなぐ→　:N≡N:注　N の原子価は３価

② フッ素 F_2 分子

:F─F:　──の部分をつなぐ→　:F─F:　F の原子価は１価

③ メタン CH_4 分子

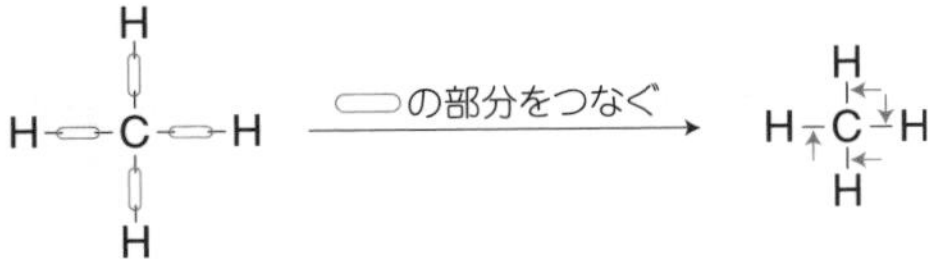

$$H-C-H$$ （H の上下に H）　──の部分をつなぐ→　H─C─H（上下に H）　C の原子価は４価

④ 硫化水素 H_2S 分子

H─S─H　──の部分をつなぐ→　H─S─H　S の原子価は２価

⑤ 酸素 O_2 分子

:O═O:　──の部分をつなぐ→　:O═O:　O の原子価は２価

よって，原子価が最も大きい原子は，③メタン CH_4 分子中の炭素原子 C とわかります。

注 構造式は N≡N ですが，本問のように :N≡N: のように覚えておくと，入試問題を解くのに便利ですよ。

答え ③

●配位結合

共有結合をすでに学習しました。

非共有電子対をもっている分子は配位結合をつくることがあります。まずは,配位結合のようすを見てみましょう。

$$\text{H}^+ \xleftarrow{} + \overset{\bullet\bullet}{\underset{\underset{\text{H}}{|}}{\text{O}}}\text{H} \xrightarrow[\text{をつくる}]{\substack{\text{非共有電子}\\\text{対を提供し}\\\text{て配位結合}}} \left[\text{H}\overset{\bullet\bullet}{\underset{\underset{\text{H}}{|}}{\text{O}}}\text{H}\right]^+ \quad \left[\begin{array}{c}\text{H}-\text{O}-\text{H}\\|\\\text{H}\end{array}\right]^+ \text{または} \left[\text{H}-\overset{|}{\underset{|}{\text{O}}}-\text{H}\right]^+$$

非共有電子対（水素イオン）　水　オキソニウムイオン　オキソニウムイオンの構造式

少し変わった結合ですね。水 H_2O の $\overset{\bullet\bullet}{\text{O}}$ 原子が非共有電子対を一方的（お互いに出しあっていません！）に提供して配位結合をつくっています。

一方の原子が非共有電子対を一方的に提供して生じる共有結合を配位結合という。
〔例〕 H_2O の O 原子

$$\text{A} \xleftarrow{} + \overset{\bullet\bullet}{\text{B}} \xrightarrow{\text{配位結合を生じる}} \text{A}\overset{\bullet\bullet}{:}\text{B}$$

非共有電子対

配位結合は結合のでき方が違うだけなので，結合ができた後は共有結合と見分けがつかなくなります。

$$\left[\text{H}\overset{\bullet\bullet}{\underset{\underset{\text{H}}{|}}{\text{O}}}\text{H}\right]^+ \xrightarrow[\text{電子} \cdot \cdot \text{をすべて同じ色で表すと}]{} \left[\text{H}\overset{\bullet\bullet}{\underset{\underset{\text{H}}{|}}{\text{O}}}\text{H}\right]^+$$

配位結合で生じた共有電子対

> あれ？　どこが配位結合なのか，わからないぞ！

配位結合は結合をつくる前のようすをよく見ておきましょう。また，イメージしやすくするために，構造式を書くときに配位結合を矢印（→）で表すことがあります。

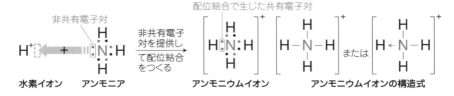

ポイント 配位結合と共有結合

●イオン結合

金属元素は電気陰性度が小さく**陽イオンになりやすい**(⇒この性質を陽性または**金属性**といいます),非金属元素は電気陰性度が大きく**陰イオンになりやすい**(⇒この性質を陰性または**非金属性**といいます)という特徴がありました。典型元素の陽性・陰性の特徴は次のようになります。

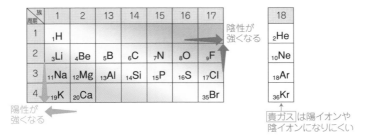

この陽性の強い金属元素と陰性の強い非金属元素との結合をイオン結合といいます。

暗記しよう! 金属元素と非金属元素との結合 ⇒ イオン結合

イオン結合とは,電子を失ってできた金属の陽イオンと電子を受けとってできた非金属の陰イオンとが,**イオン間にはたらく+と−の引力**(⇒**静電気力**または**クーロン力**といいます)によって結びついた結合のことをいいます。

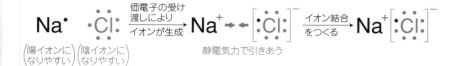

$$Na \cdot \quad \cdot \ddot{\underset{..}{Cl}} : \xrightarrow[\text{イオンが生成}]{\text{価電子の受け}}Na^+ \rightarrow \leftarrow \left[: \ddot{\underset{..}{Cl}} :\right]^- \xrightarrow[\text{をつくる}]{\text{イオン結合}} Na^+ \left[: \ddot{\underset{..}{Cl}} :\right]^-$$

（陽イオンに　（陰イオンに　　　　　　　　　　　静電気力で引きあう
なりやすい）　なりやすい）

　陽イオンと陰イオンからなる物質は，**イオンの数の比を最も簡単な整数比にした組成式**を使って表します。

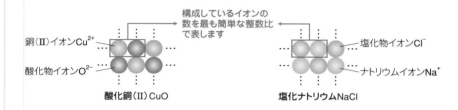

構成しているイオンの数を最も簡単な整数比で表します

銅(II)イオンCu^{2+}
酸化物イオンO^{2-}
酸化銅(II)CuO

塩化物イオンCl^-
ナトリウムイオンNa^+
塩化ナトリウムNaCl

こう書く！ **組成式のつくり方**

　「陽イオンと陰イオンの価数の比」を求め，「その比をたすき(✕)に書く」とつくることができます。

例 カルシウムイオン Ca^{2+} と塩化物イオン Cl^- からなる物質の場合，Ca^{2+}は2価の陽イオンで Cl^-は1価の陰イオンです。だから，価数の比は，$Ca^{2+} : Cl^- = 2価 : 1価 = 2 : 1$　となり，

価数の比を書く→　2　　　1
価数の比をたすきに書く→ **Ca** ✕ **Cl** ➡ **CaCl$_2$**

ここの1は省略する

のように組成式をつくります。

　Ca^{2+} と SO_4^{2-} なら，$Ca^{2+} : SO_4^{2-} = 2価 : 2価 = 1 : 1$（価数の比）

価数の比を書く→　1　　　1　　組成式をつくる
価数の比をたすきに書く→ **Ca** ✕ **SO$_4$** ➡ **CaSO$_4$**

　Al^{3+} と SO_4^{2-} なら，$Al^{3+} : SO_4^{2-} = 3価 : 2価 = 3 : 2$（価数の比）

価数の比を書く→　3　　　2　　組成式をつくる
価数の比をたすきに書く→ **Al** ✕ **SO$_4$** ➡ **Al$_2$(SO$_4$)$_3$**

原子2個以上からなる多原子イオンのときは( )を利用する

●金属結合

金属元素は電気陰性度やイオン化エネルギーが小さく，価電子を放出して陽イオンになりやすい性質（陽性）がありました。

注目しよう！ 金属元素は，陽イオンになりやすく，陽性が強い

この陽性の強い金属元素の原子から電子が離れ，**自由に動きまわる価電子（⇒自由電子といいます）によって原子どうしが結びついてできた結合**のことを金属結合といいます。

自由電子

金属結合のようす

自由電子は，決まった原子に共有されているのではなく，すべての原子によって共有されています。

ポイント　金属結合

金属結合は，金属元素の原子どうしが自由電子によって結びついている。

Step ③ 極性分子と無極性分子を見分けられるようにしよう。

●分子

いくつかの原子が共有結合で結びついた粒子を分子といいます。原子1個からなる分子を単原子分子，原子2個からなる分子を二原子分子，…とよびます。

単原子分子	二原子分子	三原子分子	四原子分子

⟶ 三原子分子以上は多原子分子といいます

●極性分子と無極性分子

塩化水素 HCl は，電気陰性度が大きい塩素 Cl 原子と小さい水素 H 原子が共有結合した二原子分子です。

$$\text{H} - \text{Cl}$$ 電気陰性度は，Cl(3.2)＞H(2.2)

電気陰性度は，結合に使われる電子を引きつける能力を数値にしたものでした。つまり，塩化水素 HCl は，電気陰性度の大きな Cl が電気陰性度の小さな H から共有電子対を自分のほうに引いています。

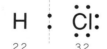

電気陰性度　2.2　　3.2　　Cl が H から共有電子対を引きよせる　　$\delta+$ H ：Cl $\delta-$

Cl のほうに共有電子対がかたよっている。

注　δ（デルタ）は，ごくわずかを表しています

その結果，Cl が－の電荷を少し帯びた状態（⇒$\delta-$と書きます）に，H が＋の電荷を少し帯びた状態（⇒$\delta+$と書きます）になっています。このような**電荷のかたより**を**極性**といって，塩化水素 HCl のように**極性のある分子**を極性分子とい

います。

それに対して，水素 H_2 は，同じ水素 H 原子が共有結合した二原子分子ですね。

電気陰性度　2.2　　　2.2 ⟶ 電気陰性度が同じなので，共有電子対は
どちらの H にもかたよっていない

電気陰性度が同じなので電荷のかたよりがなく，極性がありません。このように**極性がない分子**は，無極性分子といいます。単体の二原子分子は，同じ種類の原子が共有結合しているので，どれも無極性分子になります。

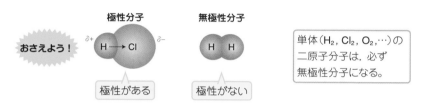

おさえよう！

極性分子　　　　無極性分子

$\delta+$　　　$\delta-$
H ⟶ Cl　　　H　H
極性がある　　　極性がない

単体（H_2, Cl_2, O_2, …）の二原子分子は，必ず無極性分子になる。

三原子分子以上つまり多原子分子になると，結合の一部に極性があっても分子の形によっては無極性分子になるものがあります。つまり，極性分子なのか無極性分子なのかは，「結合に極性があるか」と「分子の形」の２点から判断する必要があります。

重要！

極性分子・無極性分子は，
「極性があるか」と「形」から判断する!!

ここで，中学時代に学習した力の合成を思い出してみましょう。

ポイント 力の合成

F_1
F_2
F_1とF_2の合力
（大きさ＝F_1+F_2）

F_1　F_2
F_1とF_2の合力
（大きさ＝F_2-F_1）

F_1　対角線　F_1とF_2の合力
F_2

極性の方向を矢印（➡）で考え，極性分子か無極性分子かを決めてみます。電気陰性度は，Cl＞H，O＞C，O＞H　です。

塩化水素（**直線形**）
➡ が残るので,極性分子です

二酸化炭素（**直線形**）
➡ の合力が0になる
ので，無極性分子です

水（**折れ線形**）
➡ の合力が0にならない
ので，極性分子です

以上のように決めることができます。分子の形は，紹介したものをコツコツ覚えてください。電気陰性度は，N＞H，C＞H　です。

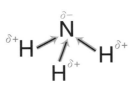

アンモニア（**三角すい形**）
➡ の合力が0にならない
ので，極性分子です

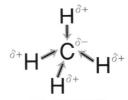

メタン（**正四面体形**）
少し難しいですが，➡ の合力が0に
なります。よって，無極性分子になります

ポイント　極性分子と無極性分子の見分け方

●単　体 ───────────→ 二原子分子は，無極性分子
（**例** H_2，Cl_2，O_2）

●化合物　極性（→）の合力が，
0になる → 無極性分子（**例** CO_2，CH_4）
0にならない → 極性分子（**例** HCl，H_2O，NH_3）

Step 4 分子間力（２種類）の特徴をつかもう。

まずは，分子間力のイメージを思い出しましょう。

$$\underbrace{\text{A - B} \cdots\cdots\cdots\cdots \text{A - B}}_{\text{ファンデルワールス力や 水素結合}}$$

●ファンデルワールス力

ドライアイスは二酸化炭素 CO_2 が集まってできた固体です。

O=C=O
　　　　　　　　　　　　　　　　　　　　ファンデルワールス力
O=C=O

ドライアイス
（固体の CO_2）

　集まっているということは，CO_2 分子間に何らかの引力がはたらいていることがわかります。この引力のことを**ファンデルワールス力**といい，**すべての分子の間にはたらく弱い引力**です。

　次の@〜©の条件を覚えておくと，ファンデルワールス力の強・弱を判断することができます。

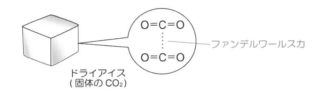

@ 分子の形が似ているときには
➡ 分子量が大きくなるほどファンデルワールス力が強くなる
例 ファンデルワールス力 F_2 $<$ Cl_2
$\left(\begin{array}{ccc} \text{分子量} & 38 & < & 71 \\ \text{沸点} & -188℃ & < & -34℃ \end{array} \right)$

ⓑ 分子量が同じくらいなら
➡ 極性分子のほうが無極性分子よりファンデルワールス力が強くなる
例 ファンデルワールス力 F_2 $<$ HCl
$\left(\begin{array}{ccc} \text{分子量} & 38 & ≒ & 36.5 \\ & \text{無極性分子} & & \text{極性分子} \\ \text{沸点} & -188℃ & < & -85℃ \end{array} \right)$

第4講
化学結合と分子間の結合

ⓒ 分子量や極性が同じくらいなら
　　　➡ 分子の形が直線状になっているほどファンデルワールス力が強くなる

例 ファンデル
　　ワールス力

$$CH_3-\underset{\underset{CH_3}{|}}{\overset{\overset{CH_3}{|}}{C}}-CH_3 \quad < \quad CH_3-CH_2-CH_2-CH_2-CH_3$$

$$\left(\begin{array}{ccc} 分子量 & 72 & = & 72 \\ 沸点 & 10℃ & < & 36℃ \end{array}\right)$$

　分子間に強い引力がはたらいていると，分子を引き離すのに多くのエネルギーを必要とするので，沸点が高くなります。

ポイント ファンデルワールス力と沸点の関係

ⓐ 分子量⊛ ➡ ファンデルワールス力⊛ ➡ 沸点⊛
ⓑ 分子量がほぼ同じとき
　　➡ 無極性分子より極性分子のファンデルワールス力⊛
　　➡ 極性分子の沸点⊛
ⓒ 分子量・極性がほぼ同じとき
　　➡ 直線状の分子のファンデルワールス力⊛
　　➡ 直線状の分子の沸点⊛

●水素結合

　まず，水素化合物の沸点を調べてみましょう。

H_2O，HF，NH_3 は，いずれも分子量が小さいのに，沸点が高いことに気づきますね。

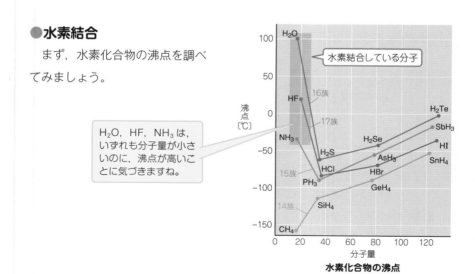

水素化合物の沸点

図を見ると，14族の水素化合物（CH_4，SiH_4，GeH_4，SnH_4）は，分子量が大
きくなるほどファンデルワールス力が強くなるので，沸点が高くなっていること
がわかります。

沸点　$H-\underset{\overset{|}{H}}{\overset{\overset{H}{|}}{C}}-H$ ＜ $H-\underset{\overset{|}{H}}{\overset{\overset{H}{|}}{Si}}-H$ ＜ $H-\underset{\overset{|}{H}}{\overset{\overset{H}{|}}{Ge}}-H$ ＜ $H-\underset{\overset{|}{H}}{\overset{\overset{H}{|}}{Sn}}-H$　← すべて正四面体形で，無極性分子です

分子量　　16　　＜　　32　　＜　　77　　＜　　123

　ところが，水 H_2O，フッ化水素 HF，アンモニア NH_3 の沸点は，分子量が小
さいのに，沸点が異常に高いことがわかります。これらの分子の分子間には，水
素結合という強い静電気的な引力がはたらいています。水素結合は，ファンデル
ワールス力よりもかなり強い結合なので，水素結合をつくっている水 H_2O，フッ
化水素 HF，アンモニア NH_3 の沸点は分子量から予想される値よりもかなり高く
なります。

水 H_2O　　　　　フッ化水素 HF　　　　　アンモニア NH_3

水素結合は型で覚えてしまいましょう。‥‥が水素結合を表しています。

非共有電子対

　電気陰性度の大きな原子（F，O，N）が電気陰性度の小さな H 原子から共有電
子対を強く引っぱり，F，O，N が $\delta-$，H が $\delta+$ に帯電しています。この **F，O，
N 原子と他の分子の H 原子との間にはたらく静電気的な引力**が水素結合です。

4.0　3.4　3.0　　　　　　　　　　　　　　2.2

ポイント　水素結合

　F，O，N が H を仲立ちとしてできる分子間の結合を水素結合という。

ファンデルワールス力や水素結合のような分子間にはたらく力をまとめて分子間力といいました。分子間力は，共有結合，イオン結合，金属結合と比べるとはるかに弱くなります。

次の練習問題で結合力の強さを比較してみましょう。

練習問題

次の結晶のうち，粒子間の結合やはたらく力が最も強いもの，最も弱いものを選び，化学式で答えよ。

① 二酸化ケイ素　　② ドライアイス　　③ 氷
④ 炭酸カルシウム　　⑤ アルミニウム

(琉球大)

解き方

①～⑤の結晶の粒子間にはたらく力は，次のようになります。

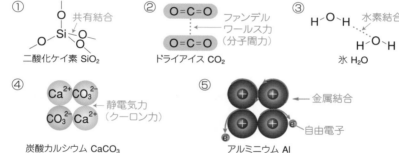

粒子間の結合の強さは，たいていは，共有結合がイオン結合や金属結合よりも強くなります。

また，ファンデルワールス力の強さを1とすると，水素結合の強さはおよそ10となり，共有結合の強さは50～100です。

よって，共有結合により原子が結合している二酸化ケイ素 SiO_2（⇒①）の粒子間の結合が最も強く，ファンデルワールス力で粒子が配列しているドライアイス CO_2（⇒②）の粒子間にはたらく力が最も弱いと予想できます。

答え 最も強いもの：SiO_2　　最も弱いもの：CO_2

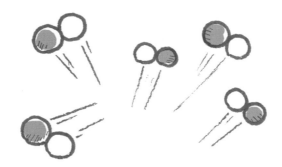

第**4**講

化学結合と分子間の結合

第5講　結　晶

Step ① 金属結晶をまず，とらえよう。

●結晶と非晶質

ここから固体について学習します。固体は，原子，分子，イオンなどの**粒子が規則正しく配列した結晶**と**粒子が不規則に配列した非晶質**（アモルファス，無定形固体）に分類することができます。

> **ここを覚える！**

固体 ┬ 結晶
│ **例** 金属結晶，イオン結晶，分子結晶，共有結合の結晶
│
└ 非晶質（アモルファス，無定形固体）
   例 アモルファスシリコン，ガラス

結晶の例 共有結合の結晶であるケイ素Si

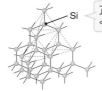

Si ← 正四面体構造がくり返されています。

非晶質の例 アモルファスシリコンSi

← Si ← Siの配列が不規則です。

また，

┌ 結晶   ⇒ 融点は一定
└ 非晶質 ⇒ 融点は一定でない

という特徴があります。

●単位格子

結晶をつくっている**粒子が立体的にどう並んでいるかを示したもの**を結晶格子といいます。結晶格子は，結晶によりいろいろなパターンがあります。

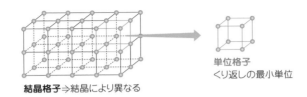

結晶格子⇒結晶により異なる

単位格子
くり返しの最小単位

結晶格子の**くり返しの最小単位**を単位格子といい，結晶は単位格子が上下，左右，前後にずっとつながってできています。

> **ポイント** 結晶
>
> 結晶は，単位格子がくり返されてできている。

●金属結晶

金属元素の原子どうしは，金属結合で結びついていましたね。金属原子の間にある電子は，金属原子にほとんど引かれることなく自由に動きまわり**自由電子**とよばれていました。この**自由電子がすべての金属原子によって共有されてできた結晶**を金属結晶といいます。

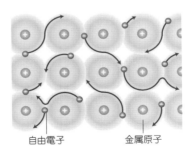

自由電子　　　金属原子

金属結晶の**重要性質1～3**は，自由電子によって説明することができます。

重要性質1 自由電子のはたらきにより光を反射するので，金属は**つや**（⇒金属光沢(こうたく)といいます）がある。

重要性質2 自由電子が結晶中を移動して熱や電気をよく伝えるので，**熱や電気をよく通す**。

重要性質3 自由電子が結晶全体を移動できるので，原子どうしの位置がずれても，結合が切れない。

変形しても結合状態は変わらない

そのため，**たたいて薄(うす)く広げたり**（⇒展性(てんせい)といいます），**引っ張って細長く延(の)ばしたり**（⇒延性(えんせい)といいます）することができます。金箔(ばく)は展性を，銅線は延性を利用してつくられています。

ポイント 金属結晶の特徴

金属結晶は，自由電子により，
① 金属光沢があり，
② 熱・電気伝導性が大きく，
③ 展性・延性を示す。

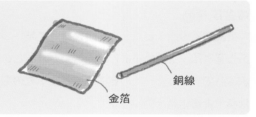

銅線

金箔

金属の融点は高いものから低いものまであります。
ただし，融点の高いものが多いです。

例 タングステン W

（金属の単体のうち，融点が最も高く3410℃にもなる。）

例 水銀 Hg

（金属の単体のうち融点が最も低く－39℃。常温で液体の金属。）

●金属結晶の単位格子

金属の結晶格子は，たいてい次の❶〜❸のいずれかに分類することができます。

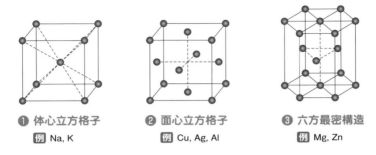

❶ **体心立方格子**
例 Na, K

❷ **面心立方格子**
例 Cu, Ag, Al

❸ **六方最密構造**
例 Mg, Zn

❶〜❸の名前は，覚えましょう。

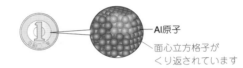

Al原子
面心立方格子が
くり返されています

ここで，スイカ1個を包丁でカットしてみましょう。

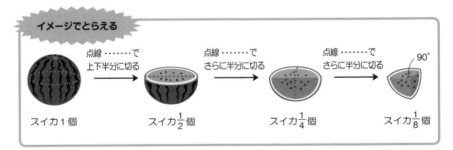

イメージでとらえる

点線 ‥‥‥ で
上下半分に切る

点線 ‥‥‥ で
さらに半分に切る

点線 ‥‥‥ で
さらに半分に切る

90°

スイカ1個　　スイカ$\frac{1}{2}$個　　スイカ$\frac{1}{4}$個　　スイカ$\frac{1}{8}$個

このイメージをもったまま，金属原子を ● と考え，次の原子の個数を数えて
みましょう。

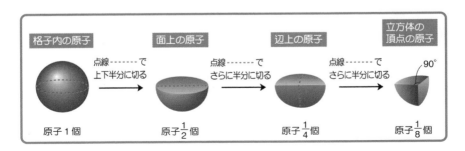

格子内の原子　　面上の原子　　辺上の原子　　立方体の頂点の原子

点線 ‥‥‥ で
上下半分に切る

点線 ‥‥‥ で
さらに半分に切る

点線 ‥‥‥ で
さらに半分に切る

90°

原子1個　　原子$\frac{1}{2}$個　　原子$\frac{1}{4}$個　　原子$\frac{1}{8}$個

体心立方格子，面心立方格子，六方最密構造について，「**単位格子中の原子の数**」を求めてみます。

図の立方体や灰色部分

【体心立方格子の場合】

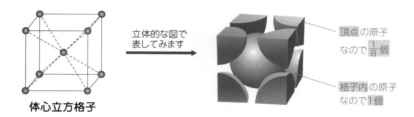

体心立方格子

立体的な図で表してみます

頂点の原子なので$\frac{1}{8}$個

格子内の原子なので1個

立方体（単位格子）は，「**頂点が8か所**」ありますね。ですから，体心立方格子の単位格子中の原子の数は，

$$\underset{\substack{\text{頂点の}\\\text{原子の数}}}{\frac{1}{8}} \times \underset{\substack{\text{頂点は}\\\text{8か所}}}{8} + \underset{\substack{\text{格子内の}\\\text{原子の数（中心）}}}{1} = \textbf{2 個}$$

です。

【面心立方格子の場合】

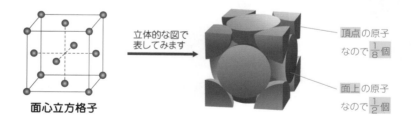

面心立方格子

立体的な図で表してみます

頂点の原子なので$\frac{1}{8}$個

面上の原子なので$\frac{1}{2}$個

立方体（単位格子）は，「**頂点が8か所**」「**面が6面**」ですから，面心立方格子の単位格子中の原子の数は，

$$\underset{\substack{\text{頂点の}\\\text{原子の数}}}{\frac{1}{8}} \times \underset{\substack{\text{頂点は}\\\text{8か所}}}{8} + \underset{\substack{\text{面上の}\\\text{原子の数}}}{\frac{1}{2}} \times \underset{\text{面は6面}}{6} = \text{4 個}$$

です。

【六方最密構造の場合】

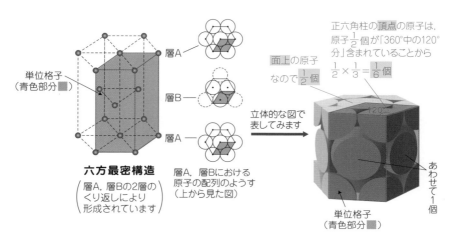

単位格子（青色部分■）

層A

層B

層A

六方最密構造
（層A，層Bの2層の
くり返しにより
形成されています）

層A，層Bにおける
原子の配列のようす
（上から見た図）

立体的な図で
表してみます

正六角柱の頂点の原子は，
原子$\frac{1}{2}$個が「360°中の120°
分」含まれていることから

面上の原子
なので$\frac{1}{2}$個

$\frac{1}{2} \times \frac{1}{3} = \frac{1}{6}$個

あわせて1個

単位格子
（青色部分■）

六方最密構造の単位格子は，図の正六角柱の$\frac{1}{3}$にあたる青色部分■であることに注意しましょう。

正六角柱には，「**頂点が12か所**」「**上下の面が2面**」あるので，

$$\underbrace{\frac{1}{6} \times 12}_{\substack{\text{頂点の}\\\text{原子の数}}} + \underbrace{\frac{1}{2} \times 2}_{\substack{\text{面上の}\\\text{原子の数}}} + \underbrace{1 \times 3}_{\substack{\text{中間部分の}\\\text{格子内部の}\\\text{原子の数}}} = \ 6 \text{個}$$

頂点は
12か所

上下の
面は2面

の原子が含まれていて，この正六角柱は単位格子3つからなります。

そのため，六方最密構造の単位格子中の原子の数は，

$$\left(\underbrace{\frac{1}{6} \times 12 + \frac{1}{2} \times 2 + 1 \times 3}_{\text{正六角柱内の原子の数}} \right) \div \underset{\substack{\text{単位格子は正六角柱の}\\\text{3分の1}}}{3} = \ \mathbf{2}\text{個}$$

です。

次に，「1つの原子をとり囲む他の原子の数(⇒配位数といいます)」を数えてみましょう。

【体心立方格子の場合】

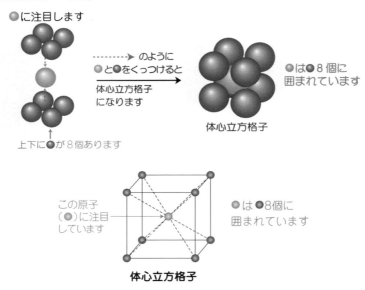

体心立方格子は，単位格子の中心にある原子(●)に注目すると，各頂点にある8個の原子(●)に囲まれていることがわかります。つまり，体心立方格子の配位数は 8 ですね。

【面心立方格子の場合】

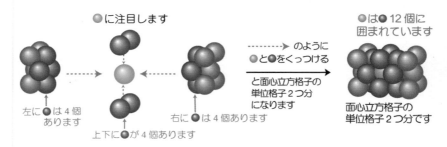

単位格子を横に２つつなげて考えましたね。

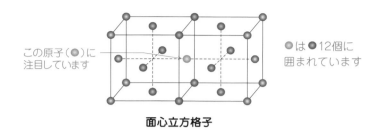

面心立方格子

面心立方格子は，２つの単位格子の間の面にある原子(●)に注目すると，12個の原子(●)に囲まれていることがわかります。つまり，面心立方格子の配位数は12です。面心立方格子は，体心立方格子よりも原子がすきまなくつまっています。そのため，配位数は体心立方格子よりも大きくなります。

【六方最密構造の場合】

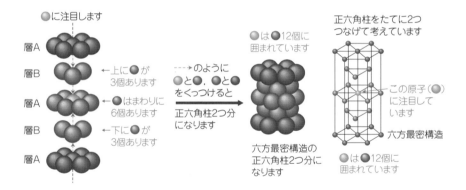

六方最密構造は，層Aの中央にある原子(●)に注目すると，12個の原子(●)に囲まれていることがわかります。つまり，六方最密構造の配位数は12です。

面心立方格子と六方最密構造は，原子どうしが最も密につまった構造になっていて，このような構造を最密構造(最密充塡構造)といいます。最密構造の配位数は12になります。

面心立方格子と六方最密構造

体心立方格子と面心立方格子について，原子が接しているところを探して，「**原子の半径 r と単位格子の 1 辺の長さ a との関係式**」を求めてみましょう。

図の立方体

【体心立方格子の場合】

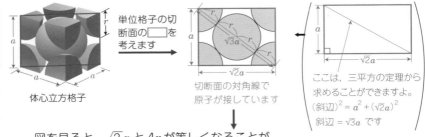

単位格子の切断面の□を考えます

切断面の対角線で原子が接しています

ここは，三平方の定理から求めることができますよ。
$(斜辺)^2 = a^2 + (\sqrt{2}a)^2$
斜辺 $= \sqrt{3}a$ です

体心立方格子

図を見ると，$\sqrt{3}a$ と $4r$ が等しくなることがわかります。つまり，$\boxed{\sqrt{3}a = 4r}$ となりますね。

【面心立方格子の場合】

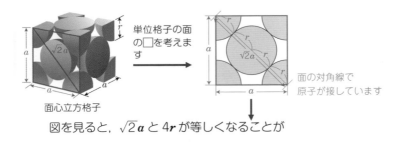

単位格子の面の□を考えます

面の対角線で原子が接しています

面心立方格子

図を見ると，$\sqrt{2}a$ と $4r$ が等しくなることがわかります。つまり，$\boxed{\sqrt{2}a = 4r}$ となりますね。

ポイント 体心立方格子・面心立方格子・六方最密構造

	単位格子中の原子数	配位数	a と r の関係式
体心立方格子	2	8	$\sqrt{3}a = 4r$
面心立方格子	4	12	$\sqrt{2}a = 4r$
六方最密構造	2	12	——

どちらも最密構造なので 12 です

最後に，「単位格子の体積に含まれている原子の体積の割合（充塡率）」を整数で求めてみることにします。

　半径が r の球（原子）の体積が $\dfrac{4}{3}\pi r^3$ になることと

$$\text{充塡率} = \frac{\text{単位格子中に含まれている原子の体積の合計}}{\text{単位格子の体積}}$$

になることから，充塡率は次のように求めることができます。

半径 r

体積は $\dfrac{4}{3}\pi r^3$

【体心立方格子の充塡率】

　体心立方格子では，単位格子の 1 辺の長さ a と原子の半径 r には $\sqrt{3}\,a = 4r$ の関係がありました。この式を変形して $r = \dfrac{\sqrt{3}}{4}a$ とします。また，単位格子

1辺の長さが a の立方体

の体積は a^3，単位格子中には原子が $\dfrac{1}{8}\times 8 + 1 = \boxed{2}$ 個　含まれているので，

原子 2 個分の体積
単位格子中の原子の数
原子 1 個の体積

$$\text{充塡率} = \frac{\boxed{\dfrac{4}{3}\pi r^3}\times\boxed{2}}{\boxed{a^3}} = \frac{\dfrac{4}{3}\pi\left(\dfrac{\sqrt{3}}{4}a\right)^3\times 2}{a^3}$$

単位格子の体積

$r = \dfrac{\sqrt{3}}{4}a$ を代入します

$$= \frac{\dfrac{4}{3}\pi\times\dfrac{3\sqrt{3}}{64}a^3\times 2}{a^3} = \frac{\sqrt{3}}{8}\pi \fallingdotseq 0.68 \rightarrow 68\%$$

$\sqrt{3}=1.73$，$\pi=3.14$ を代入します

体心立方格子の充塡率〔％〕は 68％になります。

【面心立方格子の充塡率】

　面心立方格子では，単位格子の 1 辺の長さ a と原子の半径 r には $\sqrt{2}\,a = 4r$ の関係がありました。この式を変形して $r = \dfrac{\sqrt{2}}{4}a$ とします。また，単位格子
_{1辺の長さが a の立方体}
の体積は a^3，単位格子中に原子が $\dfrac{1}{8}\times 8 + \dfrac{1}{2}\times 6 = \boxed{4}$ 個　含まれているので，

原子 4 個分の体積 ──┐　　　単位格子中の原子の数

原子 1 個の体積 ◄── $\boxed{\dfrac{4}{3}\pi r^3}\times\boxed{4}$

$$
\text{充塡率} \ = \ \cfrac{\boxed{\dfrac{4}{3}\pi r^3}\times\boxed{4}}{\boxed{a^3}} \ = \ \cfrac{\dfrac{4}{3}\pi\left(\dfrac{\sqrt{2}}{4}a\right)^3\times 4}{a^3}
$$

単位格子の体積 ↗　　　　　　↑
$r = \dfrac{\sqrt{2}}{4}a$ を代入します

$$
= \ \cfrac{\dfrac{4}{3}\pi\times\dfrac{2\sqrt{2}}{64}a^3\times 4}{a^3} \ = \ \dfrac{\sqrt{2}}{6}\pi \ \fallingdotseq \ 0.74 \ \rightarrow \ 74\%
$$

↑
$\sqrt{2}=1.41$，$\pi=3.14$ を代入します

面心立方格子の充塡率〔%〕は 74% になります。また，六方最密構造は面心立方格子と同じ最密構造でした。最密構造は，配位数が 12 で充塡率〔%〕が 74% になります。つまり，六方最密構造の充塡率〔%〕は面心立方格子と同じ 74% です。

ポイント　充塡率〔%〕

　　　体心立方格子 → 68%　　面心立方格子・六方最密構造 → 74%
　　　　　　　　　　　　　　　どちらも最密構造です

次の練習問題で，金属結晶は終わりです。あと少し，がんばりましょう。

常温におけるニッケルの結晶格子は，通常，面心立方格子で，その単位格子は右図のように示される。ただし，ニッケルの原子は球形粒子とみなし，最も近い距離にあるニッケル原子どうしは接しているものとする。
(Ni=58.7, N_A=6.02×10^{23}/mol)

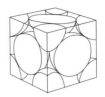

(1) ニッケルの結晶の単位格子内には，ニッケル原子は何個含まれているか。

(2) ニッケルの結晶の単位格子について，原子1個と接している他の原子の数はいくつか。

(3) ニッケルの原子半径を r〔cm〕とすれば，ニッケルの単位格子の1辺の長さは何 cm か。r を用いて示せ。ただし，平方根はそのまま用いよ。

(4) ニッケルの単位格子の1辺の長さを 3.52×10^{-8}cm とした場合，ニッケルの結晶の密度は何 g/cm^3 か，有効数字2桁で答えよ。なお，近似値として 3.52^3=43.6 を用いよ。

(大分大)

解き方

(1) 面心立方格子の単位格子内には，

$$\underset{\substack{\text{頂点の}\\\text{原子の数}}}{\frac{1}{8}} \times \underset{\substack{\text{頂点は}\\\text{8か所}}}{8} + \underset{\substack{\text{面上の}\\\text{原子の数}}}{\frac{1}{2}} \times \underset{\substack{\text{面は6面}}}{6} = 4 \text{個}$$

の原子が含まれていました。

(2) 「原子1個と接している他の原子の数」とは，「配位数」です。面心立方格子の配位数は，12 でした。

単位格子を横に2つつなげて考えます

配位数は，2つの単位格子の間の面にある原子（●）に注目して求めました。

●は ●12個に囲まれています。

(3) ニッケル Ni の単位格子（面心立方格子）の1辺の長さを a〔cm〕とおきます。a〔cm〕と原子半径 r〔cm〕との関係は，次図のように単位格子の面の部分に注目して求めました。

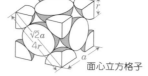

$$\sqrt{2}a = 4r$$

$$a = \frac{4}{\sqrt{2}}r = \frac{4\sqrt{2}}{2}r = 2\sqrt{2}r \text{ (cm)}$$

面心立方格子

(4) 結晶の密度〔g/cm³〕を求める問題は，入試では差のつく問題です。まず，単位に注意しましょう。密度の単位は g/cm³ とありますから，密度は g÷cm³ から求めることができます。

面心立方格子であるニッケル Ni の単位格子内に，ニッケル原子は **4個**含まれていました（(1)の解説参照）。ここで，アボガドロ定数が 6.02×10^{23}/mol と与えられていますから，6.02×10^{23} 個 / ₁mol と書き直します。単位格子の 1 辺の長さは，$a = 3.52 \times 10^{-8}$cm，ニッケル Ni の原子量は Ni=58.7 なので，モル質量を

58.7g / ₁mol　◀──── 1molあたり58.7gですね

と書き直します。

すべての［　　　　　］を組み合わせて，g÷cm³ つまり $\dfrac{g}{cm^3}$ の形をつくってみましょう。

「個を g へと変換」し，「cm³」で割って密度〔g/cm³〕を求めます。

個を消去します　　　mol を消去して g を残します

単位格子内には，Ni 原子
は 4 個分含まれています

$$密度〔g/cm^3〕= \cfrac{4\,個 \times \dfrac{1mol}{6.02 \times 10^{23}\,個} \times \dfrac{58.7g}{1mol}}{(3.52 \times 10^{-8})^3 cm^3}$$

cm³ を求めるために3乗します

$$= \frac{4 \times 58.7}{6.02 \times 10^{23}} \div \left\{ (3.52)^3 \times 10^{-24} \right\}$$

$$= \frac{4 \times 58.7}{6.02 \times 10^{23}} \div \left\{ 43.6 \times 10^{-24} \right\}$$ ◀── $3.52^3 = 43.6$ と与えられています

$$= \frac{4 \times 58.7}{6.02 \times 10^{23}} \times \frac{1}{4.36 \times 10^{-23}}$$

$$= \frac{4 \times 58.7}{6.02 \times 4.36} \fallingdotseq 8.9 \text{g/cm}^3$$

答え　(1) 4個　　(2) 12　　(3) $2\sqrt{2}r$ 〔cm〕
　　　　(4) 8.9g/cm³

Step 2 イオン結晶の性質や計算方法をマスターしよう。

●イオン結晶

金属元素と非金属元素は，静電気力（クーロン力）で引きあって結びついていました。金属の陽イオンと非金属の陰イオンの静電気力（クーロン力）による結合をイオン結合といいました。

$$Na^{\cdot} \quad \overset{\frown}{\vdots} \ddot{Cl} \vdots \longrightarrow Na^{+} \rightarrow \leftarrow \left[\vdots \ddot{Cl} \vdots \right]^{-} \longrightarrow Na^{+} \left[\vdots \ddot{Cl} \vdots \right]^{-}$$

静電気力で引きあう　　　　イオン結合をつくる

イオン結合でできた結晶をイオン結晶とよびます。イオン結晶の例として，

塩化ナトリウム NaCl　（Na$^+$ と Cl$^-$ からできています）

塩化セシウム CsCl　（Cs$^+$ と Cl$^-$ からできています）

硫化亜鉛 ZnS　（Zn^{2+} と S^{2-} からできています）

^注塩化アンモニウム NH$_4$Cl　（NH$_4^+$ と Cl$^-$ からできています）

注 非金属元素からできていますが，イオン結晶になります。注意しましょう!!

を覚えましょう。例えば，食塩である塩化ナトリウム NaCl は，ナトリウムイオン Na$^+$ と塩化物イオン Cl$^-$ が互いに静電気力（クーロン力）で交互に立体的に配列してできています。

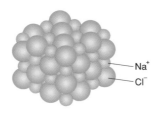

Na$^+$ や Cl$^-$ が規則正しく並んでいます。

NaClのように，イオン結晶は陽イオンと陰イオンがかなり強い静電気力で結びついているので，

重要性質1 イオン結晶は，融点が高く，硬いものが多い。

ただし，強い力が加えられてイオンの配列がずれると陽イオンどうし，陰イオンどうしが出あうことで反発力がはたらくためにもろく，**一定方向に割れやすくなります**。この性質を**へき開**といいます。

また，イオンの位置が固定されているので，

重要性質2 結晶状態では電気を通さない。

加熱しどろどろにして融解液にしたり，水に溶かして水溶液にしたりすると，
（融解した液体）
イオンが自由に動けるようになるので，

重要性質3 融解液や水溶液になると電気を通すようになる。

などの性質を示します。

ポイント イオン結晶の性質

イオン結晶は，
（1）融点が高く，（2）硬いがもろい。
（3）結晶状態では，電気を通さない。
（4）融解液や水溶液になると，電気を通す。

●イオン結晶の単位格子

　イオン結晶の単位格子として，次の **塩化ナトリウム NaCl型**，

塩化セシウム CsCl型，**硫化亜鉛 ZnS型** の3つをおさえま

しょう。

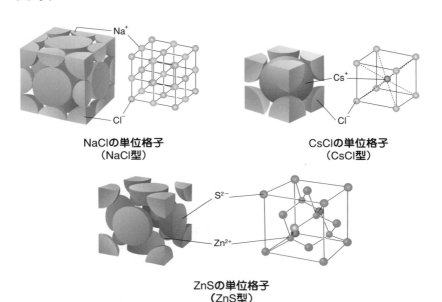

NaClの単位格子
（NaCl型）

CsClの単位格子
（CsCl型）

ZnSの単位格子
（ZnS型）

　イオン結晶の単位格子は，この3種類以外にもあるのですが，この3種類は
入試でよく出題されます。

> **大切！！** この3種類の中でも特に，**NaCl型** と **CsCl型** については，
> 単位格子の図を覚える！

　NaCl型の図は難しいので，**①→②→③→④** のリズムで覚えましょう。

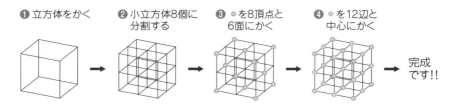

① 立方体をかく　　**②** 小立方体8個に
　　　　　　　　　　　　分割する　　　　**③** ●を8頂点と
　　　　　　　　　　　　　　　　　　　　　6面にかく　　　**④** ●を12辺と
　　　　　　　　　　　　　　　　　　　　　　　　　　　　　中心にかく　　　完成
　　　　　　　　　　　　　　　　　　　　　　　　　　　　　　　　　　　　　です!!

まず，「**単位格子中のイオンの数**」から求めてみましょう。

図の立方体

【NaCl 型の場合】

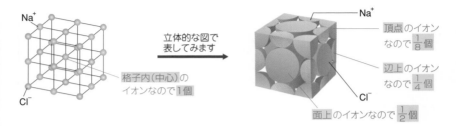

Na⁺

格子内（中心）の
イオンなので**1個**

Cl⁻

立体的な図で
表してみます

Na⁺

頂点のイオン
なので$\frac{1}{8}$個

辺上のイオン
なので$\frac{1}{4}$個

面上のイオンなので$\frac{1}{2}$個

Cl⁻

立方体（単位格子）は「**頂点が8か所**」，「**面が6面**」，「**辺が12辺**」ありますから，単位格子中のイオンの数は，

$$Na^+ ● : \frac{1}{4} \times 12 + 1 = 4 \, 個$$

辺上の
イオンの数 ／ 辺は12辺 ／ 格子内（中心）の
イオンの数

$$Cl^- ● : \frac{1}{8} \times 8 + \frac{1}{2} \times 6 = 4 \, 個$$

頂点の
イオンの数 ／ 頂点は8か所 ／ 面上の
イオンの数 ／ 面は6面

辺上のイオンは
$\frac{1}{4}$個
ですよ。

となります。●と●が4個ずつ含まれている，

つまり，●と●が1：1の比で含まれているので，

組成式は **NaCl** となります。

あわせて，NaCl 型は Na⁺●，Cl⁻●がそれぞれ面心立方格子をつくっていることも確認しましょう。

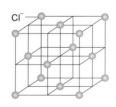

Cl⁻

● (Cl⁻)だけに注目した図

●は面心立方格子を
つくっています

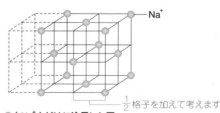

Na⁺

$\frac{1}{2}$格子を加えて考えます

● (Na⁺)だけに注目した図

●も面心立方格子を
つくっています

【CsCl 型の場合】

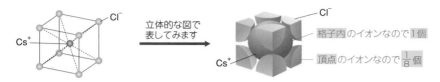

立方体(単位格子)は、「**頂点が8か所**」ありますから、単位格子中のイオンの数は、

$$Cs^+ \text{●} : 1\text{個}$$
格子内のイオンの数

$$Cl^- \text{●} : \frac{1}{8} \times 8 = 1\text{個}$$
頂点のイオンの数　頂点は8か所

となります。●と●は1個ずつ含まれている、

つまり、●と●が1：1の比で含まれているので、

組成式は **CsCl** となります。

【ZnS 型の場合】

ZnS 型は図が複雑ですから、Zn²⁺●、S²⁻●だけに注目した図で表し理解を深めてから、単位格子中のイオンの数を求めましょう。

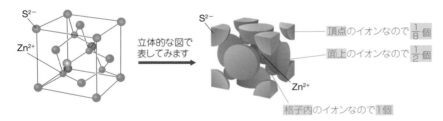

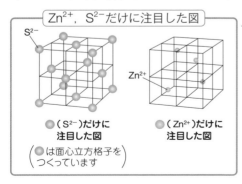

立方体(単位格子)は「**頂点が8か所**」、「**面が6面**」ありますから、単位格子中のイオンの数は、

Zn^{2+}⚪ : 1×4 = 4 個

格子内の
イオンの数

S^{2-}⚪ : $\dfrac{1}{8} \times 8$ + $\dfrac{1}{2} \times 6$ = 4 個

頂点の　　頂点は8か所　面上の　　面は6面
イオンの数　　　　　イオンの数

となります。⚪と⚪が4個ずつ含まれている,

つまり, ⚪と⚪が1：1の比で含まれているので,

組成式は **ZnS** となります。

　次に,「⚪をとり囲む⚪の数(⇒⚪の配位数)」と「⚪をとり囲む⚪の数(⇒⚪の

あるイオン　　　反対符号のイオン　　　　　　　　あるイオン　　　反対符号のイオン

配位数)」を数えてみます。

【NaCl型の場合】

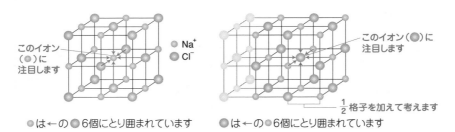

このイオン
(⚪)に　　　　　　　　　　　　　⚪ Na⁺
注目します　　　　　　　　　　　⚪ Cl⁻

このイオン(⚪)に
注目します

$\dfrac{1}{2}$ 格子を加えて考えます

⚪は←の⚪6個にとり囲まれています　　⚪は←の⚪6個にとり囲まれています

　図から⚪, ⚪ともに, その上と下, 左と右, 前と後ろの反対符号のイオン6個

にとり囲まれていることがわかりますね。つまり, ⚪の配位数は 6, ⚪の配位数

も 6 になります。

【CsCl 型の場合】

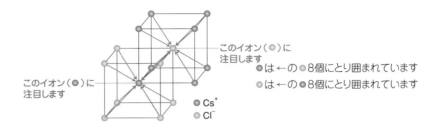

このイオン（●）に注目します

●は←の 8個にとり囲まれています

●は←の●8個にとり囲まれています

このイオン（●）に注目します

● Cs⁺
● Cl⁻

　図から●，●ともに反対符号のイオン8個にとり囲まれていることがわかります。つまり， ●の配位数は 8， ●の配位数も 8 になります。

【ZnS 型の場合】

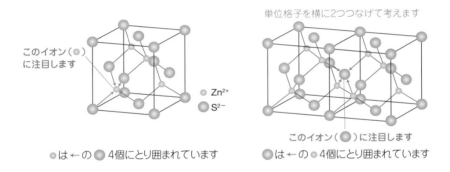

このイオン（●）に注目します

単位格子を横に2つつなげて考えます

● Zn²⁺
● S²⁻

●は←の ● 4個にとり囲まれています

このイオン（●）に注目します

●は←の●4個にとり囲まれています

　図から●，●ともに反対符号のイオン4個にとり囲まれていることがわかります。つまり， ●の配位数は 4， ●の配位数も 4 になります。

NaCl，CsCl，ZnS のように組成が1：1になるイオン結晶は，
1：1以外は成り立たないので注意！
「●の配位数と●の配位数が等しくなる」ことを知っておくと便利です。

　最後に，NaCl 型と CsCl 型について，「**イオンの半径 r^+ や r^- と 単位格子の**
1辺の長さ a との関係式」を求めてみましょう。

図の立方体

【NaCl 型の場合】

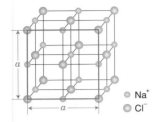

○ Na⁺
○ Cl⁻

単位格子の面の
□を考えます
→

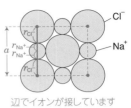

Cl⁻
Na⁺
r_{Cl^-}
a
r_{Na^+}
r_{Na^+}
r_{Cl^-}

辺でイオンが接しています
⇓

図を見ると，a と $2(r_{Na^+}+r_{Cl^-})$ が等しく
なることがわかります。

つまり，$a = 2(r_{Na^+}+r_{Cl^-})$ となりますね。

【CsCl 型の場合】

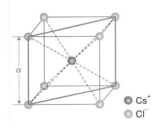

○ Cs⁺
○ Cl⁻

単位格子の切断面
の□□を考えます
→

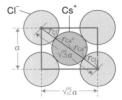

Cl⁻
Cs⁺
r_{Cl^-}
r_{Cs^+}
r_{Cs^+}
$\sqrt{3}a$
r_{Cl^-}
a
$\sqrt{2}a$

切断面の対角線でイオンが接しています
⇓

図を見ると，$\sqrt{3}a$ と $2(r_{Cs^+}+r_{Cl^-})$ が等しく
なることがわかります。

つまり，$\sqrt{3}a = 2(r_{Cs^+}+r_{Cl^-})$ となりますね。

ポイント　イオン結晶の単位格子

	単位格子中のイオンの数		配位数		a と r^+ や r^- の関係式
NaCl 型	Na⁺ 4 ，	Cl⁻ 4	Na⁺ 6 ，	Cl⁻ 6	$a= 2(r_{Na^+}+r_{Cl^-})$
CsCl 型	Cs⁺ 1 ，	Cl⁻ 1	Cs⁺ 8 ，	Cl⁻ 8	$\sqrt{3}a= 2(r_{Cs^+}+r_{Cl^-})$
ZnS 型	Zn²⁺ 4 ，	S²⁻ 4	Zn²⁺ 4 ，	S²⁻ 4	

次の練習問題でイオン結晶の総まとめをしましょう。

練習問題

イオン結晶の例として，塩化ナトリウムの単位格子が右に示してある。

(1) ナトリウムイオンに接している塩化物イオンの数とナトリウムイオンに最も近いナトリウムイオンの数は，それぞれいくらか。

(2) 単位格子に含まれるナトリウムイオンと塩化物イオンの数は，それぞれいくらか。

(3) この結晶の密度 d 〔g/cm³〕はいくらか。単位格子の1辺を a〔cm〕，塩化ナトリウムのモル質量を M〔g/mol〕，アボガドロ定数を N_A〔mol⁻¹〕として文字式で答えよ。

(岡山大・改)

●Na⁺ ○Cl⁻

解き方

(1)

○: 塩化物イオン Cl⁻
●: ナトリウムイオン Na⁺

中心にある●は ← の
○6個にとり囲まれている

中心にある●は ← の
●12個にとり囲まれている

　上の図から単位格子の中心にあるナトリウムイオン Na⁺● に注目すると，塩化物イオン Cl⁻○6個，ナトリウムイオン Na⁺● 12個にとり囲まれていることがわかります。

Na⁺の配位数は 6

　なお，●のみに注目すると，●は面心立方格子をつくっていました（p.110参照）。面心立方格子の配位数が 12 であることから，●に最も近い●の数は 12 と考えることもできます。

(2) ナトリウムイオン Na⁺● は，

$$\underset{\substack{\text{辺上の}\\\text{イオンの数}}}{\frac{1}{4}} \times \underset{\text{辺は12辺}}{12} + \underset{\substack{\text{格子内のイオン}\\\text{の数(中心)}}}{1} = 4 個$$

　塩化物イオン Cl⁻○ は，

$$\underset{\substack{\text{頂点の}\\\text{イオンの数}}}{\frac{1}{8} \times \underset{\text{頂点は8か所}}{8}} + \underset{\substack{\text{面上の}\\\text{イオンの数}}}{\frac{1}{2} \times \underset{\text{面は6面}}{6}} = 4 個$$

含まれていますね。

(3) NaCl のモル質量 M〔g/mol〕が与えられていますね。モル質量は

M〔g/mol〕　　　　　　　なので
　　└─ NaCl 1mol あたり

　　　　NaCl 1mol あたりの質量　⇒　NaCl 1mol ＝ M〔g〕

を表しています。つまり，式量に g/mol をつけたものになります。
　　　　　　　　　　　（Na の原子量）＋（Cl の原子量）

　　また，アボガドロ定数 N_A の単位が mol^{-1} とありますね。

　　　mol^{-1}　と　/mol　は同じ

ことを表しています。

　　では，密度 d〔g/cm³〕を求める式をつくりましょう。イオン結晶の密
度を求めるときには，単位格子中の化合物（NaCl）の数を数える点がポイ
ントになります。(2)から，単位格子中に Na^+ が4個，Cl^- も4個含まれ
ていました。単位格子中には NaCl は何個含まれていると思いますか？
8個ではないですよ。NaCl は，

　　　　　　　　　Na⁺Cl⁻　　　Na⁺Cl⁻　　　Na⁺Cl⁻　　　Na⁺Cl⁻

Na⁺ 1 個と Cl⁻ 1 個
で NaCl 1 個です　　　　　　　　　Na⁺Cl⁻　　は4個

なので，単位格子中に4個含まれています。注意しましょう。
　　単位格子の1辺は a〔cm〕，NaCl のモル質量は M〔g/mol〕，アボガド
ロ定数は N_A〔個/mol〕，単位格子中の NaCl は4個です。すべての
を組み合わせて，g÷cm³　つまり　$\dfrac{g}{cm^3}$　の形をつくります。

　　「個を g へと変換」し，「cm³」で割って密度 d〔g/cm³〕を求めます。

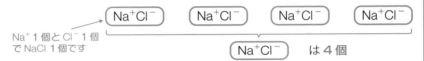

単位格子中には，　個を消去します　mol を消去して g を残します
NaCl が 4 個含
まれています

$$d〔g/cm^3〕= \dfrac{4\,個 \times \dfrac{1\,mol}{N_A\,個} \times \dfrac{Mg}{1\,mol}}{a^3\ cm^3} = \dfrac{4M}{a^3 N_A}$$

　　　　　　　　　　　　　　　　a^3 ← cm³ を求めるために 3 乗します

答え　(1) ナトリウムイオンに接している塩化物イオン：6個
　　　　　　　ナトリウムイオンに最も近いナトリウムイオン：12個

　　　　(2) ナトリウムイオン：4個　　塩化物イオン：4個

　　　　(3) $d = \dfrac{4M}{a^3 N_A}$

Step	**3**	**分子結晶の性質を覚えよう。**

●分子結晶の性質

ドライアイス CO_2，ヨウ素 I_2，ナフタレン $C_{10}H_8$，氷 H_2O のように，ファンデルワールス力や水素結合などの**分子間力で引きあってできた結晶**を分子結晶とよびます。

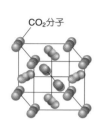

ドライアイス CO_2

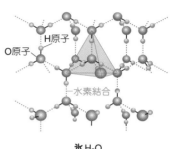

ヨウ素 I_2 / 氷 H_2O

分子結晶は，それほど強くない分子間の引力で結びついているので，

重要性質1 軟らかく 融点の低いものが多く，

ドライアイス CO_2，ヨウ素 I_2，ナフタレン $C_{10}H_8$ のように**固体から液体にならずに直接気体に変化**（⇒この変化を昇華といいます）するものもあります。また，

重要性質2 結晶はもちろん，液体になっても電気を通さない

という性質もおさえましょう。

●氷 H_2O の構造

氷の結晶は，1個の水 H_2O 分子が他の4個の水 H_2O 分子と $\overset{\delta-}{O}-\overset{\delta+}{H}\cdots\cdots\overset{\delta-}{O}$ の水素結合をしていて，正四面体構造をとっています。上の図からもわかる通り，氷はかなりすき間だらけです。

第5講 結晶

チェックしよう！ 氷は，すき間の多い結晶構造をとる

液体の水は，このすき間が一部つぶれています。そのため，体積の関係は

氷の体積大(すき間が多い) ＞ 水の体積小(すき間が少ない)

となり，密度〔g/cm³〕は　g〔質量〕÷cm³〔体積〕　ですから，

氷の密度小(すき間が多い) ＜ 水の密度大(すき間が少ない)
└→体積大 　　　　　　　　　　　　　└→体積小

0℃では，0.92g/cm³　　　　　　4℃では，1.00g/cm³

と不等号の向きが逆になります。ですから，密度の小さな氷が水に浮かぶのです。

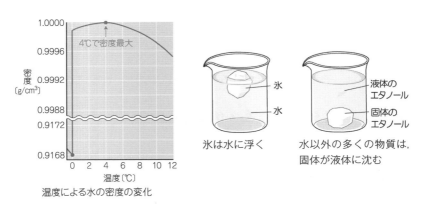

温度による水の密度の変化

氷は水に浮く

水以外の多くの物質は，固体が液体に沈む

また，水は4℃で体積が最も小さくなるので，4℃で密度が最も大きくなります。

ポイント 氷 H_2O の構造

● 氷は，H_2O 1個が他の H_2O 4個と水素結合している。
● 氷は，正四面体形のすき間の多い構造である。

次の練習問題で，氷についての知識を確実なものにしましょう。

次の文中の ア ～ エ にあてはまる語句，数値をそれぞれ解答群から選べ。

水の密度は ア である。水が氷になるとき，体積が増加して密度が小さくなる。氷では，一つの水分子が イ 個の水分子に囲まれていて，一つ一つの水分子が ウ の頂点に位置してダイヤモンドに類似した構造の結晶をつくっている。この構造は水分子間の エ でつくられている。

ア の解答群

① 0℃で最大 　② 0℃で最小 　③ 4℃で最大 　④ 4℃で最小
⑤ 25℃で最大 　⑥ 25℃で最小 　⑦ 100℃で最大

イ の解答群

① 1 　② 2 　③ 3 　④ 4 　⑤ 5 　⑥ 6 　⑦ 7 　⑧ 8

ウ の解答群

① 三角形 　② 正方形 　③ 正四面体 　④ 立方体 　⑤ 正八面体

エ の解答群

① 水素結合 　② 分子間力 　③ ファンデルワールス力
④ イオン結合 　⑤ 共有結合

（明治大）

解き方

水の密度は4℃で最大です。水が氷になるとき，すき間が多くなるので，体積が増加して密度が小さくなります。氷とダイヤモンドの構造を紹介します。

氷H_2O

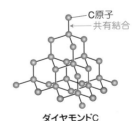

ダイヤモンドC

ともに正四面体構造になっていますね。氷は，一つの水分子が4個の水分子に囲まれていて，一つ一つの水分子が正四面体の頂点に位置しています。この構造は水分子間の水素結合でつくられています。

答え ア：③ 　イ：④ 　ウ：③ 　エ：①

Step 4 共有結合の結晶の具体例と性質を覚えよう。

●共有結合の結晶と結晶の分類方法のコツ

非金属元素どうしは，共有結合で結びついていました。

共有結合で結びついた二酸化炭素 CO_2 や水 H_2O のような分子は，ファンデル
ワールス力や水素結合などの分子間力で分子結晶をつくります。

ところが，まれに多数の非金属の原子が次々と共有結合で規則正しく結びつい
て，共有結合の結晶をつくることがあります。

分子結晶と共有結合の結晶は，見分けにくいので，

考え方 14族元素である**炭素C，ケイ素Si の結晶を共有結合の結晶**

C，Si 以外の非金属元素だけからなる結晶を分子結晶

共有結合の結晶の **例**
　　ダイヤモンド C，黒鉛 C，ケイ素 Si，二酸化ケイ素 SiO_2
分子結晶の **例**
　　ドライアイス CO_2，ヨウ素 I_2，ナフタレン $C_{10}H_8$，氷 H_2O

と判断するとよいと思います。また，今までに学んだ 4 種類の結晶は，

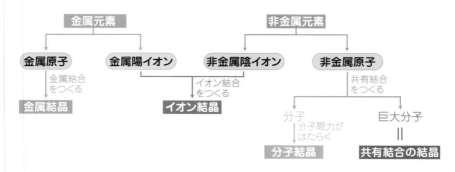

のように分類しましょう。

●共有結合の結晶

共有結合の結晶には，ダイヤモンド C，ケイ素 Si，二酸化ケイ素 SiO_2 などがありました。

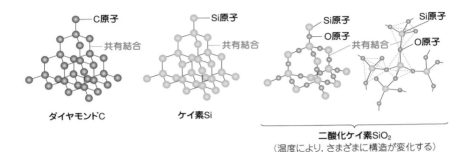

ダイヤモンドC　　　ケイ素Si

二酸化ケイ素SiO_2
（温度により，さまざまに構造が変化する）

これらの結晶は，原子が共有結合で強く結合しているので，

重要性質1 きわめて硬く，融点が高い

価電子がすべて共有結合に使われているので，

重要性質2 電気を通しにくい
（ケイ素 Si は，電気伝導性をわずかにもち半導体とよばれます）

などの性質があります。 ただし，黒鉛（グラファイト）C は，共有結合の結晶の中では例外的な性質をもちます。

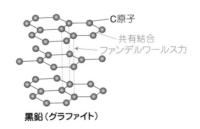

黒鉛（グラファイト）

炭素 $_6$C の電子配置は K(2)L(4) で，価電子を4個もっていました。黒鉛は，この4個の価電子のうち，価電子3個が他の炭素 C 原子と共有結合で正六角形の平面をつくっています。この平面は弱いファンデルワールス力だけで積み重な

っているので，

平面

平面

平面

弱いファンデルワールス力だけが
はたらいています

黒鉛の性質1 うすくはがれやすく，やわらかい

性質をもちます。また，残った1個の価電子は，平面にそって動くことができるので，

黒鉛の性質2 黒鉛は電気を通す

ことができます。この2つの性質は，黒鉛の用途が

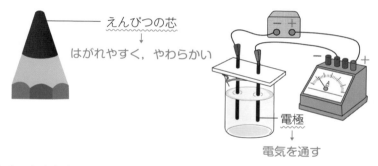

えんぴつの芯
↓
はがれやすく，やわらかい

電極
↓
電気を通す

であることから考えるといいですね。

ポイント 共有結合の結晶の性質

　共有結合の結晶は，

　　　① きわめて硬い　　② 融点が高い　　③ 電気を通しにくい

性質をもつ。

●黒鉛は，融点は高いが，やわらかく電気を通す。
●ケイ素 Si は，半導体の性質をもつ。

〈共有結合の結晶の 例 〉

　　ダイヤモンド C，黒鉛(グラファイト)C，ケイ素 Si，二酸化ケイ素 SiO_2 など

物質の三態変化・気体

Step ① 化学用語を覚えよう！

●物質の三態

　温度や圧力によって，**物質が固体，液体，気体と状態を変えること**を状態変化（じょうたい）
または物理変化といいます。

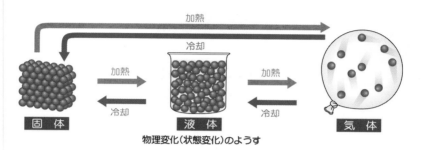

物理変化（状態変化）のようす

固体・液体・気体の３つの状態を三態（さんたい）といいます。

　物理変化（状態変化）以外に化学変化（化学反応）があります。化学変化とは，水
H_2O が電気分解で水素 H_2 と酸素 O_2 になるような「ある物質（H_2O）が他の物質
（H_2 や O_2）に変わる変化」をいいます。

> 物理変化⇒固体・液体・気体の間の変化（状態変化）
> 化学変化⇒ある物質が他の物質に変わる変化

●状態変化

ここで状態変化を表す化学用語を覚えましょう。

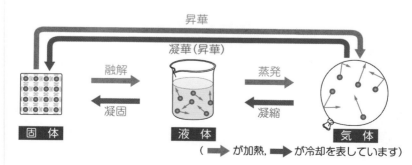

（ ➡ が加熱， ➡ が冷却を表しています）

固体から液体への変化を融解，その逆を凝固，液体から気体への変化を蒸発，その逆を凝縮といいます。また，**固体から直接気体になる変化**を昇華，気体から直接固体になる変化を凝華（昇華という場合もあります）といいます。

大気圧（$1.013×10^5Pa$）の下で，氷を加熱したときの温度変化と状態変化のようすを調べると，次のようなグラフになります。

小さなビーカーには氷が入っています

氷と塩化ナトリウム

ビーカー(小)の中の氷を加熱し，その温度変化をしらべます

水

沸騰石

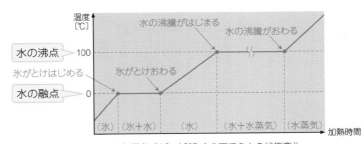

温度〔℃〕

水の沸点　100

水の融点　0

水の沸騰がはじまる

水の沸騰がおわる

氷がとけはじめる

氷がとけおわる

（氷）（氷＋水）（水）（水＋水蒸気）（水蒸気）

加熱時間

1気圧（$1.013×10^5Pa$）の下での水の状態変化

固体がとけて液体に変化するときの温度を融点，**液体が沸騰して気体に変化するときの温度**を沸点といいます。温度の変化で状態変化が起こることがわかりますね。

また，注射器にドライアイス（CO_2の固体）を入れて，ピストンをグッと押すと液体にすることができます。

ドライアイス（固体）

ピストンを急激におして加圧します

CO_2（液体）になる

このように，状態変化は温度の変化だけでなく，圧力の変化によっても起こります。

物質の状態は，温度と圧力で決定する。

●状態図

たて軸に圧力，横軸に温度をとり，固体・液体・気体のどの状態であるかを表した図を状態図といいます。水 H_2O と二酸化炭素 CO_2 の状態図を紹介します。

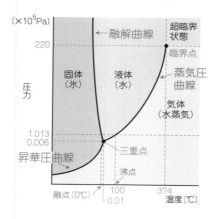

水H_2Oの状態図

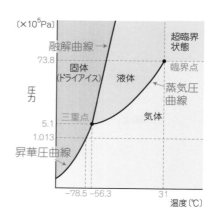

二酸化炭素CO_2の状態図

まず，それぞれの状態を区切る曲線の名前を覚えましょう。

「液体と気体」を区切る
⇓
蒸気圧曲線

「固体と液体」を区切る
⇓
融解曲線

「固体と気体」を区切る
⇓
昇華圧曲線

また，**3つの曲線の交点**を三重点といい，三重点では，固体・液体・気体の3つの状態が共存しています。

次に，水と二酸化炭素の融解曲線に注目してください。

水 H_2O の融解曲線は「右下がり」，二酸化炭素 CO_2 の融解曲線は「右上がり」になっています。融解曲線が「右下がり」になる物質はとても少なく，水 H_2O さえ覚えておけば大丈夫です。

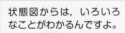

重要！ 状態図は，融解曲線に注目しよう！

大気圧 1.013×10^5 Pa（1 気圧）のもとで氷を加熱していくときのようすを，水 H_2O の状態図で考えてみます。

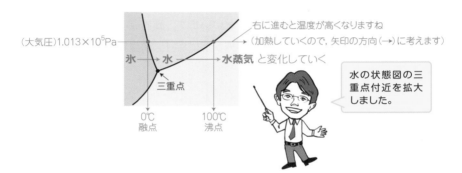

0℃で融解が起こり（⇒融点が 0℃），100℃で沸騰が起こる（⇒沸点が 100℃）ことがわかりますね。また，大気圧（1.013×10^5 Pa）よりも高い圧力のもとで氷を加熱していけば，融点は 0℃よりも低い温度，沸点は 100℃よりも高い温度になることもわかります。

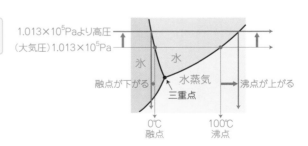

水 H_2O の状態図を見てください。

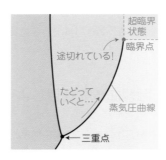

蒸気圧曲線をたどっていくと，蒸気圧曲線が途切れていることに気づきます。

この**蒸気圧曲線が途切れた点**を臨界点といいます。臨界点以上の温度や圧力になると**液体と気体の区別がつかない**超臨界状態になり，**超臨界状態にある物質**を**超臨界流体**といいます。

> **ポイント** 状態図
>
> 状態図は，各状態・各曲線の名称を暗記しよう！！

次の練習問題で状態図の扱いに慣れましょう。

練習問題

(1)　図1は，ある物質が，気体，液体，あるいは固体として存在する温度と圧力の範囲を表す状態図とよばれる図である。3本の曲線 OA，OB および OC で区切られた Ⅰ，Ⅱ，Ⅲ の中では，物質が気体，液体あるいは固体のいずれかひとつの状態として存在している。この状態図を用いると，一定圧力の下で温度を変化させたときの状態変化のようすなどを容易に読みとることができる。

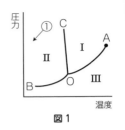

図1

　　固体の水に圧力をかけると融解が起こる。この現象は，状態図の中ではどのように表すことができるか。図1の矢印（①→）にならって下の図2に矢印（②→）をかき入れよ。

(2)　ドライアイスは大気圧下で昇華する。この変化を表す矢印（③→）を図3にかき入れよ。

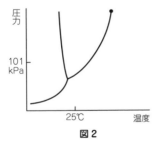

図2

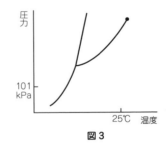

図3

（京都府立医大）

解き方

(1)　図2は融解曲線の傾きが「右下がり」になっているので，水 H_2O の状態図とわかります。融解曲線の傾きが「右下がり」なので，固体の水（氷）に圧力をかけると，

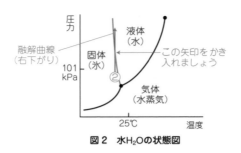

図2　水H₂Oの状態図

矢印 $\underset{②}{\uparrow}$ のように　固体（氷）→液体（水）　に変化する，つまり融解が起こります。

(2)　大気圧は $1.013×10^5Pa$ でした。$1\overset{キロ}{km}=10^3m$　ですから，
$1\underset{\sim\sim}{kPa}=10^3Pa$　ですね（⇒ $\overset{キロ}{k}$ は 10^3 倍という意味です）。つまり，大気圧は

$$1.013×10^5\cancel{Pa}×\frac{1kPa}{10^3\cancel{Pa}}=1.013×10^2kPa≒101kPa$$

と表せます。ドライアイス（CO_2 の固体）は，大気圧 101kPa 下で温度が上がると，次の図の矢印③━━のように　固体→気体　と変化する，つまり，昇華します。

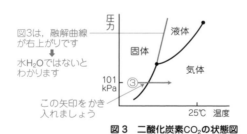

図3　二酸化炭素CO₂の状態図

答え　(1)　　　　　　　　　　　(2)

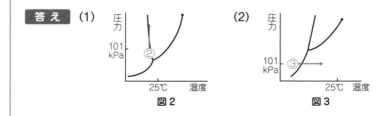

図2　　　　　　　　　　図3

Step 2 気体の計算問題の完全マスターを目指せ！

●気体の状態

ピストンのついている容器に気体 A を入れて，おもりを 1 個のせてみます。

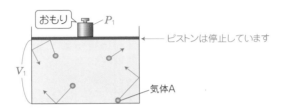

ピストンは停止していますから，熱運動している気体 A がピストンをもち上げようとする力とおもりの圧力 P_1 がつり合っていることがわかりますね。よって，気体 A の圧力は P_1 となります。

> **チェックしよう！** 気体 A の圧力は、P_1

このとき，気体 A が熱運動している空間 V_1 が気体の体積になります。

> **ここもチェック！** 気体 A の体積は、V_1

●圧力

気体計算でよく用いられる圧力の単位は，

$$パスカル（記号 \ Pa）$$

です。$1Pa = 1 N/m^2$（ニュートン毎平方メートル）で，$1Pa$ は $1m^2$ の面積に 1 N（ニュートン）の力がはたらいたときの圧力になります。

$$1 \ Pa = 1 \ N/\boxed{m^2} \rightarrow 1 m^2 \ の面積を表しています$$

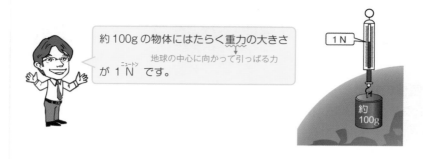

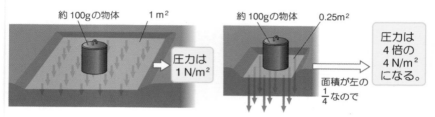

入試では，

$$\underset{\text{パスカル}}{Pa} \Leftrightarrow \underset{\text{ヘクトパスカル}}{hPa} \quad , \quad \underset{\text{パスカル}}{Pa} \Leftrightarrow \underset{\text{キロパスカル}}{kPa}$$

の単位変換が必要になることがあります。$\underset{\text{ヘクト}}{h}$ は 10^2 倍，$\underset{\text{キロ}}{k}$ は 10^3 倍という意味なので，

$$1.013 \times 10^5 \cancel{Pa} \times \frac{1\ hPa}{10^2 \cancel{Pa}} \qquad \text{や} \qquad 1.013 \times 10^5 \cancel{Pa} \times \frac{1\ kPa}{10^3 \cancel{Pa}}$$

となり，

> **チェックしよう！** $1.013 \times 10^5\ Pa = 1.013 \times 10^3\ hPa = 1.013 \times 10^2\ kPa$

と変換できます。

●大気圧

　私たちは，日常，空気の重さを感じていませんが，空気にも重さがあります。
空気にはたらく重力

　地球の大気は，**その上にある大気によって押されているために，圧力が生じています。** この圧力を大気圧といいます。
たいきあつ

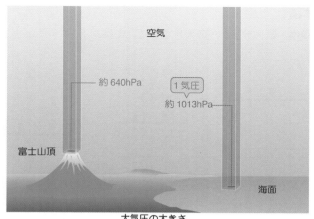

空気

約640hPa

1気圧
約1013hPa

富士山頂

海面

大気圧の大きさ

　大気圧は，水銀 Hg を使って測定することができます。

　およそ 1m のガラス管に水銀 Hg を満たし，水銀 Hg の入っている入れ物にさかさまに立てると，水銀 Hg のほとんどはガラス管の中に残ります。このとき，水銀の柱（⇒水銀柱といいます）は　76cm＝760mm　の高さになっています。

　つまり，大気圧（1 気圧＝1atm）と 760mm の水銀柱にはたらく重力が等しいことがわかりますね。これを，

暗記しよう！　大気圧 ＝ 1.013×10⁵Pa ＝ 760 mmHg ＝ 1気圧（1atm）
　　　　　　　　　　　　　　　　　　ミリメートル水銀

と表します。

●気体の体積

気体の体積は，気体分子（●）の大きさのことではなく，

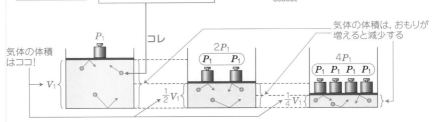

上の図のように，気体が自由に熱運動している空間になります。ですから，「体積 5.0L の密閉容器を使用する」とあれば，気体がどんなに多く封入されていても気体の体積は 5.0L です。

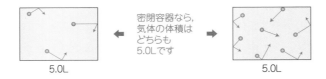

●温度

日常生活では，水の凝固点を 0℃，沸点を 100℃として決められたセルシウス温度 t〔℃〕を使っています。ただ，－273℃が温度の最低限界とわかってきたので，－273℃を原点とする新しい温度の表し方ができ，これを絶対温度 T（K：ケルビン）といって，気体計算に使用します。T と t には，

重要公式 T〔K〕 = t〔℃〕 + 273

の関係があります。

0Kを絶対零度といいます

つまり，水の凝固点(0℃)は

0＋273＝273K

水の沸点(100℃)は

100＋273＝373K　　になります。

温度の差は
100℃－0℃＝100℃
373K－273K＝100K
のように，同じ値になります。

●気体の熱運動と拡散

気体分子はあちこちの方向に飛びまわっています。この不規則な運動を熱運動といい，温度が高くなると，熱運動は激しくなります。

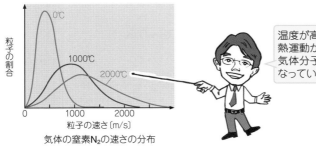

温度が高くなるほど，
熱運動が激しくなり，
気体分子の平均の速さが大きく
なっています。

気体の窒素N_2の速さの分布

バルブを閉じた状態で，容器 A に窒素 N_2，容器 B に酸素 O_2 を入れます。バルブを開けて一定温度で長時間放置すると，窒素 N_2 と酸素 O_2 は混じりあい，やがて均一な混合気体になります。

N_2　バルブ　O_2

バルブを開ける

容器A　容器B

N_2 と O_2 の均一な混合気体になります

このように，**分子が熱運動して，全体に広がっていく現象**を拡散といいます。拡散は，分子が熱運動により濃度の大きなところから小さなところへ広がって均一な濃度になる現象です。拡散は，気体だけでなく，液体中でも起こります（ **例** NaCl を水に溶かすと均一な濃度の NaCl 水溶液になる）。

●気体の状態方程式

分子自身の大きさ(体積)がなく，ファンデルワールス力や水素結合などの**分子間力がはたらかない**と考えた仮想の気体を理想気体といいます。この理想気体について，次の式が成り立ちます。

この式は必ず覚える！

$$P V = n R T$$

圧力　体積　物質量(mol)　気体定数　絶対温度(K)

R は**気体定数**とよばれる定数で，入試によりさまざまな値で与えられます。例えば，0℃，$1.013×10^5$Pa(標準状態)で，1mol の気体の体積は 22.4L でしたね。これを，$PV=nRT$ に代入してみましょう。

$$1.013×10^5Pa×22.4L=1mol×R×(273+0)K$$

となり，

$$R=\frac{1.013×10^5Pa×22.4L}{1mol×273K}≒8.3×10^3Pa・L/(mol・K)$$

単位をチェックしておきましょう

です。入試では，気体定数 R が，この $R=8.3×10^3$Pa・L/(mol・K)で与えられることが多いので，

$R=8.3×10^3$〔Pa・L/(mol・K)〕で与えられたとき，
P には Pa，V には L，n には mol，T には K　を代入する！

と覚えてしまいましょう。もし，R の数値が 83 や 8.3 で与えられたときには，

$$83hPa・L/(mol・K) ⇒ 8.3×10^3Pa・L/(mol・K)$$

$$8.3J/(mol・K) ⇒ 8.3×10^3Pa・L/(mol・K)$$

のように，よく使う $8.3×10^3$ に書き換え，P に Pa，V に L，n に mol，T に K を代入して計算するとよいでしょう。

また，気体の状態方程式 $PV=nRT$ から，<u>気体の物質量 n〔mol〕は，圧力 P，体積 V，温度 T の 3 つの値がわかれば求められる</u>ことがわかります。これを次のように覚えておきましょう。

3つのデータ(P, V, T)の値がわかれば, n の値が決まる！

ポイント 気体計算のコツ①

気体計算は, $PV=nRT$ 1つで OK !!
（ボイルの法則やシャルルの法則は使わなくて大丈夫！）

次の練習問題で $PV=nRT$ に慣れましょう。

練習問題 1

(1) 27℃, $8.3×10^5$Pa で 5.0L の窒素がある。この窒素の物質量は何 mol か。ただし, 気体定数は $R=8.3×10^3$Pa・L/(mol・K)とし, 有効数字 2 桁で答えよ。

(2) 27℃, $4.5×10^3$Pa で 8.3L の体積を占める気体の質量は 2.0g であった。この気体の分子量を整数値で求めよ。ただし, 気体定数は $R=8.3$J/(mol・K)とする。

解き方

(1) $\underset{\text{3つのデータ}}{(P,\ V,\ T)}$ の値がわかっているので, n の値が求められます。ここで, R の単位から, P に Pa, V に L, n に mol, T に K を使用します。

$PV=nRT$ より,

$$\underset{P\text{に Pa}}{8.3×10^5} × \underset{V\text{に L}}{5.0} = \underset{n\text{に mol}}{\textbf{\textit{n}}} × \underset{R\text{は}8.3×10^3}{8.3×10^3} × \underset{T\text{に K}}{(273+27)}$$

$$n = \frac{8.3×10^5×5.0}{8.3×10^3×300} = \frac{10^2×5.0}{300} = \frac{5}{3} ≒ 1.7\text{mol}$$

(2) $R=8.3$ を $R = \underset{×10^3\text{をつける！}}{8.3×10^3}$ と書き換え, P に Pa, V に L, n に mol, T に K を使用します。求める気体の分子量を M とおくと, M は $M(\text{g}/_1\text{mol})$ と書き直せます。2.0g のこの気体を,

$$2.0\text{g} × \underset{\text{g どうしを消去します}}{\frac{1\ \text{mol}}{M\text{g}}}$$

と変換し, $PV=nRT$ に代入しましょう。

$$\underbrace{4.5 \times 10^3}_{P \text{ に Pa}} \times \underbrace{8.3}_{V \text{ に L}} = \underbrace{\frac{2.0}{M}}_{n \text{ に mol}} \times \underbrace{8.3 \times 10^3}_{\substack{R \text{ には} \times 10^3 \text{ を} \\ \text{つける}}} \times \underbrace{(273+27)}_{T \text{ に K}}$$

$$M = \frac{2.0 \times 8.3 \times 10^3 \times 300}{4.5 \times 10^3 \times 8.3} = \frac{600}{4.5} \fallingdotseq 133$$

答え (1) 1.7mol

(2) 133

●気体計算のコツ

気体の計算問題は $PV = nRT$ 1つで解くことができます。

どんな問題も $PV = nRT$ でなんとかなります！

ただ，どうせ解くならラクに解きたいですよね。

そこで，まず問題文の操作を簡単な図で表します。次に，$PV = nRT$ で変化していない値（一定の値）を探して□をつけ，□をまとめることで得られる式を使ってみましょう。これで，気体計算をラクに解くことができるようになりますよ。

例 1 67℃，680Pa で体積が 8.3L の気体の物質量〔mol〕を有効数字 2 桁で求めよ。ただし，気体定数は $R = 8.3 \times 10^3 \text{Pa} \cdot \text{L}/(\text{mol} \cdot \text{K})$ とする。

解き方 問題文の操作を図で表します。

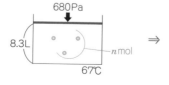

⇒ 操作の図は①つだけなので，変化していない値（一定の値）はありません！

このときは，$PV = nRT$ に各数値を代入します。

$PV=nRT$ より，

$$n=\frac{680\times8.3}{8.3\times10^3\times(273+67)}=\frac{\overset{2}{680}\times8.3}{\underset{1}{340}\times8.3\times10^3}=\frac{2}{10^3}$$

$$=2.0\times10^{-3}\,\text{mol} \quad \boxed{答え}$$

とわかります。

$\left(\begin{array}{c}\underset{\text{3つのデータ}}{(P,\ V,\ T)\text{の値}}\text{がわかっているので，}\\ n\text{の値が求められます}\end{array}\right)$

例 2 27℃，$1.0\times10^5\,\text{Pa}$ で 40L の気体を，27℃，$2.0\times10^5\,\text{Pa}$ にすると体積は何 L になるか。有効数字 2 桁で答えよ。

解き方 問題文の操作を図で表します。

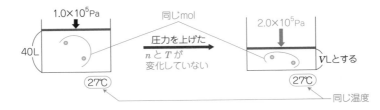

圧力を上げる前と後で，物質量 n〔mol〕，温度 T〔K〕が等しく，気体定数 R も等しいので，

$$PV = \boxed{n}\boxed{R}\boxed{T} \quad より \quad \underline{PV = (\text{一定})}$$

変化していない値に□をつける　　新しく得られた式（ボイルの法則の関係式）

となり，圧力を上げる前と後の PV が同じ値になるとわかります。

よって，

$$PV = \underset{\text{圧力を上げる前}}{1.0\times10^5\times40} = \underset{\text{圧力を上げた後}}{2.0\times10^5\times V}$$

$$V = \underline{20\text{L}}=\underline{2.0\times10\text{L}} \quad \boxed{答え}$$

ポイント 気体計算のコツ②

気体計算は「$PV=nRT$」と「変化していない値の発見」

●気体の密度

結晶であれば $1cm^3$ である程度の質量（**例** Al は 2.7g，NaCl は 2.2g）をもっていますから，密度の単位は g/cm^3 を使うことが多いわけです。ところが，気
1cm³ あたり
体は $1cm^3$ の質量では小さすぎますよね。そこで，気体の密度の単位は

$$g/L$$
1L あたり

を使うことが多くなります。

質量 w〔g〕の気体の物質量 n〔mol〕は，分子量を M とすれば M は M〔g/mol〕
と書き表せましたから，

$$n〔mol〕= w\text{g} \times \frac{1\ mol}{M\text{g}}$$ ←g どうしを消去し，mol を残します

g どうしを消去します

となります。これを $PV=nRT$ に代入しましょう。すると，

重要公式 $$PV = \frac{w}{M}RT \quad \cdots① \leftarrow PV=nRT\ \text{に}\ n=\frac{w}{M}\ \text{を代入します}$$

という式が得られます。ここで，気体の密度を d〔g/L〕とおくと，

$$d〔g/L〕= w〔g〕\div V〔L〕 \quad ←\text{g/L ですから，g÷L で求めることができます}$$

と表せますから，①式を変形し，

$$PM = \frac{w}{V} \times RT \quad \cdots② \leftarrow \frac{w}{V}\ \text{の形をつくります}$$

に $d = \dfrac{w}{V}$ を代入すると，

重要公式 $$PM = dRT \quad \cdots③$$

となります。③式を変形すると，$d = \dfrac{P}{RT} \times M$ となるので，

$$d = \frac{\boxed{P}}{\boxed{R}\boxed{T}} \times M$$

R は定数です　d を比較するときは，P や T が一定の下で比較します

より，気体の密度 d〔g/L〕は分子量 M に比例することがわかります。つまり，

分子量 M の大きい気体ほど重い

のです。次の練習問題をチェックしておきましょう。

ポイント 気体計算のコツ③

重要公式 $PV = \dfrac{w}{M}RT$ や $PM=dRT$ を覚え，使いこなせるようにしよう！

練習問題 2

次の①～⑤のうちから，常温，常圧で密度が最も小さいものを1つ選べ。ただし，原子量は C＝12，N＝14，O＝16，Ar＝40 とする。

① N_2　　② O_2　　③ NO_2　　④ CO_2　　⑤ Ar

- -

解き方

①～⑤の気体の分子量は，

① N_2＝28　　，　② O_2＝32　，　③ NO_2＝46　，

④ CO_2＝44　，　⑤ Ar＝40
　　　　　　　　　貴ガスは単原子分子です

です。

常温（⇒一定温度なので，T：一定），常圧（⇒一定圧力なので，P：一定）の下では，気体の密度 d〔g/L〕は分子量 M に比例しました。よって，分子量の最も小さい N_2 の密度が最も小さくなります。

答え ①

次は，気体計算で最も大切なところです。がんばって，ついてきてください。

Step 3 混合気体の分け方を覚えよう。

ここは，気体計算の最重要ポイントです。がんばりましょう。

●全圧と分圧

体積 V〔L〕の容器に，一定温度 T〔K〕で，気体 A と気体 B を混ぜてみましょう。

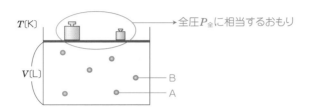

このときの**混合気体の圧力 $P_全$（⇒おもり と に相当）**を**全圧**といいます。

ここで，A だけの圧力や B だけの圧力を求めてみましょう。この **A だけの圧力**を **A の分圧** P_A，**B だけの圧力**を **B の分圧** P_B といいます。

ここからが重要ですよ！！

> A だけで混合気体と同じ体積・同じ温度になったときの圧力が A の分圧，
> B だけで混合気体と同じ体積・同じ温度になったときの圧力が B の分圧

になるのです。

難しいですね。図にしてみます。

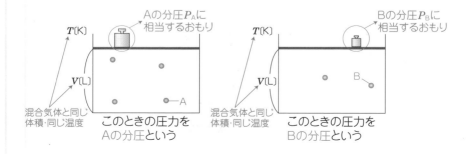

　AやBがそれぞれ混合気体と同じ体積を占めている点に注目しましょう。このように，**体積 V と温度 T はそのままで，それぞれの成分気体(AやB)について考える**ことを，これからは，

$$V,\ T：一定で分ける$$

と書くようにしましょう。混合気体を「$V,\ T$：一定で分ける」と，次の関係式が成り立ちます。V と T が一定なので，

$$P=\boxed{\frac{R\,T}{V}}\times n\ \ より，\ \ \boxed{\frac{RT}{V}}=k（一定）\ \ とおくと，$$

いつも一定です　一定です　一定

$$P=kn$$

P と n が比例する

> $V,\ T$：一定では，圧力 と mol が比例することがわかりますね。

　体積 V〔L〕の容器に，一定温度 T〔K〕で，気体A n_A〔mol〕と気体B n_B〔mol〕を混合したとします。

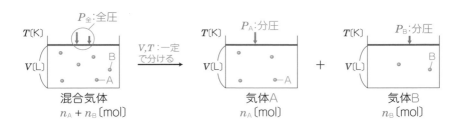

混合気体
$n_A + n_B$〔mol〕

気体A
n_A〔mol〕

気体B
n_B〔mol〕

　このとき，圧力は mol のように足すことができます。

重要公式　$P_全 = P_A + P_B\ \ \cdots ①$　← 全圧は，分圧の和になります

　また，圧力と mol が比例するので，

重要公式 $P_{全} : P_A : P_B = n_A + n_B : n_A : n_B$ …②←圧力の比とモルの比が同じになります

も成り立ちます。

ポイント 混合気体

V, T：一定で分けたとき，

「全圧は分圧の和」となり，「圧力の比 ＝ モルの比」となる

次の練習問題でこの難関を突破しましょう。

練習問題 1

体積 8.3L の容器に，窒素 0.80mol，酸素 0.20mol を入れ，27℃にした。このとき，混合気体の全圧および各気体の分圧は何 Pa になるか，有効数字 2 桁で求めよ。

ただし，気体定数は $R = 8.3 \times 10^3$ 〔Pa・L／(mol・K)〕とする。

解き方

まずは，全圧 $P_{全}$〔Pa〕を求めてみます。

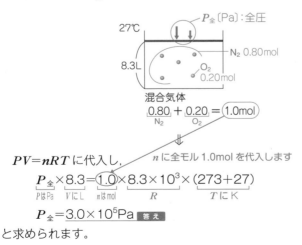

$PV = nRT$ に代入し，n に全モル 1.0mol を代入します

$$\underset{P \text{は} Pa}{P_{全}} \times \underset{V \text{に} L}{8.3} = \underset{n \text{は} mol}{1.0} \times \underset{R}{8.3 \times 10^3} \times \underset{T \text{に} K}{(273 + 27)}$$

$P_{全} = 3.0 \times 10^5 \text{Pa}$ **答え**

と求められます。

次に，分圧を求めるので，p.144 の図の混合気体を V，T：一定で分けてみます。

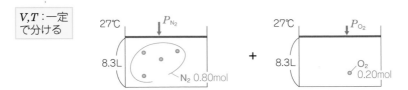

V，T：一定で分けたとき，圧力比 ＝ モル比　なので，

$$\underbrace{3.0\times10^5}_{P_全} : P_{N_2} = \underbrace{1.0}_{\substack{混合気体の\\全物質量\\〔mol〕}} : \underbrace{0.80}_{N_2〔mol〕}$$

より，

$$P_{N_2}=3.0\times10^5\times\frac{0.80}{1.0}=\underline{2.4\times10^5 Pa}\ \boxed{答え}$$

$$\underbrace{3.0\times10^5}_{P_全} : P_{O_2} = \underbrace{1.0}_{\substack{混合気体の\\全物質量\\〔mol〕}} : \underbrace{0.20}_{O_2〔mol〕}$$

より，

$$P_{O_2}=3.0\times10^5\times\frac{0.20}{1.0}=\underline{6.0\times10^4 Pa}\ \boxed{答え}$$

注　P_{N_2} や P_{O_2} は，$PV=nRT$ に代入しても求めることができますが，
圧力の比 ＝ モルの比　を使えるようにしましょう。

$\boxed{答え}$　全圧：$3.0\times10^5 Pa$
　　　　窒素の分圧：$2.4\times10^5 Pa$
　　　　酸素の分圧：$6.0\times10^4 Pa$

●モル分率

V, T：一定で分けたとき，**圧力比 ＝ モル比** が成り立ちました。つまり，

p.144 の重要公式より

$$\underbrace{P_全 : P_A}_{圧力比} = \underbrace{n_A + n_B : n_A}_{モル比} \quad より，\quad P_A = P_全 \times \frac{n_A}{n_A + n_B} \quad \cdots①$$

$$\underbrace{P_全 : P_B}_{圧力比} = \underbrace{n_A + n_B : n_B}_{モル比} \quad より，\quad P_B = P_全 \times \frac{n_B}{n_A + n_B} \quad \cdots②$$

となります。ここで，

暗記しよう！

$$\frac{n_A}{n_A + n_B} \ を \ A \ のモル分率$$

$$\frac{n_B}{n_A + n_B} \ を \ B \ のモル分率$$

といいます。このモル分率を利用すると，分圧 P_A，P_B は①式，②式から

重要公式

（Aの分圧）＝（全圧）×（Aのモル分率）

（Bの分圧）＝（全圧）×（Bのモル分率）

と求めることもできますね。

モル分率は，$\dfrac{成分気体の物質量〔mol〕}{混合気体の全物質量〔mol〕}$ です。例えば，さきほど（p.144）の

練習問題は，「窒素 0.80mol と酸素 0.20mol の混合気体」でしたから，

窒素のモル分率は，$\dfrac{0.80}{0.80 + 0.20} = 0.80$

酸素のモル分率は，$\dfrac{0.20}{0.80 + 0.20} = 0.20$

となります。よって，（分圧）＝（全圧）×（モル分率） より，

$$P_{N_2} = \underbrace{3.0 \times 10^5}_{全圧} \times \underbrace{0.80}_{モル分率} = 2.4 \times 10^5 Pa$$

$$P_{O_2} = \underbrace{3.0 \times 10^5}_{全圧} \times \underbrace{0.20}_{モル分率} = 6.0 \times 10^4 Pa$$

> 窒素と酸素の分圧は，このように求めることもできます。

- 気体 A のモル分率 $= \dfrac{n_A\,\text{(mol)}}{\text{混合気体の全物質量〔mol〕}}$
- 気体 A の分圧 $=$ 全圧 $\times$ A のモル分率

●平均分子量（見かけの分子量）

体積 V〔L〕の容器に，一定温度 T〔K〕で，窒素 4.0mol と酸素 1.0mol を混合したとします。これまでは，この混合気体を分けることを考えてきました。ここでは，混ざってしまったものは仕方がない…と考え，窒素と酸素を区別せずに空気という 1 種類の気体として扱ってみます。

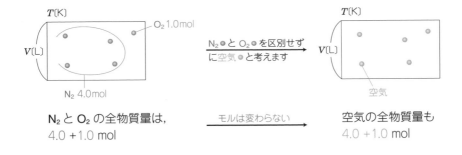

T〔K〕　　　　　　　　O₂ 1.0mol

V〔L〕

N₂ 4.0mol

$\underline{N_2 \bullet と O_2 \bullet を区別せず}$
に空気 ● と考えます

T〔K〕

V〔L〕

空気

N₂ と O₂ の全物質量は，
4.0 ＋1.0 mol

モルは変わらない

空気の全物質量も
4.0 ＋1.0 mol

質量は保存されますから，混合気体の全質量 $4.0\text{mol} \times \dfrac{28\text{g}}{1\text{mol}} + 1.0\text{mol} \times \dfrac{32\text{g}}{1\text{mol}}$

N₂ の分子量は 28,
つまり 28g/mol です

O₂ の分子量は 32,
つまり 32g/mol です

N₂ の質量〔g〕　　　O₂ の質量〔g〕

と空気の全質量は同じですよね。ここで，空気の平均分子量を $\overline{M}$ とおくと，$\overline{M}$ は $\overline{M}$〔g/mol〕と書け，g÷mol を求めると，

$$\overline{M} = (4.0 \times 28 + 1.0 \times 32)\,\text{g} \div (4.0 + 1.0)\,\text{mol}$$

平均分子量

$$= \frac{(4.0 \times 28 + 1.0 \times 32)\,\text{g}}{(4.0 + 1.0)\,\text{mol}}$$

← g÷mol を $\dfrac{\text{g}}{\text{mol}}$ に書き直しました

$$= 28 \times \frac{4}{5} + 32 \times \frac{1}{5}\ \text{g/mol} = 28.8\text{g/mol}$$

N₂ の　N₂ の　　O₂ の　O₂ の
分子量　モル分率　分子量　モル分率

となります。よって，

気体 A と気体 B からなる混合気体の平均分子量 $\overline{M}$ は，

$$\overline{M} = \text{A の分子量} \times \text{A のモル分率} \\ + \text{B の分子量} \times \text{B のモル分率}$$

で求められます。

最後に仕上げの練習問題を解きましょう。

練習問題 2

次の文章を読み，下の問いに答えよ。

27℃において内容積 1.0L の容器 A と内容積 0.50L の容器 B がコックで接続されている。容器 A に圧力 $1.0 \times 10^5 Pa$ の二酸化炭素を，容器 B に圧力 $2.0 \times 10^5 Pa$ の窒素を充塡した。その後，コックを開き，両気体を混合した。

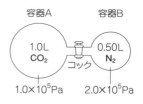

容器A　　　容器B
1.0L CO₂　　0.50L N₂
コック
$1.0 \times 10^5 Pa$　$2.0 \times 10^5 Pa$

気体は理想気体とする。ただし，接続部の内容積は無視できるものとし，原子量は C＝12，N＝14，O＝16，気体定数 $R＝8.3 \times 10^3 [Pa \cdot L/(mol \cdot K)]$ とする。

(1) 混合気体の圧力を有効数字 2 桁で求めよ。

(2) 二酸化炭素および窒素のモル分率（各成分気体の物質量の割合）をそれぞれ有効数字 2 桁で求めよ。

(3) 混合気体の平均分子量を有効数字 2 桁で求めよ。　　((1)，(2)法政大)

解き方

(1) 実験のようすを図に表してみます。

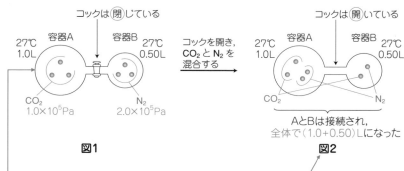

図1

図2

混合気体の圧力（全圧）を求めるには，CO_2 と N_2 の分圧が必要ですね。分圧といえば，$V,\ T$：一定で分けるでしたから，図2 を $V,\ T$：一定で分けてみます。

図2を $V,\ T$：一定で分け，CO_2 の分圧を P_{CO_2}〔Pa〕，N_2 の分圧を P_{N_2}〔Pa〕とおきます。

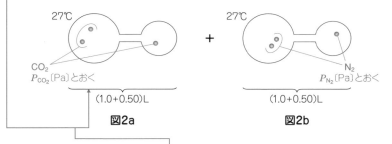

図2a

図2b

まず，図1 と 図2a の CO_2 に注目してみましょう。コックを閉じているときと開いた後で，CO_2 について $PV=nRT$ が成り立ちます。ここで，コックを閉じているとき（図1）と開いた後（図2a）で物質量 n〔mol〕，温度 $T(27+273=300K)$ が等しく，気体定数 R も等しいので，

$$PV=\boxed{n}\,\boxed{R}\,\boxed{T} \quad より \quad PV=(\boxed{一定})$$

変化していない値に □をつけます

ボイルの法則といいます

となり，コックを閉じているとき（図1）と開いた後（図2a）で PV が同じ値になることがわかります。よって，

$$1.5=\frac{3}{2}$$

$$PV\ =\ 1.0\times10^5\times1.0\ =\ P_{CO_2}\times(\boxed{1.0+0.50})\quad となり，$$

コックを閉じているとき（図1）

コックを開いた後（図2a）

$$P_{CO_2}=\frac{2}{3}\times10^5Pa$$

次に，N_2 に注目します。やはり，コックを閉じているとき（**図1**）と開いた後（**図2b**）で，n，T，R が等しく，$PV=\boxed{n}\,\boxed{R}\,\boxed{T}$ より $PV=$（一定）ですね。よって，

$$PV = 2.0\times10^5\times0.50 = P_{N_2}\times(\underbrace{1.0+0.50})\quad\text{となり，}$$

$$\overset{1.5=\frac{3}{2}}{}$$

コックを閉じているとき（図1）　　コックを開いた後（図2b）

$$P_{N_2}=\frac{2}{3}\times10^5\text{Pa}\quad\text{と求められます。}$$

V，T：一定で分けたとき，「全圧は分圧の和」でしたから，

全圧 $P_{全}$〔Pa〕は $\underbrace{P_{CO_2}=\frac{2}{3}\times10^5\text{Pa}}_{CO_2\text{の分圧}}$ と $\underbrace{P_{N_2}=\frac{2}{3}\times10^5\text{Pa}}_{N_2\text{の分圧}}$ より，

$$\underbrace{P_{全}}_{全圧} = \underbrace{P_{CO_2} + P_{N_2}}_{分圧の和}$$

$$= \frac{2}{3}\times10^5 + \frac{2}{3}\times10^5 = \frac{4}{3}\times10^5 \fallingdotseq 1.3\times10^5\text{Pa}$$

(2)　V，T：一定で分けたとき，「圧力の比＝モルの比」になりましたね。つまり，CO_2 と N_2 のモルの比は，

$$P_{CO_2} : P_{N_2}=\frac{2}{3}\times10^5 : \frac{2}{3}\times10^5=1 : 1$$

V，T：一定では，圧力の比 ＝ モルの比 です

とわかります。よって，CO_2 と N_2 のモル分率は，

$$CO_2\text{のモル分率}:\frac{\overset{CO_2}{1}}{\underset{CO_2\ N_2}{1+1}}=0.50\ ,\quad N_2\text{のモル分率}:\frac{\overset{N_2}{1}}{\underset{CO_2\ N_2}{1+1}}=0.50$$

となります。

(3)　$CO_2=44$，$N_2=28$ なので，混合気体の平均分子量は，

$$\underset{\substack{CO_2の\\分子量}}{44}\times\underset{\substack{CO_2の\\モル分率}}{0.50} + \underset{\substack{N_2の\\分子量}}{28}\times\underset{\substack{N_2の\\モル分率}}{0.50}=36\quad\text{です。}$$

答え　(1)　$1.3\times10^5\text{Pa}$

　　　　　(2)　二酸化炭素：0.50 または 5.0×10^{-1}

　　　　　　　窒素：0.50 または 5.0×10^{-1}

　　　　　(3)　36 または 3.6×10

Step ① 蒸気圧の計算手順を覚えよう。

●蒸気圧

コップの水を箱に入れてみます。

（箱の体積は V〔L〕，温度は T〔K〕で一定）

　このときの箱の中のようすは，入れる水 H_2O の量により，次の2つの状態のどちらかになります。

（状態1）入れた水H_2Oが少なかった

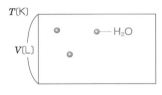

H_2Oがすべて気体（水蒸気）
として存在しています。

（状態2）入れた水H_2Oが多かった

H_2Oがすべて気体（水蒸気）になれず，
一部液体の水として残っています。

　（状態2）のとき，水滴の量が変わらないので，蒸発や凝縮は起こっていないように見えますが，実際は蒸発や凝縮が起こっています。ただ，蒸発する水分子の数と凝縮する水分子の数が等しいので，水滴の量に変化がなく何も起こっていないように見えるだけなのです。

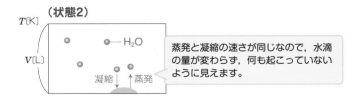

蒸発と凝縮の速さが同じなので，水滴
の量が変わらず，何も起こっていない
ように見えます。

(状態2)のとき,

みかけ上, 蒸発も凝縮も起こっていない状態

とか

暗記しよう! 気液平衡 (蒸発平衡) の状態

といいます。この**気液平衡の状態における水蒸気の圧力**を水の**蒸気圧**または**飽和蒸気圧**といいます。

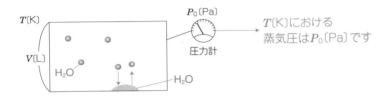

T〔K〕における
蒸気圧はP_0〔Pa〕です

蒸気圧には, 次の**性質**①, ②があります。

性質①

蒸気圧は, **温度によって決まった値になる。**

⇒温度が一定であれば, 蒸気圧は一定の値となり, **箱の大きさや他の気体の存在には影響されません。**

例えば, 27℃の水の蒸気圧(水の飽和蒸気圧)は,

$P_{H_2O}=3.6\times10^3$Pa で次のことがいえます。

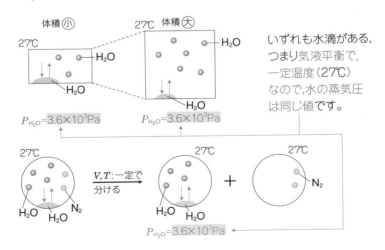

いずれも水滴がある,
つまり気液平衡で,
一定温度(27℃)
なので,水の蒸気圧
は同じ値です。

性質② 蒸気圧は, **液体の種類によってさまざまな値になる。**

例えば, 25℃の蒸気圧を調べると,

ジエチルエーテル 0.7×10⁵Pa

エタノール 0.09×10⁵Pa　　水 0.03×10⁵Pa

です。　　　　　　　　同じ25℃でも, 種類によって, 蒸気圧は異なります

温度が高くなると, 蒸発している分子が多くなり, 蒸気圧は大きくなります。
蒸気圧と温度との関係を示すグラフを蒸気圧曲線といいます。(⇒すでに p.126
の状態図のところで出てきていますよ!)

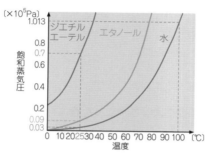

蒸気圧曲線の例

●蒸気圧計算

蒸気圧の計算では, 次の 状態1 と 状態2 のどちらになるかを判定させる問題が
出題されます。

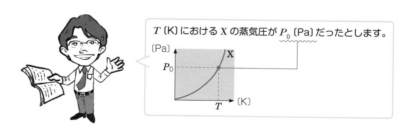

T 〔K〕における X の蒸気圧が P_0 〔Pa〕だったとします。

温度一定の密閉容器の中で、

状態1 X がすべて気体として存在している。

状態2 液体 X と気体 X が共存して、蒸気圧 P_0 を示している。

次の図を見て、密閉容器での X のようすから、**状態1** と **状態2** の違いをおさえましょう。

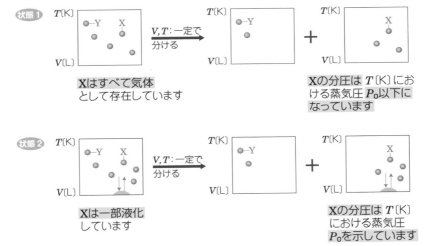

状態1

Xはすべて気体
として存在しています

Xの分圧は T [K] における蒸気圧 P_0 以下になっています

状態2

Xは一部液化
しています

Xの分圧は T [K] における蒸気圧 P_0 を示しています

状態1 と **状態2** のようすはイメージできましたか？
次は、蒸気圧の問題の解き方の手順を説明します。
少し難しいですが、がんばってついてきてください。

手順① 温度一定の容器に入れた X がすべて気体であると仮定して，X の仮の圧力 P_{if} を求めます。

手順② **状態1** と **状態2** のどちらになるのかを判定します。

状態1 $P_{if} \leqq$(X の蒸気圧 P_0)　の場合

P_{if} が X の蒸気圧 P_0 以下になることは可能なので，

仮定は正しく，

容器内には X がすべて気体として存在し，

その圧力は P_{if} を示します。

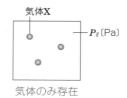

気体X

P_{if}〔Pa〕

気体のみ存在

状態2 $P_{if} >$(X の蒸気圧 P_0)　の場合

P_{if} が X の蒸気圧 P_0 をこえることはないので，

仮定はまちがっており，

容器内には 液体 X と気体 X が共存し，

その圧力は X の蒸気圧 P_0 を示します。

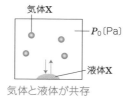

気体X

P_0〔Pa〕

液体X

気体と液体が共存

次の練習問題で計算の流れを覚えてしまいましょう。

練習問題

体積が 20L の剛直で密閉された反応容器に水 0.25mol を入れた。その後、(ア)この反応容器を 80℃まで加熱し、その温度で十分な時間保った。さらにその後、(イ)この反応容器を 60℃まで冷却し、その温度で十分な時間保った。反応容器内の気体は理想気体であるとし、次の問いに有効数字 2 桁で答えよ。必要であれば図に与えられている飽和水蒸気圧曲線を用いよ。気体定数 R は $R=8.3\times10^3$ Pa・L/(mol・K)とする。

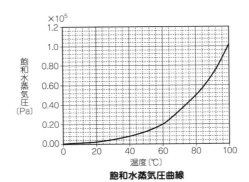

飽和水蒸気圧曲線

(1) 下線部(ア)の操作後、反応容器内の圧力は何 Pa になったか。

(2) 下線部(イ)の操作後、反応容器内の圧力は何 Pa になったか。

(お茶の水女子大)

解き方

(1) まず、80℃のときの蒸気圧 P_0 を図の蒸気圧曲線から読みとりましょう。
$P_0=0.50\times10^5$ Pa ですね。

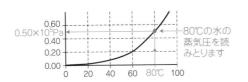

〈実験操作の図〉

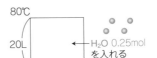

手順①

20L の容器に入れた水 0.25mol が 80℃ですべて気体であると仮定して、仮の圧力 P_{if} を求めます。気体と仮定しているので、$PV=nRT$ に代入することができますね。

R の単位をチェックして、P に Pa、V に L、n に mol、T に K を代入しよう！

$$\underset{P \text{は Pa}}{P_{if}} \times \underset{V \text{に L}}{20} = \underset{n \text{は mol}}{0.25} \times \underset{R}{8.3 \times 10^3} \times \underset{T \text{に K}}{(273+80)}$$

$$P_{if} = 3.66\cdots \times 10^4 \text{Pa}$$

手順②

80℃における水の蒸気圧は $P_0 = 0.50 \times 10^5 \text{Pa}$ なので、

$$P_{if} = 3.66\cdots \times 10^4 = 0.366\cdots \times 10^5 \text{Pa} < P_0 = 0.50 \times 10^5 \text{Pa}$$

となり、仮定は正しく、容器内には水がすべて気体（水蒸気）として存在しています。また、その圧力は P_{if} つまり

$3.66\cdots \times 10^4 \fallingdotseq 3.7 \times 10^4 \text{Pa}$　となります。

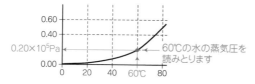

容器内には、
気体（水蒸気）のみ存在
しています。

(2) 次に、60℃のときの蒸気圧 $P_0{}'$ を同様に図の蒸気圧曲線から読みとります。

$P_0{}' = 0.20 \times 10^5 \text{Pa}$ ですね。

60℃の水の蒸気圧を
読みとります

手順①

20L の容器に入れた水 0.25mol が 60℃ですべて気体であると仮定して、仮の圧力 $P_{if}{}'$ を求めます。

$$\underset{P \text{は Pa}}{P_{if}{}'} \times \underset{V \text{に L}}{20} = \underset{n \text{は mol}}{0.25} \times \underset{R}{8.3 \times 10^3} \times \underset{T \text{に K}}{(273+60)}$$

$$P_{if}{}' = 3.45\cdots \times 10^4 \text{Pa}$$

注　(1)と(2)で、水蒸気について、V、n、R が等しいので、

$$P\boxed{V} = \boxed{n}\boxed{R}\,T \quad \text{から} \quad \frac{P}{T} = \frac{\boxed{n}\boxed{R}}{\boxed{V}} = (\boxed{一定})\quad \text{です。}$$

変化していない値に□をつける

よって，$\dfrac{P}{T}=\dfrac{\overset{(P_{\text{if}})}{3.66\times10^4}}{\underset{(1)}{273+80}}=\dfrac{P_{\text{if}}{}'}{\underset{(2)}{273+60}}$　となり，

$P_{\text{if}}{}'=3.45\cdots\times10^4\text{Pa}$　と求めることもできます。

手順②

60℃における水の蒸気圧は $P_0{}'=0.20\times10^5\text{Pa}$　なので，

$P_{\text{if}}{}'=3.45\cdots\times10^4=0.345\cdots\times10^5\text{Pa}>P_0{}'=0.20\times10^5\text{Pa}$

となり，仮定はまちがっていて，容器内には水と水蒸気が共存しています。
また，その圧力は $P_0{}'$ つまり
$0.20\times10^5=2.0\times10^4\text{Pa}$　となります。

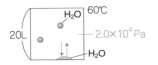

容器内には，
液体（水）と気体（水蒸気）が共存
しています。

答え　(1)　$3.7\times10^4\text{Pa}$
　　　　　(2)　$2.0\times10^4\text{Pa}$

●沸騰と沸点

　水やエタノールなどの液体を加熱していくと，液体の表面だけでなく**液体の内部からも蒸気が気泡（アワ）となって発生する**ようになります。この現象が沸騰で，**沸騰が続いている間は**，加えている熱が液体を気体にするために使われているので**一定温度が続きます**。このときの温度を沸点といいます。

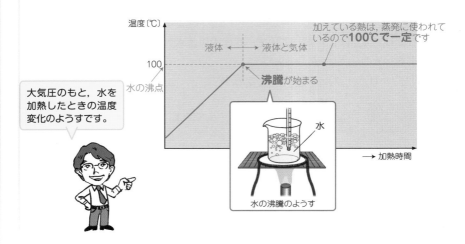

大気圧のもと，水を加熱したときの温度変化のようすです。

水の沸騰のようす

　次に，沸騰のしくみを考えます。気泡（アワ）にはたらく力を調べてみます。

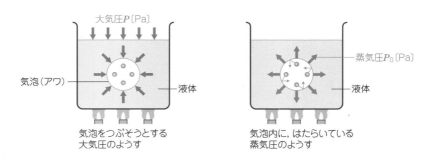

気泡をつぶそうとする大気圧のようす

気泡内に，はたらいている蒸気圧のようす

　図からもわかるとおり，

$$大気圧 = 蒸気圧 \quad (P = P_0)$$

になると気泡がつぶれなくなり，沸騰が起こります。このときの温度を調べれば沸点を知ることができます。

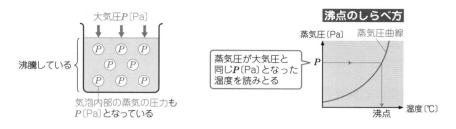

ふつう，大気圧は 1.013×10⁵Pa（1atm）ですので，蒸気圧が 1.013×10⁵Pa（1atm）になる温度が，その液体の沸点になります。

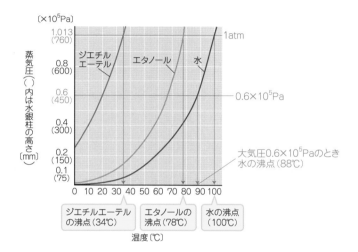

富士山頂のように大気圧が低くなる（0.6×10⁵Pa）と水の沸点は 88℃となり，100℃よりも低くなります。

ポイント 沸点

沸点は，大気圧＝蒸気圧　のときの温度

Step ② 理想気体はどのような気体かとらえよう。

●理想気体と実在気体

理想気体とは，**分子自身の大きさ(体積)がなく**，ファンデルワールス力や水素結合などの**分子間力がはたらいていない**と仮定した仮想的な気体のことです。

重要！ 理想気体 → $\begin{cases} 分子の大きさ：なし \\ 分子間力：はたらかない \end{cases}$

理想気体はいつでも $PV = nRT$ が厳密に成り立ちます。

ところが，**実際に存在する**アンモニア NH_3 や二酸化炭素 CO_2 などの気体(⇒**実在気体**といいます)は，分子自身の大きさ(体積)があり，分子間力がはたらいています。もちろん，$PV = nRT$ は厳密に成り立ちません。

重要！ 実在気体 → $\begin{cases} 分子の大きさ：ある \\ 分子間力：はたらく \end{cases}$

次に，実在気体が理想気体からどの程度ずれるか調べてみましょう。入試でよく出題される図を2つ紹介します。

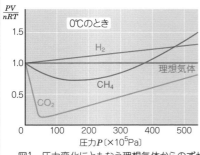
図1　圧力変化にともなう理想気体からのずれ

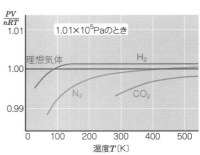
図2　温度変化にともなう理想気体からのずれ

図1や図2を見ると，理想気体はいつでも $PV = nRT$ が厳密に成り立つので $\dfrac{PV}{nRT} = 1$ となり，どのような圧力や温度であっても $\dfrac{PV}{nRT}$ の値はずっと 1 であることがわかります。

まず，図1に注目しましょう。左にいくほど（⇒低圧になるほど）実在気体の理想気体からのずれが小さくなっていることがわかります。

次に，図2にも注目しましょう。右にいくほど（⇒高温になるほど）実在気体の理想気体からのずれが小さくなっていることもわかります。つまり，

チェックしよう！

実在気体は，低圧・高温ほど理想気体からのずれが小さくなる
⇓
実在気体が理想気体に近づく

ことがわかります。

ポイント　理想気体と実在気体

	理想気体	実在気体
分子の大きさ（体積）	なし	あり
分子間力	はたらかない	はたらく
$PV = nRT$	厳密に成立する	厳密には成立しない

●実在気体が理想気体に近づく条件 ⇒ 低圧・高温

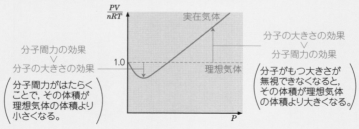

分子間力の効果
分子の大きさの効果
（分子間力がはたらくことで，その体積が理想気体の体積より小さくなる。）

分子の大きさの効果
分子間力の効果
（分子がもつ大きさが無視できなくなると，その体積が理想気体の体積より大きくなる。）

実在気体
1.0
理想気体

Step ③ 気体の溶解度の計算手順を覚えよう。

●気体の溶解度

　みなさんは，たまに冷えた炭酸飲料を飲みますよね。炭酸飲料は，温めると多くの泡(二酸化炭素 CO_2)が逃げてしまいます。つまり，

> **チェックしよう！** 気体は，温度が高くなると水に溶けにくくなる

ことがわかります。また，炭酸飲料を飲もうとふたを開けると，多くの泡が出てきます。これは，炭酸飲料は高圧で CO_2 を水に溶かしているので，ふたを開けると圧力が下がり，CO_2 が泡となって発生するからなのです。

> **ここもチェック** 気体は，圧力が小さくなると水に溶けにくくなる

こともわかりますね。

ポイント 気体の水への溶解度の特徴

　気体の水への溶解度(溶けやすさ)は，
　　　　　　温度が高く，圧力が小さいほど　小さくなる。

●ヘンリーの法則

溶解度の小さな気体では，**一定温度で，一定量の水に溶ける気体の質量〔mg，g〕や物質量〔mol〕は，その気体の圧力に比例**します。これを**ヘンリーの法則**といいます。ここでヘンリーの法則を具体的に考えてみます。

例えば，「水1Lに窒素 N_2 がおもり1個分の圧力（P_{N_2}〔Pa〕とします）で n_{N_2}〔mol〕（a〔g〕）溶ける」とします。ここで，
おもりが2個になれば水に溶ける N_2 も2倍，
おもりが3個になれば水に溶ける N_2 も3倍になる…
ことがヘンリーの法則からわかります。

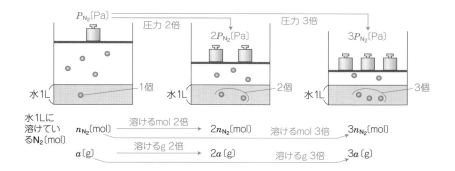

ポイント　ヘンリーの法則

　　圧力2倍　で　溶ける mol や g も2倍，
　　圧力3倍　で　溶ける mol や g も3倍・・・
と覚えよう。

これなら，イメージしやすい！

●計算のコツ

ヘンリーの法則を利用する計算問題は，次の手順で解きましょう。

手順① 問題文中の**データを分数に書き直し**ます。

$$\frac{水に溶ける気体の物質量〔mol〕または質量〔mg，g〕}{気体の圧力〔Pa〕・水の体積〔mL，L〕}$$

例 「0℃，10^5 Pa で水 1.0L に窒素 N_2 は 1.0×10^{-3} mol 溶ける」

と書いてあれば，

$$\frac{\boxed{1.0 \times 10^{-3} \text{mol}}\ 溶ける}{\boxed{10^5 \text{Pa}}\ ・\ \boxed{水\ 1.0\text{L}}}$$

← 分子に mol や g，mg を代入します

窒素 N_2 は，　　の下で　　に

とします。

手順② **単位を消去**します。

例 「0℃，$\boxed{2.0 \times 10^5 \text{Pa}}$の窒素 N_2 が，$\boxed{水\ 3.0\text{L}}$に何 mol 溶けるか」

を調べてみましょう。

分数の横に書く　　圧力の横に書く

$$\frac{1.0 \times 10^{-3} \text{mol}}{10^5 \text{Pa} ・ 水\ 1.0\text{L}} \times \boxed{2.0 \times 10^5 \text{Pa}} \times \boxed{水\ 3.0\text{L}}$$

手順①の**例**より

Pa どうしを消去します　　L どうしを消去します

［0℃，10^5Pa で水 1.0L に溶ける N_2 のデータ］

$$= 1.0 \times 10^{-3} \times \frac{2.0 \times 10^5}{10^5} \times \frac{3.0}{1.0} = 6.0 \times 10^{-3} \text{mol}$$

次の練習問題で手順をマスターしてしまいましょう。

水への溶解度が大きい塩化水素 HCl やアンモニア NH_3 については，ヘンリーの法則が成り立ちません。

練習問題

　酸素は 1.0×10^5 Pa のときに，27℃の水 1L に 1.0×10^{-3} mol 溶けるものとする。気体定数は 8.3×10^3 Pa・L/(mol・K) とする。ただし，気体はすべて理想気体とし，気体の溶解度と圧力の間にはヘンリーの法則が成り立つものとする。気体の水への溶解にともなう水の体積変化，および温度変化にともなう水の体積変化，水の蒸気圧は無視できるものとする。

　容積が 1.1L の容器に水 1L と酸素を入れた。容器を密閉したまま 27℃に保ち，十分に長い時間静かに放置すると，<u>容器内の圧力は 1.0×10^5 Pa で一定となった。</u>

(1)　下線の状態において，容器内の水に溶けている酸素の物質量を有効数字 2 桁で求めよ。

(2)　下線の状態において，容器内に気体として存在する酸素の物質量を有効数字 2 桁で求めよ。

(青山学院大)

解き方

(1) **手順①**より，まず，問題文からデータを見つけ，分数に書き直しましょう。

　「酸素 O_2 は 1.0×10^5 Pa のときに，27℃の水 1L に 1.0×10^{-3} mol 溶ける」とあるので，

$$\frac{\boxed{1.0 \times 10^{-3} \text{mol}} \text{ 溶ける}}{酸素 O_2 は, \quad \boxed{1.0 \times 10^5 \text{Pa}} \cdot \underset{に}{\boxed{\text{水 1L}}} }$$

と書き直します。

　次に実験のようすを図に表してみます。容積 1.1L の容器に水 1L を入れたので，気体部分(⇒気相という)の体積が 1.1 − 1 = 0.1L になる点に注意しましょう。

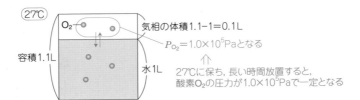

容器の気相は酸素 O_2 だけが存在しているので，酸素の圧力は 1.0×10⁵Pa になりますね。また， 水の体積は 1L です。

よって， 容器内の水に溶けている酸素 O_2 の物質量〔mol〕は，**手順②**より，単位を消去することで求めることができます。

$$\frac{1.0 \times 10^{-3} \text{mol}}{1.0 \times 10^5 \text{Pa} \cdot \text{水 1L}} \times \boxed{1.0 \times 10^5 \text{Pa}} \times \boxed{\text{水 1L}}$$

Pa どうしを消去します　　L どうしを消去します

$$= 1.0 \times 10^{-3} \times \frac{1.0 \times 10^5}{1.0 \times 10^5} \times \frac{1}{1} = 1.0 \times 10^{-3} \text{mol}$$

(2)　図の気相（0.1L）の酸素 O_2 の物質量〔mol〕を求めます。
気相部分だけ図に表し直してみましょう。

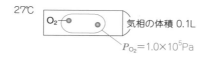

27℃　O_2　気相の体積 0.1L　$P_{O_2} = 1.0 \times 10^5$ Pa

(P, V, T) の値がわかっているので，n の値が求められます。よって，
気相の O_2 のデータを　$PV = nRT$　にあてはめます。

$$\underbrace{1.0 \times 10^5}_{P \text{に Pa}} \times \underbrace{0.1}_{V \text{に L}} = \underbrace{n_{O_2}}_{n \text{は mol}} \times \underbrace{8.3 \times 10^3}_{R \text{は } 8.3 \times 10^3} \times \underbrace{(273 + 27)}_{T \text{に K}}$$

$$n_{O_2} = \frac{10^5 \times 0.1}{8.3 \times 10^3 \times 300} \fallingdotseq 4.0 \times 10^{-3} \text{mol}$$

答え　(1)　1.0×10^{-3} mol

　　　　(2)　4.0×10^{-3} mol

溶　液
─濃度・固体の溶解度・コロイド溶液─

Step ① 濃度計算をマスターしよう。

●溶解

　食塩やスクロースなどを水に溶かすと，無色透明の水溶液になりますね。このとき，食塩やスクロースのように**水に溶けている物質**を溶質，水のように**溶質を溶かしている液体**を溶媒，**できた混合物**を溶液といいます。とくに**溶媒が水の溶液**は水溶液といいます。

スクロース 10g　溶質　＋　水 90g　溶媒　＝　水溶液 100g になります　溶液

　溶媒には，水H_2OやエタノールC_2H_5OHのような**極性分子からなる極性溶媒**とベンゼンC_6H_6や四塩化炭素CCl_4のような**無極性分子からなる無極性溶媒**があります。

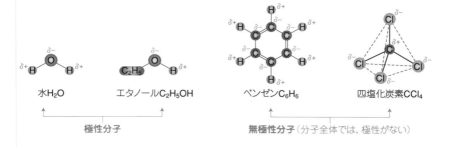

水H_2O　　　エタノールC_2H_5OH　　　ベンゼンC_6H_6　　　四塩化炭素CCl_4

極性分子　　　　　　　　無極性分子（分子全体では，極性がない）

　また，溶質には，塩化ナトリウム$NaCl$や塩化水素HClのように**水に溶けて陽イオンと陰イオンに電離する**電解質

電離
のようす
$$NaCl \longrightarrow Na^+ + Cl^-$$
$$HCl \longrightarrow H^+ + Cl^-$$

や，スクロースのように**水**に**溶けても電離しない非電解質**があります。

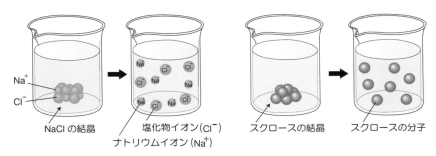

塩化ナトリウムが水に溶けるようす　　　スクロースが水に溶けるようす

注 NaCl水溶液中のNa$^+$やCl$^-$は**水H$_2$O分子と結合**（水和）し，**水和イオン**となっています。

水和のようす

ポイント　溶液

溶液は，溶質 $\left\{\begin{array}{l}電解質\\非電解質\end{array}\right\}$ と 溶媒 $\left\{\begin{array}{l}極性溶媒\\無極性溶媒\end{array}\right\}$ からなる。

●濃度

溶質が,「溶媒や溶液」に対してどの程度溶けているかを表したものを濃度_{（のうど）}といいます。つまり，基準を

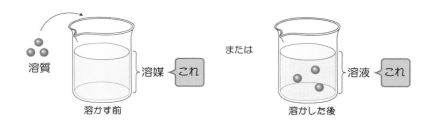

溶質	溶媒 ←これ
溶かす前	

または

溶液 ←これ

溶かした後

にとるということです。

（1） 溶液 を基準にとった濃度

① 質量パーセント濃度〔%〕

溶液の質量〔g〕を基準にとった濃度で，

重要公式

$$質量パーセント濃度〔\%〕＝\frac{溶質の質量〔g〕}{溶液の質量〔g〕}×100 \ \%$$

から求めることができます。

例 スクロース18gを水182gに溶かした水溶液の質量パーセント濃度は，

$$\frac{18 \ \text{g}}{(18＋182) \text{g}}×100＝9.0\%$$

となります。

ワンポイントアドバイス

質量パーセント濃度は，溶液100g中の溶質の質量〔g〕を表すと覚えておきましょう。つまり，問題文に「……質量パーセント濃度が3.0%の水溶液を…」とあれば，

$$\frac{3.0\text{gの溶質}}{100\text{gの水溶液}}$$

と書き直します。この分数式を利用すると濃度の計算を楽にすすめることができます。

ポイント 質量パーセント濃度

問題文に「…質量パーセント濃度 a〔%〕の水溶液…」とあれば,

書き直す！ ⟶ $\dfrac{a\,〔\text{g}〕\text{の溶質}}{100\,\text{g の水溶液}}$

② モル濃度〔mol/L〕

溶液の体積〔L〕を基準にとった濃度で, 単位は mol/L です。「／（マイ）」に注目して考えると,

- mol／₁L ⇒ 溶液 1L 中の溶質の物質量〔mol〕を表している
  └─ 1 がかくれている
- mol/L ⇒ mol ÷ L つまり 溶質〔mol〕÷ 溶液〔L〕 から求めることができる

とわかりますね。

重要公式 $\text{モル濃度〔mol/L〕} = \dfrac{\text{溶質 の 物質量〔mol〕}}{\text{溶液 の 体積〔L〕}}$

例 スクロース（分子量342）34.2g を水に溶かして 100mL とした水溶液のモル濃度〔mol/L〕は, $342\,\text{g}／_1\text{mol}$ より,

$$\underbrace{\left\{34.2\,\text{g}\times\dfrac{1\,\text{mol}}{342\,\text{g}}\right\}}_{\text{溶質〔mol〕}} \div \underbrace{\left\{100\,\text{mL}\times\dfrac{1\,\text{L}}{10^3\,\text{mL}}\right\}}_{\text{溶液〔L〕}}$$

$$=\dfrac{\dfrac{34.2}{342}\,\text{mol}}{\dfrac{100}{1000}\,\text{L}}=\dfrac{0.10\,\text{mol}}{0.10\,\text{L}}=1.0\,\text{mol/L}$$

と求めることができます。

(2) 溶媒 を基準にとった濃度

① 質量モル濃度〔mol/kg〕

溶媒の質量〔kg〕を基準にとった濃度で，単位はmol/kgです。やはり，「/（マイ）」に注目して考えると，

- mol/₁kg ⇒ 溶媒1kg中の溶質の物質量〔mol〕を表している
  └ 1がかくれている
- mol/kg ⇒ mol ÷ kg つまり 溶質〔mol〕÷ 溶媒〔kg〕 から求めることができる

とわかります。

重要公式 $$質量モル濃度〔mol/kg〕 = \frac{溶質の物質量〔mol〕}{溶媒の質量〔kg〕}$$

例 スクロース（分子量342）34.2gを水に溶かして100gとした水溶液の質量モル濃度〔mol/kg〕を求めてみましょう。水（溶媒）の質量は，

$$\underset{水溶液の質量〔g〕}{100} - \underset{溶質の質量〔g〕}{34.2} = \underset{溶媒の質量〔g〕}{65.8g}$$

ですね。342g/₁molより，次のように求めます。

$$\underset{溶質〔mol〕}{\left\{34.2\,g \times \frac{1\,mol}{342\,g}\right\}} ÷ \underset{溶媒〔kg〕}{\left\{65.8\,g \times \frac{1\,kg}{10^3\,g}\right\}}$$

$$= \frac{\frac{34.2}{342}\,mol}{\frac{65.8}{1000}\,kg} = \frac{0.10\,mol}{0.0658\,kg} ≒ 1.5\,mol/kg$$

以上，3つの濃度をおさえてください。入試では，この3つの濃度が複雑にからみ合った問題が多く出題されます。次の入試問題にチャレンジしてみましょう。

練習問題

気体を発生させる実験を行うために用いる希硫酸は，市販の濃硫酸（98.0質量%，密度1.80 g/mL）を希釈して調製する。これについて次の問いに答えよ。ただし，$H_2SO_4 = 98.0$とする。

(1) この市販の濃硫酸のモル濃度〔mol/L〕を有効数字3桁で求めよ。

(2) 3.00 mol/Lの希硫酸1.00 Lをつくるためには上記の濃硫酸が何mL必要か。有効数字3桁で求めよ。

(東京学芸大)

解き方

(1) 98.0質量%とあるので，$\dfrac{98.0\,\text{gの溶質}}{100\,\text{gの水溶液}}$ と書き直します。

水溶液が濃硫酸（H_2SO_4の濃い水溶液），溶質が硫酸H_2SO_4であることに注意して，水溶液100 gを図示してみます。

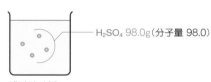

H₂SO₄ 98.0g（分子量 98.0）

濃硫酸 100g
濃硫酸の密度 1.80g/mL

ここで，$H_2SO_4 = 98.0$ つまり 98.0 g/1 mol，密度1.80 g/1 mL より，

1がかくれている

モル濃度〔mol/L〕＝ H_2SO_4〔mol〕 ÷ 濃硫酸〔L〕
（溶質） （溶液）

1がかくれている

を求めます。

$$\left\{ 98.0\,\cancel{\text{g}} \times \frac{1\,\text{mol}}{98.0\,\cancel{\text{g}}} \right\} \div \left\{ 100\,\cancel{\text{g}} \times \frac{1\,\cancel{\text{mL}}}{1.80\,\cancel{\text{g}}} \times \frac{1\,\text{L}}{10^3\,\cancel{\text{mL}}} \right\}$$

H₂SO₄のgどうしを消去します　溶液のgどうしを消去します　mLどうしを消去してLにします

$$= \underbrace{1.00\,\text{mol}}_{\text{溶質〔mol〕}} \div \underbrace{\frac{1}{18.0}\,\text{L}}_{\text{溶液〔L〕}} = 18.0\,\text{mol/L}$$

(2) (1)の18.0 mol/L 濃硫酸 V〔mL〕を使って，3.00 mol/L の希硫酸 1.00Lをつくります。操作のようすを図示すると，

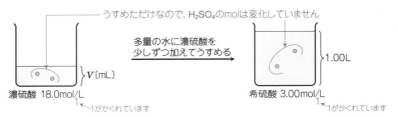

となります。「うすめる前」と「うすめた後」でH_2SO_4の物質量〔mol〕が変化していないことに注目して，式を立てます。ここで，水溶液のmol/Lに水溶液のLをかけると $\dfrac{mol}{L} \times L = mol$ となることに注意します。

Lどうしが消去される

$$\underbrace{\dfrac{18.0\,mol}{1\,L}}_{\substack{H_2SO_4 + H_2O \\ \text{〔mol/L〕}}} \times \underbrace{\dfrac{V}{1000}\,L}_{\substack{H_2SO_4 \\ \text{〔mol〕}}} = \underbrace{\dfrac{3.00\,mol}{1\,L}}_{\substack{H_2SO_4 + H_2O \\ \text{〔mol/L〕}}} \times \underbrace{1.00\,L}_{\substack{H_2SO_4 \\ \text{〔mol〕}}}$$

$V \fallingdotseq 167\,mL$

答え (1) 18.0 mol/L または 1.80×10 mol/L

(2) 167 mL または 1.67×10^2 mL

1 L＝
1000mL

| Step | 2 | 固体の溶解度を得意分野にしてしまおう。 |

●飽和溶液と溶解度

　20℃の水100gに塩化ナトリウムNaCl 50gを少しずつ溶かし，溶けるようすを観察します。

　観察していると38gまではすべて溶けて無色透明の水溶液になるのですが，38gをこえると溶けきれなくなって塩化ナトリウムNaClの結晶が残ってしまいます。このように，

　　20℃，100gの水に溶ける塩化ナトリウムNaClの量には限度
　　└→一定温度　└→一定量　└→溶媒　　　　　　　　└→溶質

があり，この**限度の量**を溶解度といいます。**溶解度まで溶質を溶かした溶液**を飽和溶液といい，ふつう溶解度は

$$水\ 100gに溶ける溶質の最大質量〔g〕の数値$$

で表します。

ポイント　溶解度

　20℃で水100gには塩化ナトリウムNaClは38gまで溶ける
　⇒　NaClの溶解度は，20℃で38（38〔g/水100g〕）と表せる

●溶解度曲線

　溶解度は，温度によって変化するので，グラフ（⇒溶解度曲線といいます）で表すことが多くなります。例えば，硫酸銅（Ⅱ）$CuSO_4$ の溶解度は，0℃で14，20℃で20，40℃で30，60℃で40 なので次のように表します。

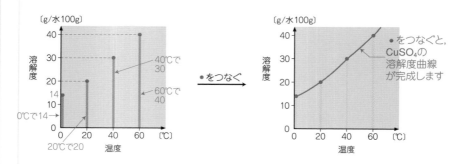

　ここで，溶解度曲線の読み方を，KNO_3 の溶解度曲線を使ってマスターしましょう。

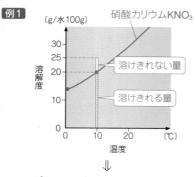

例1

⇓

10℃で，水100gにKNO_3 25gを加えると，KNO_3 は20gまでは水に溶け，

　25－20＝5g

のKNO_3 が溶けきれずに結晶となって析出することが読みとれます。

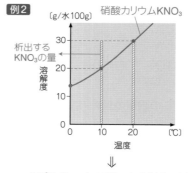

例2

⇓

20℃で，水100gにKNO_3 を溶けるだけ溶かし飽和水溶液とします。これを10℃まで冷却すると，

　30－20＝10g

のKNO_3 が溶けきれずに結晶となって析出することが読みとれます。

　例2のように，温度による溶解度の差を利用して，結晶を析出させることができます。これを利用して，少量の不純物を含む固体から不純物を除くことができます。この操作を再結晶といいます。

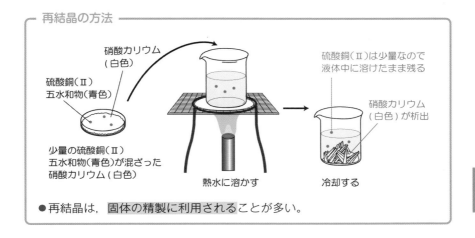

再結晶の方法

硝酸カリウム（白色）

硫酸銅（Ⅱ）五水和物（青色）

少量の硫酸銅（Ⅱ）五水和物（青色）が混ざった硝酸カリウム（白色）

熱水に溶かす

冷却する

硫酸銅（Ⅱ）は少量なので液体中に溶けたまま残る

硝酸カリウム（白色）が析出

● 再結晶は，固体の精製に利用されることが多い。

●計算問題の解き方

固体の溶解度の計算は，次の**手順①～④**をマスターすることで解くことができます。まず，手順をおさえ，練習問題をくり返し解くことで実力をつけましょう。

手順①　問題文の操作を簡単な図に表します。

手順②　水和水をもつ物質を探してみます。見つけることができたら，「無水物」
　　　　　と「水」に分けて図にメモします。

　　　　例　$CuSO_4 \cdot 5H_2O$ X〔g〕を見つけたら，$CuSO_4 = 160$，$H_2O = 18$ よ
　　　　　り，次のように「無水物 $CuSO_4$」と「水 H_2O」に分けます。

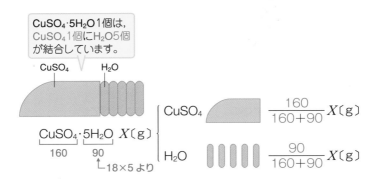

$CuSO_4 \cdot 5H_2O$ 1個は，$CuSO_4$ 1個に H_2O 5個が結合しています。

$CuSO_4$　　H_2O

$CuSO_4 \cdot 5H_2O$ X〔g〕
160　　90
└18×5 より

$CuSO_4$　　　$\dfrac{160}{160+90} X$〔g〕

H_2O　　　$\dfrac{90}{160+90} X$〔g〕

第8講

溶液（濃度・固体の溶解度・コロイド溶液）

手順③ うわずみ液（飽和水溶液）を探してみます。見つけることができたら，その質量を図にメモします。

> 溶質が水に溶けきれなくなり，ビーカーの底に析出したときのうわずみのところを，うわずみ液といいます。

例

左: 飽和水溶液 → うわずみ液は $100-x$〔g〕です / KNO₃ x〔g〕が析出したら， / 全体 100g

右: 飽和水溶液 → うわずみ液は $100-y$〔g〕です / CuSO₄·5H₂O y〔g〕が析出したら， / 全体 100g / CuSO₄ H₂O

注 うわずみ液は，溶質が溶けきれなくなっている（⇒限界まで溶けている）水溶液なので，飽和水溶液です。

手順④ 飽和水溶液を見つけ，それぞれの温度において，次の式を立てます。
↳うわずみ液など

溶解度が S〔g/水100g〕のとき，

$$\frac{溶質〔g〕}{飽和水溶液〔g〕}=\frac{S〔g〕}{(100+S)〔g〕}$$

> この式の右辺は，
> 「100gの水に溶質が最大 S〔g〕溶ける」，
> つまり
> 「$(100+S)$〔g〕の飽和水溶液に溶質 S〔g〕が溶ける」
> ことを表しています。

練習問題 1

次の文章を読み，文中の□□□に入る数値を整数で記せ。

塩化アンモニウムの溶解度は，水100gに対して，20℃で37g，70℃で60gである。

70℃において塩化アンモニウムの飽和水溶液160gを調製した。この飽和水溶液を20℃に冷却すると，□□□gの塩化アンモニウムの結晶が析出する。

(岡山大)

解き方

　操作を簡単な図に表し（**手順①**），うわずみ液（飽和水溶液）の質量を図にメモ（**手順③**）します。

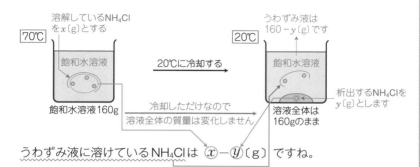

うわずみ液に溶けているNH_4Clは $x-y$〔g〕ですね。

水和水をもつ物質は見つからないので，**手順②**はパスします。

　$70℃$ と $20℃$ において，飽和水溶液を見つけ，式を立てます（**手順④**）。

$70℃$ 飽和水溶液160gに溶けているNH_4Clはx〔g〕です

$$\frac{x〔g〕}{160g} = \frac{60g}{100 + 60g}$$

飽和水溶液は
160gです

$70℃$ NH_4Clの溶解度(60g)/(水100g)を代入します

よって，$x=60g$

　$20℃$ で，うわずみ液（飽和水溶液）$160-y$〔g〕に溶けているNH_4Clは $x-y$〔g〕ですから，次の式が成り立ちます。

$20℃$ うわずみ液 $160-y$〔g〕に溶けているNH_4Clは $x-y$〔g〕です

$$\frac{x-y〔g〕}{160-y〔g〕} = \frac{37g}{100 + 37g}$$

うわずみ液（飽和水溶液）
は $160-y$〔g〕です

$20℃$ NH_4Clの溶解度(37g)/(水100g)を代入します

$x=60$ を代入すると，$y=23g$

答え　23

次の文章を読み，下の問いに答えよ。

硫酸銅(Ⅱ)の水に対する溶解度〔g/水100g〕は，30℃で25，60℃で40である。

60℃での飽和硫酸銅(Ⅱ)水溶液210gを30℃に冷却したら，硫酸銅(Ⅱ)五水和物の結晶が析出した。析出した硫酸銅(Ⅱ)五水和物は何gか。最も近い値を1つ選べ。ただし，H＝1.0，O＝16，S＝32，Cu＝64とする。

① 19　② 25　③ 33　④ 36　⑤ 41　⑥ 52　　（順天堂大）

解き方

操作を簡単な図にし（**手順①**），「水和水をもつ $CuSO_4 \cdot 5H_2O$ を分けたもの」と「うわずみ液（飽和水溶液）」の質量を図にメモ（**手順②**と**手順③**）します。

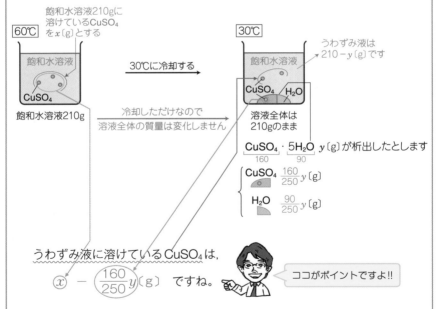

うわずみ液に溶けている $CuSO_4$ は，

$$x - \frac{160}{250}y \ \text{〔g〕}$$

ですね。　　ココがポイントですよ!!

あとは，60℃ と 30℃ において，飽和水溶液を見つけ，式を立てましょう（**手順④**）。

$\boxed{60℃}$ 飽和水溶液210gに溶けている$CuSO_4$はx〔g〕です

$$\frac{x〔g〕}{210g} = \frac{\boxed{40}g}{\boxed{100} + \boxed{40}g}$$

飽和水溶液は
210gです

$\boxed{60℃}$ $CuSO_4$の溶解度$\boxed{40g}$/$\boxed{水100g}$を代入します

$$\frac{x}{210} = \frac{\overset{2}{\cancel{40}}}{\underset{7}{\cancel{140}}}$$

よって，$x = 60g$

$\boxed{30℃}$ で，うわずみ液（飽和水溶液）$210-y$〔g〕に溶けている$CuSO_4$は

$x - \dfrac{160}{250}y$〔g〕ですから，次の式が成り立ちます。

うわずみ液$210-y$〔g〕に溶けている$CuSO_4$は$x - \dfrac{160}{250}y$〔g〕です

$$\frac{x - \dfrac{160}{250}y〔g〕}{210-y〔g〕} = \frac{\boxed{25}g}{\boxed{100} + \boxed{25}g}$$

うわずみ液（飽和水溶液）は
$210-y$〔g〕です

$\boxed{30℃}$ $CuSO_4$の溶解度$\boxed{25g}$/$\boxed{水100g}$を代入します

$$\frac{x - \dfrac{\overset{16}{\cancel{160}}}{\underset{25}{\cancel{250}}}y}{210-y} = \frac{\overset{1}{\cancel{25}}}{\underset{5}{\cancel{125}}} \quad に \quad x=60 \quad を代入すると，$$

$y \fallingdotseq 41g$

答え ⑤

ポイント **固体の溶解度**

固体の溶解度についての計算問題は，

手順① → 手順② → 手順③ → 手順④ の順で解こう！

第 8 講 溶液（濃度・固体の溶解度・コロイド溶液）

183

Step ③ コロイド溶液についての重要語句を覚えよう！

●コロイド

食塩NaClやスクロースの水溶液は，溶質粒子（Na⁺，Cl⁻，スクロース）と溶媒分子（H_2O）がほぼ同じ大きさで，これらが均一に混ざっています。このように，**イオンや分子が溶解した溶液**を**真の溶液**といいます。

例 真の溶液

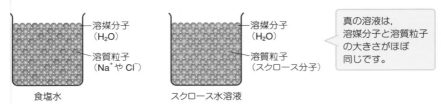

食塩水　　　　　　スクロース水溶液

真の溶液は，溶媒分子と溶質粒子の大きさがほぼ同じです。

これに対して，デンプンやタンパク質の水溶液，セッケンの水溶液，水酸化鉄（Ⅲ）の水溶液は，溶質粒子が溶媒分子（H_2O）よりも大きく，**溶質粒子が溶媒中に散らばり（⇒分散といいます）混ざりあっています。デンプン，タンパク質，セッケン，水酸化鉄（Ⅲ）のような粒子をコロイド粒子，混ざりあっている溶液をコロイド溶液といいます。**

例 コロイド溶液

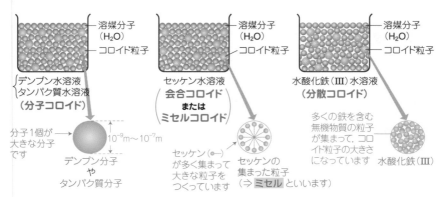

デンプン水溶液
タンパク質水溶液
（分子コロイド）

セッケン水溶液
**（会合コロイド
または
ミセルコロイド）**

水酸化鉄（Ⅲ）水溶液
（分散コロイド）

分子1個が
大きな分子
です

10^{-9}m～10^{-7}m

デンプン分子
や
タンパク質分子

セッケン（●―）
が多く集まって
大きな粒子を
つくっています

セッケンの
集まった粒子
（⇒ ミセル といいます）

多くの鉄を含む
無機物質の粒子
が集まって，コロ
イド粒子の大きさ
になっています　水酸化鉄（Ⅲ）

デンプンやタンパク質は分子1個が大きく，分子1個でコロイド粒子になります。このように，**大きな分子が分散した状態**を分子コロイドといいます。

また，セッケンを水に溶かすと，セッケンが多く集まって（⇒会合^{かいごう}といいます）コロイド粒子の大きさになります。このように，**分子が集まってできたコロイド粒子（⇒ミセル）が分散した状態**を会合コロイドまたはミセルコロイドといいます。

水酸化鉄（Ⅲ）のような無機物質が大きくなりすぎずにコロイド粒子の大きさになることがあり，この**コロイド粒子が分散した状態**を分散コロイドといいます。

ポイント　コロイド粒子

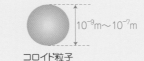

10^{-9}m〜10^{-7}m

コロイド粒子

1分子が巨大 ⟶	分子コロイド	例	デンプン水溶液，タンパク質水溶液
分子が多く集まる →	会合コロイド	例	セッケン水溶液
無機物質 ⟶	分散コロイド	例	水酸化鉄（Ⅲ）水溶液

10^{-9}m〜10^{-7}m

コロイド粒子

ろ紙は通れるがセロハン膜などの半透膜は通れないぐらいの大きさです。

水酸化鉄（Ⅲ）は，FeO(OH)や$Fe_2O_3 \cdot nH_2O$などからなる混合物であり，1つの化学式で表すことができません。以前は，$Fe(OH)_3$や$[Fe(OH)_3]_x$と表していました。

●親水コロイドと疎水コロイド

デンプンやタンパク質，セッケンなどのようなコロイド粒子は，**多くの水分子と水和していて，安定に分散**しています。このようなコロイドを親水コロイドと
<u>水との親和力が大きい(⇒水と仲がよい　つまり「親水」)</u>
いいます。

これに対して，水酸化鉄（Ⅲ）のようなコロイド粒子は，**水との親和力が小さく**，
<u>水と仲があまりよくない　つまり「疎水」</u>
表面が＋または－の電荷を帯び(⇒水酸化鉄（Ⅲ）の場合は，＋です)，**同じ電荷で反発し合いながら分散**しています。このようなコロイドを疎水コロイドといいます。

例 親水コロイドと疎水コロイド

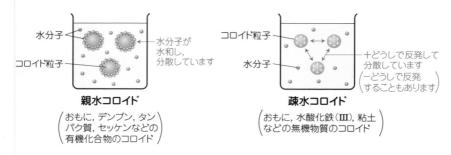

親水コロイド
(おもに，デンプン，タンパク質，セッケンなどの有機化合物のコロイド)

疎水コロイド
(おもに，水酸化鉄（Ⅲ），粘土などの無機物質のコロイド)

親水コロイド　……　デンプンやタンパク質のコロイド，　セッケンのコロイド
　　　　　　　　　　　　└→分子コロイド　　　　　　　　　　　　　└→会合(ミセル)コロイド
疎水コロイド　……　水酸化鉄（Ⅲ）のコロイド
　　　　　　　　　　　　└→分散コロイド

と分類できますね。

親水コロイドは，多くの水分子がコロイド粒子を安定化しています。そのため，塩化ナトリウムNaClなどの電解質を少量加えても沈殿しません。

H₂Oがコロイド粒子をささえているので，ささえているH₂Oさえ引き離せば，沈殿してくれそうです。

そこで，親水コロイドに多量の電解質を加えてみます。例えば，電解質として塩化ナトリウムNaClを親水コロイドに多量に加えると，NaClは次のように電離します。

NaCl $\longrightarrow$ Na$^+$ + Cl$^-$ （電離）

ここで，電離して生じたNa$^+$やCl$^-$に，水和により親水コロイドをささえている水和水がうばわれてしまいます。ささえている水和水を失った親水コロイドは沈殿してしまいます。

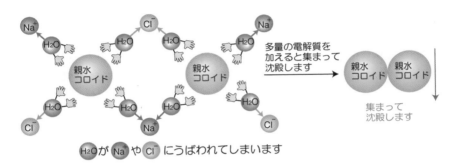

H₂O が Na$^+$ や Cl$^-$ にうばわれてしまいます

このように，**親水コロイドが多量の電解質により沈殿する現象**を塩析といいます。

疎水コロイドは，水との親和力が小さく，＋または－どうしで反発して分散していました。ここに，少量の電解質を加えると，電解質から電離して生じた陽イオンや陰イオンが疎水コロイドの表面の電荷に引きつけられて，表面の電荷を打ち消してしまいます。表面の電荷を打ち消された疎水コロイドは，反発する力を失い沈殿します。

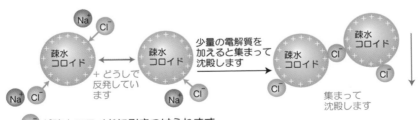

Cl$^-$ が疎水コロイドに引きつけられます

このように，**疎水コロイドが少量の電解質により沈殿する現象**を凝析といいま

す。凝析については，

「疎水コロイドの表面の電荷と反対符号」で
「その価数の大きい」イオン
が含まれている電解質を加えると凝析の効果が大きい

という内容が入試でよく出題されます。疎水コロイドの表面の電荷は，

これも覚えよう! ＋に帯電…水酸化鉄(Ⅲ)のコロイド
－に帯電…粘土や硫黄のコロイド

を覚えておきましょう。例えば，＋に帯電している水酸化鉄(Ⅲ)のコロイドの場合，Cl^- を含んでいる $NaCl$ よりも SO_4^{2-} を含んでいる Na_2SO_4 のほうが効果的に（最も少量で）凝析させることができます。つまり，

> 水酸化鉄(Ⅲ)　（＋に帯電）… $PO_4^{3-} > SO_4^{2-} > Cl^-$
> 粘土・硫黄　　（－に帯電）… $Al^{3+} > Mg^{2+} > Na^+$

の順に凝析させやすいということです。

●保護コロイド

　疎水コロイドに親水コロイドを加えると，疎水コロイドを親水コロイドがとり囲むことがあります。この親水コロイドのまわりを水和水がささえるため，少量の電解質を加えても凝析しにくくなりますね。このような作用を保護作用（ほご）といって，**保護作用を示す親水コロイド**を**保護コロイド**といいます。

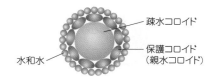

　保護コロイドは，インク（疎水コロイド）に加えるアラビアゴム，墨汁（ぼくじゅう）（疎水コロイド）に加えるにかわを覚えておきましょう。

●ゾルとゲル

タンパク質水溶液のような**流動性のあるコロイド溶液**をゾルともいい，加熱や冷却により**ゾルが流動性を失った状態**をゲルといいます。

例 豆乳 … 流動性あり $\xrightarrow[\text{ゲル化}]{\text{加熱}}$ 豆腐 … 流動性失う
（ゾル） （ゲル）

コロイドの単元では，多くの化学用語が出てきます。ここまでに学習した用語を確認してみます。

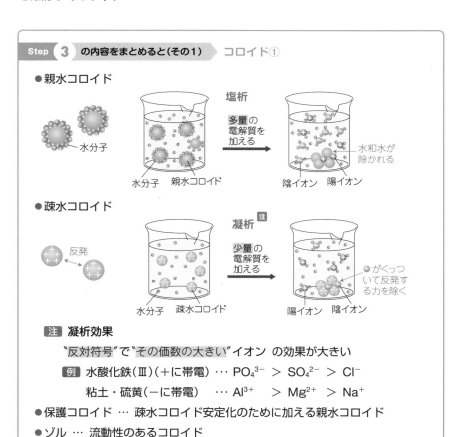

Step 3 の内容をまとめると（その1） コロイド①

●親水コロイド

塩析

多量の電解質を加える

水分子

水分子　親水コロイド

陰イオン　陽イオン

水和水が除かれる

●疎水コロイド

反発

凝析 **注**

少量の電解質を加える

水分子　疎水コロイド

陽イオン　陰イオン

●がくっついて反発する力を除く

注 凝析効果

"反対符号"で"その価数の大きい"イオン の効果が大きい

例 水酸化鉄（Ⅲ）（+に帯電）… PO_4^{3-} > SO_4^{2-} > Cl^-

粘土・硫黄（−に帯電）　… Al^{3+} > Mg^{2+} > Na^+

- ●保護コロイド … 疎水コロイド安定化のために加える親水コロイド
- ●ゾル … 流動性のあるコロイド
- ●ゲル … 流動性を失ったコロイド

●コロイド溶液の性質

塩化鉄(Ⅲ)$FeCl_3$の水溶液を沸騰した水に加えると，次の反応が起こり，赤褐色の水酸化鉄(Ⅲ)の疎水コロイド溶液をつくることができます。

$$FeCl_3 + 熱水 \longrightarrow \underset{\text{赤褐色の疎水コロイド}}{水酸化鉄(Ⅲ)のコロイド} + \underset{\text{(不純物)}}{塩酸 HCl}$$

$$\left(
\begin{array}{l}
この反応は，生成物を FeO(OH) とすると， \\
\quad FeCl_3 + 2H_2O \longrightarrow FeO(OH) + 3HCl \\
と表すことができます。
\end{array}
\right)$$

(1) チンダル現象

水酸化鉄(Ⅲ)のコロイド溶液に横から**強い光をあてると，光の進路がはっきりと観察できます**。この現象を**チンダル現象**といい，分子やイオンよりも大きなコロイド粒子が光を散乱させるために起こります。

スクロース分子やイオン(Na^+，Cl^-)は小さく，光をほとんど散乱させないので，スクロース水溶液や$NaCl$水溶液はチンダル現象を示しません。

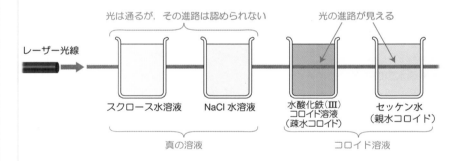

(2) ブラウン運動

コロイド溶液を限外顕微鏡という顕微鏡で観察すると，コロイド粒子が光った点となって**不規則に運動**しているのが見えます。この現象を**ブラウン運動**といいます。この運動は，コロイド粒子が自分から動いているのではなく，熱運動している溶媒分子がコロイド粒子に衝突することでコロイド粒子が自分から動いているように見えるだけです。気をつけましょう。

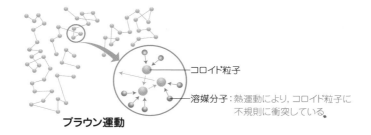

コロイド粒子

溶媒分子：熱運動により，コロイド粒子に不規則に衝突している。

ブラウン運動

(3) 電気泳動

　水酸化鉄（Ⅲ）のコロイド溶液の中に，電極を浸して直流電圧をかけてみます。水酸化鉄（Ⅲ）のコロイド粒子は＋に帯電していましたね。そのため，赤褐色の水酸化鉄（Ⅲ）の**コロイド粒子は陰極の方へ移動**し，陰極側の赤褐色が濃くなります。この現象を電気泳動といいます。

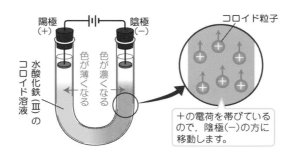

陽極（＋）　　　陰極（－）

色が薄くなる　　色が濃くなる

水酸化鉄（Ⅲ）のコロイド溶液

コロイド粒子

＋の電荷を帯びているので，陰極（－）の方に移動します。

　＋に帯電しているコロイドを正コロイド，－に帯電しているコロイドを負コロイドといいます。

　　水酸化鉄（Ⅲ）のコロイド　→　正コロイド

　　粘土や硫黄のコロイド　→　負コロイド

でしたね。

(4) 透析

　コロイド溶液に不純物として分子やイオンが含まれている場合，セロハン膜などの**半透膜の袋に入れて，流水中に浸しておくと不純物である分子やイオンがセロハン膜の外に出ていきます**。このような操作を透析といい，透析により**コロイド粒子以外のものをとり除く**ことができます。

最後に，コロイドの性質を確認しておきましょう。

Step 3 **の内容をまとめると（その2）** **コロイド②**

● チンダル現象

　　コロイド粒子が光を散乱させるために，光の進路が見える現象

● ブラウン運動

　　熱運動している溶媒分子の衝突によるコロイド粒子の不規則な運動

● 電気泳動

　　コロイド粒子の表面の帯電によって，電極に引かれて移動する現象

● 透析

　　コロイド粒子が半透膜を通過しないことを利用した精製の操作

次の練習問題で知識を定着させましょう。

練習問題

調味料として使われるしょうゆは，でんぷん水溶液やせっけん水と同じくコロイドである。そのため(a)5〜10倍程度に水で薄めたしょうゆをガラス製のビーカーに入れ，レーザーポインターの光を照射すると，コロイド特有の　1　現象が観測される。また，(b)限外顕微鏡で光をあてながら薄めたしょうゆを観察すると，光る粒子が不規則に動くようすが観測できる。これを　2　運動という。(c)通常のしょうゆをセロハン製の袋に入れ，水に長時間浸すと塩分を低下させることができる。この操作を　3　という。

コロイドは粒子の構造で分類できる。例えば，でんぷん水溶液やしょうゆなどに含まれるタンパク質のコロイド溶液は　4　に分類され，せっけん水は　5　に分類される。また，しょうゆなどの流動性のあるコロイドとは対照的に，ゆで卵や寒天などは加熱または冷却により流動性を失って全体が固まっている。このような状態を　6　という。

コロイド溶液に直流の電圧をかけると，コロイド粒子が一方の電極へ引き寄せられて移動する現象が観測される。この現象を　7　という。

(1) 上の文章中の　1　〜　7　に入る最も適切な語句を答えよ。

(2) 下線部(a)の現象を最も適切に表す説明を以下の㋐〜㋒の中から1つ選べ。

　　㋐ しょうゆ全体が輝く　　　㋑ ビーカーだけが輝く

　　㋒ 光の通路が明るく見える

(3) 下線部(b)について，コロイド粒子が不規則に動く理由を35字以内で答えよ。

(4) 下線部(c)について，しょうゆ中のコロイド粒子がセロハンを通らない理由を答えよ。

(5) 以下の㋐〜㋔は「凝析」，「塩析」を起こすコロイドのどちらかに分類される。それぞれどちらに分類されるか，記号で答えよ。

　　㋐ 水酸化鉄(Ⅲ)コロイド　　　㋑ 疎水コロイド

　　㋒ にかわなどの保護コロイド　㋓ 親水コロイド

　　㋔ しょうゆなどに含まれるタンパク質のコロイド

（琉球大）

解き方

(1)〜(4)　1：光の通路が明るく見える チンダル 現象。
　　　　　　　　　　　　　　　　　　　　　　(2)

　　2：熱運動している溶媒分子がコロイド粒子に不規則に衝突することで観測される ブラウン 運動。
　　　　(3)

3：コロイド粒子が大きく，セロハン製の袋（半透膜）を通過できないことを利用した操作は，透析。 ⁽⁴⁾

4：でんぷんやタンパク質は1分子が大きな分子コロイド。

5：せっけん水は分子が集まってできた会合コロイド（ミセルコロイド）。

6：流動性を失ったコロイドはゲル。

7：電気泳動により，コロイド粒子が＋または－の電極へ引き寄せられます。

(5) 疎水コロイド（イ）である水酸化鉄（Ⅲ）のコロイド（ア）は凝析を起こし，親水コロイド（エ）であるタンパク質のコロイド（オ）は塩析を起こしました。保護コロイド（ウ）は親水コロイドのことですから，塩析です。

答え
(1) 1：チンダル　　2：ブラウン　　3：透析
　　4：分子コロイド　　5：会合コロイド（ミセルコロイド）
　　6：ゲル　　7：電気泳動

(2) ウ

(3) 熱運動している溶媒分子が，コロイド粒子に不規則に衝突するから。（31字）

(4) コロイド粒子の大きさがセロハンの目よりも大きいから。

(5) 凝析：ア，イ　　塩析：ウ，エ，オ

Step ① 蒸気圧降下と沸点上昇を理解しよう。

●蒸気圧降下

スクロース(ショ糖)を小皿にとり，放置してみます。
砂糖の主成分

スクロース　　置いておく→　スクロース　　何の変化も
ありません!!

ずっと眺めていても，スクロースが蒸発して減ることはありません。スクロースのように**蒸発しにくい物質**を不揮発性の物質といいます。

不揮発性の物質であるスクロースを溶かしたスクロース水溶液は，水溶液の表面から蒸発する水分子の数が，スクロースを溶かす前に比べて少なくなります。そのため，**水溶液の蒸気圧は純粋な水の蒸気圧より低くなる現象**(⇒蒸気圧降下)が起こります。

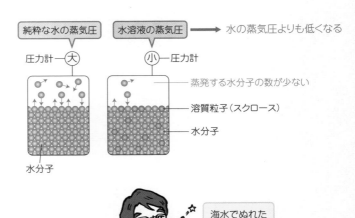

純粋な水の蒸気圧　　水溶液の蒸気圧 → 水の蒸気圧よりも低くなる

圧力計―大　　小―圧力計

蒸発する水分子の数が少ない

溶質粒子(スクロース)

水分子

水分子

海水でぬれたタオルは乾きにくいですね。

つまり，スクロース水溶液の蒸気圧曲線は，蒸気圧降下が起こり純粋な水の蒸気圧曲線よりも下がります。

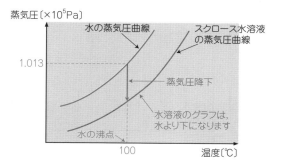

ポイント 蒸気圧降下

　不揮発性の物質を溶かした水溶液の蒸気圧は，水の蒸気圧よりも低くなる。
⇒ 蒸気圧降下 という。

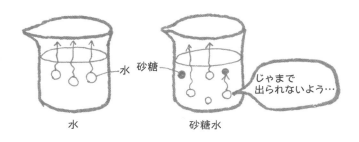

●沸点上昇

「大気圧 ＝ 蒸気圧」になるときの温度が沸点でした。**スクロース水溶液の沸点は，**蒸気圧降下が起こることで**水の沸点よりもわずかに高くなります。**この現象を沸点上昇といいます。

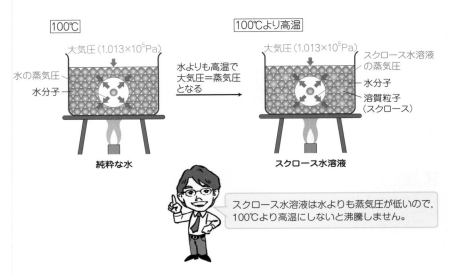

スクロース水溶液は水よりも蒸気圧が低いので，100℃より高温にしないと沸騰しません。

また，**スクロース水溶液と水の沸点の差** ΔT_b **を**沸点上昇度といいます。

変化した量を表しています ── boiling（沸騰）の頭文字

蒸気圧降下や沸点上昇を，次の図から考えてみます。

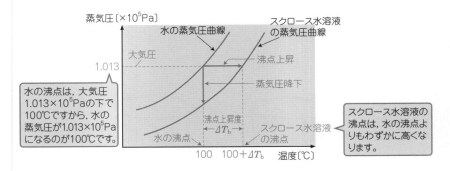

水の沸点は，大気圧 1.013×10^5 Pa の下で 100℃ですから，水の蒸気圧が 1.013×10^5 Pa になるのが 100℃です。

スクロース水溶液の沸点は，水の沸点よりもわずかに高くなります。

蒸気圧降下が起こることで，スクロース水溶液の沸点が水の沸点よりも高くなることがわかりますね。

Step 2 凝固点降下を冷却曲線とあわせて理解しよう。

●凝固点降下

　水を冷やしていくと，0℃で凝固しはじめますよね。水が**凝固しはじめる温度**を，水の凝固点といい，その温度は0℃でした。

　次に，水溶液を冷やしてみます。水溶液を冷やしていくと，<u>まず溶媒である水だけが凝固しはじめます</u>。この<u>溶媒だけが凍りはじめる温度を，溶液の凝固点</u>といいます。

　溶質粒子のせいで凝固しにくい溶液は，溶媒の凝固点よりも低い温度にならないと凝固がはじまりません。つまり，

チェックしよう！ 溶液の凝固点は，溶媒の凝固点よりも低くなる

のです。この現象を凝固点降下といい，**溶媒と溶液の凝固点の差** ΔT_f を凝固点降下度といいます。

freezing（凝固）の頭文字

食塩水は
水より低い温度で
凝固します。

ポイント 凝固点降下

　　溶液の凝固点は，溶媒の凝固点よりも低くなる。

●冷却曲線

右図のような装置を使い，溶媒や溶液の温度や状態が時間とともにどのように変化するか調べると，下の図を得ることができます。

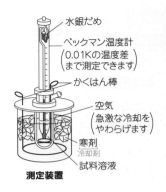

測定装置

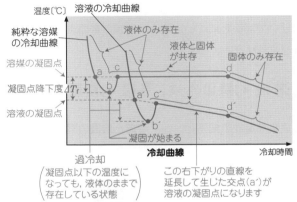

冷却曲線

上の図を見てください。

純粋な溶媒をゆっくり冷やしていくと，**凝固点（a点）以下の温度になっても液体の状態が続いています。**この状態を**過冷却**といいます。

b点で凝固がはじまると，熱（凝固熱といいます）が発生するために，温度がc点まで上がっていきます。

固体を加熱すると液体になるので，

$$固体 \ + \ \underset{加熱している}{\underline{熱〔kJ〕}} \ \rightarrow \ 液体$$

という式で表すことができますね。この式の右辺と左辺を入れかえると，

$$液体 \ \rightarrow \ 固体 \ + \ \underset{熱を発生する}{\underline{熱〔kJ〕}}$$

とも書けるので，**液体が固体になる（凝固する）ときに熱〔kJ〕を発生する**ことがわかります。この熱を凝固熱といい，凝固熱は凝固エンタルピーとよぶこともあります。

　また，c点からd点までは凝固が進んで凝固熱が出るはずですが，温度が一定に保たれています。これは，溶媒がすべて凝固するまで発生し続ける凝固熱がまわりの寒剤（冷却剤）にすべて吸収されてしまうからです。

　溶液の場合は，純粋な溶媒とは異なり，凝固中（c′点〜d′点まで）も温度が下がっています。これは，溶液中の溶媒だけが凝固し，溶液の濃度が濃くなり凝固点が下がるからなのです。

┌─ 溶媒や溶液の凝固点の探し方 ─────────

　凝固がはじまるのは，各冷却曲線のb点（b′点）ですが，凝固点は過冷却を通ることなく，凝固がはじまったと見なせる温度，つまり，各冷却曲線のa点（a′点）です。

次の練習問題をやってみましょう。大切な化学用語が頻出しますよ。

純粋な水を冷却していくと，0℃で氷が析出してくる。これを凝固といい，冷却時間と温度との関係は右図Bのようになる。

水に少量の溶質を溶かした水溶液の場合の冷却曲線はAのようになる。水の凝固点は溶質を溶かすと下がる。この下がった量 Δt を凝固点降下度という。

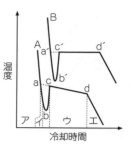

(1) 図中のア～エの状態を最も適切に表しているものを，次の㋐～㋒のうちから1つずつ選べ。
　㋐ 均一な液体である。
　㋑ 固体と液体が混ざっている。
　㋒ 固体のみで液体は存在しない。

(2) イの状態は何とよばれているか。

(3) この水溶液の凝固点はa～dのうちどれか。最も適切なものを記号で答えよ。

（札幌医大）

解き方

(1)，(3) まず，純粋な水の冷却曲線（図のB）に注目します。a′点が水の凝固点，a′～b′が過冷却でしたね。

次に，水溶液の冷却曲線（図のA）を考えます。水溶液の凝固点はa点，a～bが過冷却でした。₍₃₎

aより前とa～bは液体なので，アとイの状態は均一な液体とわかります。bで凝固がはじまり，b～dは液体と固体なので，ウの状態は固体と₍₁₎液体が混ざっています。dから右は固体なので，エの状態は固体のみで₍₁₎液体は存在しません。₍₁₎

(2) イの状態は過冷却ですね。

答え (1) ア：㋐　イ：㋐　ウ：㋑　エ：㋒
　　　　(2) 過冷却　　(3) a

Step ③ 沸点上昇度や凝固点降下度を求められるようにしよう。

●沸点上昇度と凝固点降下度

不揮発性の溶質を溶かした溶液の沸点上昇度 ΔT_b や凝固点降下度 ΔT_f を求めてみましょう。

うすい溶液では，ΔT_b や ΔT_f は，溶液の質量モル濃度 m 〔mol/kg〕に比例します。式で表すと，

> **重要公式**
> $$沸点上昇度：\Delta T_b = K_b \times m$$
> $$凝固点降下度：\Delta T_f = K_f \times m$$

となります。K_b や K_f は比例定数で，K_b はモル沸点上昇，K_f はモル凝固点降下とよばれ，溶媒の種類によって決まっている値です。

例 水の $K_b = 0.52$

　　ベンゼンの $K_b = 2.53$

K_b の値を
覚える必要は
ありません。

この式を使うときに注意する点は，

> **重要**
> 電解質のときには，
> 電離した後のすべての溶質粒子（分子やイオン）の
> 質量モル濃度を代入する点，

です。

例えば，スクロース0.10molを水1kgに溶かしたスクロース水溶液の質量モル濃度〔mol/kg〕は，

　　溶質〔mol〕 ÷ 溶媒〔kg〕 = 0.10mol ÷ 1kg = 0.10〔mol/kg〕

です。スクロースは水に溶けても電離しないので，

$$\Delta T_b = K_b \times m$$ mに0.10mol/kg を代入するだけです
$$\Delta T_f = K_f \times m$$

　また、塩化ナトリウムNaCl 0.10molを水1kgに溶かした塩化ナトリウム水溶液の質量モル濃度〔mol/kg〕も

　　　0.10mol ÷ 1kg = 0.10mol/kg

ですね。ところが、NaClは、

　　　NaCl ⟶ Na⁺ + Cl⁻

のように電離してNa⁺とCl⁻を生じます。つまり、NaCl 1mol は Na⁺ 1mol とCl⁻ 1mol、1+1=2mol のイオンを生じるので、すべての溶質粒子(Na⁺, Cl⁻)の質量モル濃度は

電離の前の2倍

0.10×2mol/kg

になります。

　NaCl水溶液のときは、この 0.10×2mol/kg をmに代入する必要があります。

$$\Delta T_b = K_b \times m$$ mに0.10×2mol/kg を代入します
$$\Delta T_f = K_f \times m$$

ポイント 沸点上昇度ΔT_bや凝固点降下度ΔT_fを求めるときの注意点

　ΔT_bやΔT_fを求めるときには、電離に注意しよう。

　ΔT_bやΔT_fの計算は、慣れが必要ですので、次の練習問題で慣れてしまいましょう。

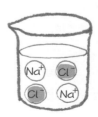

練習問題

(1) 水のモル沸点上昇を0.520K·kg/molとし，0.400mol/kgのスクロース水溶液の沸点上昇度〔K〕を有効数字3桁で求めよ。

(2) 0.100mol/kgの塩化カルシウム水溶液の凝固点降下度は何Kか。
ただし，水のモル凝固点降下は1.85K·kg/molとし，有効数字3桁で求めよ。

解き方

温度差を表すΔT_bやΔT_fの単位にはふつうKを使います。ただし，温度差を考えるときは，Kは℃に変換できる(p.135)ことも知っておきましょう。

(1) スクロースは電離しないので，$\Delta T_b = K_b \times m$ より，

沸点上昇度：$\Delta T_b = 0.520 \times 0.400 = 0.208$K

(2) 塩化カルシウム$CaCl_2$は，水の中で

$$CaCl_2 \longrightarrow Ca^{2+} + 2Cl^-$$
$$\Downarrow$$
$CaCl_2$ 1mol が Ca^{2+} 1mol と Cl^- 2mol

つまり，合計1＋2＝3mol になります

と電離するため，すべての溶質粒子(Ca^{2+}とCl^-)の物質量が電離前の 3倍 になる点に注意しましょう。よって，$\Delta T_f = K_f \times m$ より，

凝固点降下度：$\Delta T_f = 1.85 \times 0.100 \times 3 = 0.555$K

となります。

答え (1) 0.208K または 2.08×10^{-1}K
(2) 0.555K または 5.55×10^{-1}K

電離する物質は
注意だな！

Step 4 浸透の現象をおさえ，公式を使いこなそう。

●浸透

水 H_2O のような**小さな溶媒分子は通し**，デンプンやスクロースなどの**大きな溶質は通さない膜**を半透膜といいます。

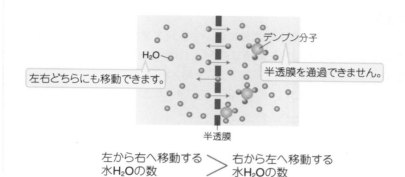

左から右へ移動する　＞　右から左へ移動する
水 H_2O の数　　　　　　水 H_2O の数

この半透膜で中央を仕切ったU字管の左右に，水 H_2O とデンプン水溶液を液面の高さが同じになるように入れてみます。

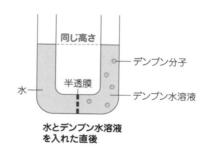

**水とデンプン水溶液
を入れた直後**

U字管を放置すると，**水分子が半透膜を通ってデンプン水溶液側に移動**していきます。この現象を浸透といいます。

〈浸透のようす〉

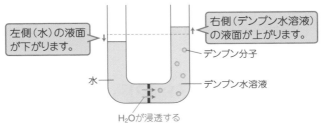

左側(水)の液面が下がります。

右側(デンプン水溶液)の液面が上がります。

デンプン分子

水

デンプン水溶液

H_2O が浸透する

野菜に食塩をふりかけておくと，野菜から水が浸透してきますね。

　このままU字管を長い時間放置しておくと，さらに左側(水)の液面が下がり，右側(デンプン水溶液)の液面が上がり，両液面の高さの差が大きくなっていきます。そして，高さの差は一定になり，それ以上変化しなくなります。

〈長時間放置〉

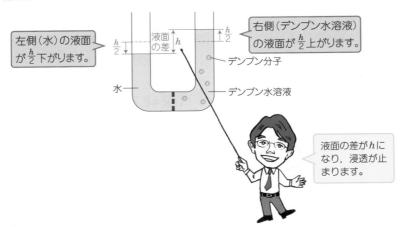

左側(水)の液面が $\frac{h}{2}$ 下がります。

右側(デンプン水溶液)の液面が $\frac{h}{2}$ 上がります。

液面の差 h

デンプン分子

水

デンプン水溶液

液面の差が h になり，浸透が止まります。

ポイント　浸透

溶媒側から溶液側に，溶媒分子が浸透する。

では，水H_2Oの浸透をくい止め，水とデンプン水溶液の液面を同じ高さに保つには，どうしたらよいと思いますか？

　…デンプン水溶液の液面に圧力を加えればいいですね。この圧力をデンプン水溶液の浸透圧（しんとうあつ）といいます。つまり，

重要！ 浸透が起こらないように，溶液の液面に加える圧力を浸透圧

といいます。

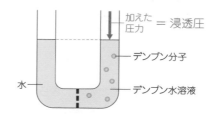

両液の液面を同じ高さに保つために，
水溶液側に圧力を加えます

●浸透圧の計算

　うすい溶液の浸透圧 π〔Pa〕と溶液の体積 V〔L〕，溶液中の溶質の物質量 n〔mol〕，絶対温度 T〔K〕の間には，次の式が成り立ちます。

覚えよう！ $\pi V = nRT \quad (R = 8.3 \times 10^3 \ Pa \cdot L/(mol \cdot K))$

この式をファントホッフの法則といいます。
$PV = nRT$ と同じ形ですね。
R は気体定数と同じ値です。

また,  は, モル濃度 c 〔mol/L〕で表すことができるので,

溶質〔mol〕

溶液〔L〕

モル濃度〔mol/L〕

これも覚えよう! $\pi = \left(\dfrac{n}{V}\right) RT = cRT$

と表してもいいですね。ここで1つ注意。

溶質が電解質のときは, 電離した後のすべての溶質粒子(分子やイオン)のモルやモル濃度を代入します。忘れないでくださいね。

ポイント 浸透圧

浸透圧について,

$$\pi V = nRT \quad や \quad \pi = cRT \quad (ファントホッフの法則)が成り立つ。$$

n や c には, 溶質が電解質のときは電離した後のすべての溶質粒子(分子やイオン)のモルやモル濃度を代入しよう

次の練習問題で $\pi V = nRT$ を使いこなせるようにしましょう。

練習問題

次の文を読み, (1)と(2)に有効数字2桁で答えよ。原子量は Na=23.0, Cl=35.5, 気体定数 $R=8.3\times10^3$ Pa・L/(mol・K) とする。

涙や血液とほぼ同じ浸透圧を示す, 0.90%の塩化ナトリウム水溶液は生理食塩水とよばれ, 傷口の洗浄や注射薬の溶液として用いられている。

(1) 生理食塩水のモル濃度は何mol/Lか。ただし, 生理食塩水の密度を1.0g/mLとする。

(2) 体温(37℃)における生理食塩水の浸透圧は何Paか。ただし, 塩化ナトリウムは水溶液中で完全に電離するものとする。

(1) 質量パーセント濃度は，「溶液100g中の溶質の質量〔g〕」を表していましたね。ですから，0.90%の塩化ナトリウムNaCl水溶液は，

と図示できます。ここで，$NaCl = \underset{Na}{23.0} + \underset{Cl}{35.5} = 58.5$　つまり

$58.5 g/_1mol$，密度 $1.0 g/_1mL$ から，モル濃度〔mol／L〕を求めます。
　　　　　└─ 1がかくれています　└─ 1がかくれています

モル濃度〔mol／L〕 ＝ NaCl〔mol〕 ÷ NaCl水溶液〔L〕　より，
　　　　　　　　　　（溶質）　　　　　　（溶液）

$$\left\{0.90 \cancel{g} \times \frac{1\ mol}{58.5 \cancel{g}}\right\} \div \left\{100 \cancel{g} \times \frac{1\ \cancel{mL}}{1.0 \cancel{g}} \times \frac{1\ L}{10^3\ \cancel{mL}}\right\}$$

NaClのgどうしを消去します　　水溶液のgどうしを　mLどうしを消去して
　　　　　　　　　　　　　　　消去します　　　　Lにします

$$= \underset{溶質〔mol〕}{\frac{0.90}{58.5}\ mol} \div \underset{溶液〔L〕}{\frac{100}{1000}\ L} = 0.153 \fallingdotseq 0.15\ mol／L$$

(2) NaClは，水の中で

$$NaCl \longrightarrow Na^+ + Cl^-$$

と電離し，すべての溶質粒子(Na^+，Cl^-)の物質量〔mol〕が電離前の$\boxed{2倍}$となります。よって，$\pi = cRT$　より，

$$\pi = 0.153 \times \boxed{2} \times \underset{R}{8.3 \times 10^3} \times \underset{T}{(273 + 37)} \fallingdotseq 7.9 \times 10^5\ Pa$$

　　　(1)より　　　　　　　　　　　└─ 37℃は273＋37 Kです

と求められます。

答え　(1) 0.15mol/L または 1.5×10⁻¹mol/L
　　　　(2) 7.9×10⁵Pa

第 10 講　化学反応と熱

Step 1 エンタルピーを理解し，エネルギー図を書いてみよう。

●エンタルピー変化の表し方

都市ガスとして利用されているメタンCH_4が燃えて，二酸化炭素CO_2と液体の水H_2Oが生じるとき，CH_4 1 molあたり891 kJの熱を発生します。

$$CH_4(気) + 2O_2(気) \longrightarrow CO_2(気) + 2H_2O(液) \quad (891\ kJ\ の発熱)$$

気体を表しています　　　　　　　　　　　　液体を表しています

このように**熱を発生する反応**を発熱反応といいます。

また，氷を加熱すると水になりますね。この状態変化（物理変化）は，

$$「\boxed{氷}\ を\ \boxed{加熱}\ すると，\boxed{水}\ になる」ので$$

$$\boxed{H_2O(固)} \quad + \quad \boxed{熱}(kJ) \quad \longrightarrow \quad \boxed{H_2O(液)}$$

氷は，H_2Oの固体です　　熱を加えて　　　　　　水は，H_2Oの液体です
　　　　　　　　　　　　います

と表せます。このように**熱を吸収する反応**を吸熱反応といいます。

0℃の氷H_2O（固）1 molが融解するときには6.0 kJの熱を吸収するので，

$$H_2O(固) \longrightarrow H_2O(液) \quad (6.0\ kJ\ の吸熱)$$

と表すことができます。

> このように，化学変化や状態変化は熱の出入りをともないます。

●エンタルピー

すべての物質は固有のエネルギー（化学エネルギー）をもっていて，**物質がもつエネルギーはエンタルピー（記号H）とよばれる量で表されます。**また，**エンタルピーの変化した量をエンタルピー変化**といい，記号ΔHで表します。反応物がもつエンタルピーをH_1，生成物がもつエンタルピーをH_2とすると，エンタルピー変化は $\Delta H = H_2 - H_1$ で求めることができます。

単体・化合物など

化学反応：
反応物
がもつ
エンタルピー
H_1
$\longrightarrow$
生成物
がもつ
エンタルピー
H_2

$$\Delta H = \underline{H_2} - \underline{H_1}$$
生成物がもつ　　　反応物がもつ
エンタルピー　　　エンタルピー

← 化学反応式の (右辺)－(左辺) になります

ポイント エンタルピーとエンタルピー変化

エンタルピー（記号H）➡ 物質がもつエネルギーの量
エンタルピー変化（記号ΔH）➡ ΔH＝（右辺）－（左辺）

この和が
エンタルピーの→
イメージ！

HP 680
MP 480

（1）発熱反応

$$CH_4(気) + 2O_2(気) \longrightarrow CO_2(気) + 2H_2O(液) \quad (891\,kJ\,の発熱)$$

反応物が熱を発生し生成物になるので，
$CH_4(気)+2O_2(気)$　　　$CO_2(気)+2H_2O(液)$
反応物がもつエンタルピーより生成物がもつエンタルピーの方が小さくなります。
$CH_4(気)+2O_2(気)$　　　　　　　　$CO_2(気)+2H_2O(液)$

反応物
$(CH_4(気)+2O_2(気))$
がもつエンタルピー

化学変化 →
発熱する

生成物
$(CO_2(気)+2H_2O(液))$
がもつエンタルピー

大きい　　　　　　　　　　　　　　　　　　　小さい

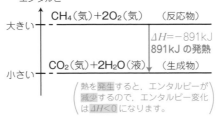

エンタルピー

大きい ─ $CH_4(気)+2O_2(気)$ （反応物）

$\Delta H=-891kJ$
891kJ の発熱

小さい ─ $CO_2(気)+2H_2O(液)$ （生成物）

（熱を発生すると，エンタルピーが
減少するので，エンタルピー変化
は$\Delta H<0$になります。）

よって，発熱反応のエンタルピー変化は，

$$\Delta H＝\underline{（生成物がもつエンタルピー）}-\underline{（反応物がもつエンタルピー）} < 0$$
右辺　　　　　　　　　　　　　　　　左辺　　　　　　　　負の値

になります。

(2) 吸熱反応

$$H_2O(固) \longrightarrow H_2O(液) \quad (6.0\,kJ\,の\,吸熱)$$

0℃の氷が熱を吸収し0℃の水になるので，0℃のH_2O(固)がもつエンタルピーより0℃のH_2O(液)がもつエンタルピーの方が大きくなります。

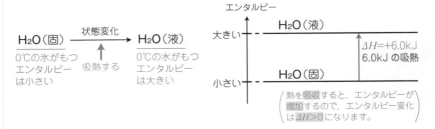

よって，吸熱反応のエンタルピー変化は，

$$\Delta H = \underset{右辺}{(\text{生成物がもつエンタルピー})} - \underset{左辺}{(\text{反応物がもつエンタルピー})} \underset{正の値}{>\ 0}$$

になります。

ポイント 発熱反応と吸熱反応

発熱反応 ➡ 熱を発生する ➡ エンタルピー減少 ➡ $\Delta H < 0$

吸熱反応 ➡ 熱を吸収する ➡ エンタルピー増加 ➡ $\Delta H > 0$

化学反応や状態変化にともなうエンタルピー変化は，化学反応式とエンタルピー変化ΔHをあわせて次のように書きます。

発熱反応の例

$$CH_4(気) + 2O_2(気) \longrightarrow CO_2(気) + 2H_2O(液) \quad \Delta H = -891\,kJ \quad \cdots(1)$$

$$H_2(気) + \frac{1}{2}O_2(気) \longrightarrow H_2O(液) \quad \Delta H = -286\,kJ \quad \cdots(2)$$

吸熱反応の例

$$H_2O(固) \longrightarrow H_2O(液) \quad \Delta H = +6.0\,kJ \quad \cdots(3)$$

H_2Oがもつエンタルピーは，固体・液体・気体の状態によって異なるので(固)のように状態もあわせて書きます

（+は省略されることが多いです
符号のミスが出やすいので，
本書では+は省略していません。）

くわしくはp.218〜224で学びますが，
(1)式はCH_4(気)の燃焼エンタルピーを，(2)式はH_2(気)の燃焼エンタルピーやH_2O(液)の生成エンタルピーを，(3)式は0℃の氷の融解エンタルピーを表しています。

化学反応式にエンタルピー変化ΔHをあわせて書くときには，次の①～④に注意しましょう。

気づいてほしいこと

① ΔHの単位には，**kJ** を使う。

　くわしく 1kJ＝10^3J です。k（キロ）は10^3を表しています。

② **ΔHは反応式の横に書き**，ΔHが負（$\Delta H<0$）のときを発熱反応，ΔHが正（$\Delta H>0$）のときを吸熱反応という。

　くわしく ΔHが正のときは，＋は省略されることが多いです。

③ **固体は（固），液体は（液），気体は（気）**と書く。

　くわしく 問題文中に状態が示されていなければ，（　）には25℃，1.013×10^5Pa
　　　　　　　における状態を書きます。H_2やO_2であればH_2（気)，O_2（気）ですね。
　　　　　　　常温・常圧つまり教室を考えよう
　　　　　　　H_2やO_2のように状態が明らかな場合，（気）は省略されることもあります。
　　　　　　　H_2Oについては問題文中に示されていることが多いのですが，示され
　　　　　　　ていなければ，H_2O（液）とします。また，Cについては示されていな
　　　　　　　ければ，C（黒鉛）とします。

④ **反応式の係数が分数になることがある。**

　くわしく 注目している物質の係数を1にするため，他の物質の係数が分数にな
　　　　　　　ることがあります。

●エネルギー図の書き方

　反応物や生成物のエンタルピーとエンタルピーの変化量を表した図をエネルギー図といいます。エネルギー図を書くことやエネルギー図を使って問題を解くことが苦手だという人がいますが，エネルギー図を読みとる問題が出題されることもありますから，少しずつ慣れていきましょう。

　エネルギー図は，次の手順で書きましょう。

手順①　まず，化学反応式の左辺を書き，

〈$\Delta H < 0$ のとき〉
発熱反応
「ΔHがマイナス」つまり「左辺のエンタルピーより右辺のエンタルピーの方が小さい（エンタルピーが減少する）」ので，右辺を左辺の**下**

〈$\Delta H > 0$ のとき〉
吸熱反応
「ΔHがプラス」つまり「左辺のエンタルピーより右辺のエンタルピーの方が大きい（エンタルピーが増加する）」ので，右辺を左辺の**上**

に書きます。

$\Delta H < 0$ のとき　　　　　　　$\Delta H > 0$ のとき

エンタルピーが増加
するので上に書く

右辺 ←

左辺　　　　　　　　　　左辺

右辺

エンタルピーが減少するので下に書く

手順②　次に，左辺と右辺を左辺から右辺にむかって，上下の矢印（↑または↓）でつなぎます。このとき，矢印の横にΔHの値を符号とともに書きます。

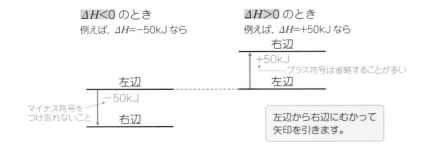

$\Delta H < 0$ のとき
例えば，$\Delta H = -50\text{kJ}$なら

$\Delta H > 0$ のとき
例えば，$\Delta H = +50\text{kJ}$なら

右辺

+50kJ
プラス符号は省略することが多い

左辺

左辺

−50kJ

マイナス符号を
つけ忘れないこと

右辺

左辺から右辺にむかって
矢印を引きます。

少し練習してみます。ノートに書きながら，ついてきてください。

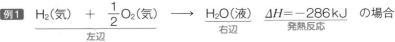

例1 $\underset{\text{左辺}}{\underline{H_2(気) + \frac{1}{2}O_2(気)}} \longrightarrow \underset{\text{右辺}}{\underline{H_2O(液)}}$ $\underset{\text{発熱反応}}{\underline{\varDelta H = -286kJ}}$ の場合

手順①

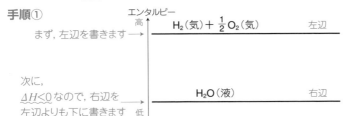

まず，左辺を書きます →

次に，
$\varDelta H < 0$ なので，右辺を
左辺よりも下に書きます

手順②

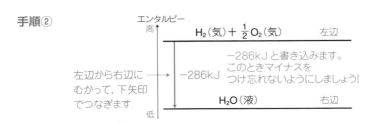

左辺から右辺に
むかって，下矢印
でつなぎます

−286kJと書き込みます。
このときマイナスを
つけ忘れないようにしましょう！

これで完成です!!

例2 $\underset{\text{左辺}}{\underline{H_2O(固)}} \longrightarrow \underset{\text{右辺}}{\underline{H_2O(液)}}$ $\underset{\text{吸熱反応}}{\underline{\varDelta H = +6.0kJ}}$ の場合

手順①

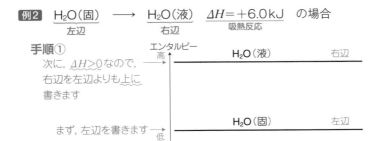

次に，$\varDelta H > 0$ なので，
右辺を左辺よりも上に
書きます

まず，左辺を書きます →

手順②

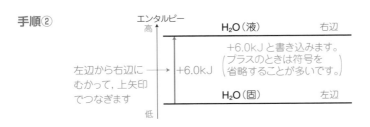

左辺から右辺に
むかって，上矢印
でつなぎます

+6.0kJと書き込みます。
（プラスのときは符号を
省略することが多いです。）

これで完成です!!　うまくいきましたか？

Step 2 反応エンタルピーや結合エネルギーを理解しよう。

●反応エンタルピーの種類と結合エネルギー

大気圧のもとでの化学反応のように，**一定圧力のもとでの化学反応におけるエンタルピーの変化**を，反応エンタルピーといいます。反応エンタルピーは，

$$反応エンタルピー [kJ/mol]$$ → 1 mol あたりを表しています

の ココ がどの物質 1 mol あたりについて表しているかをおさえ，覚えましょう。

(1) 生成エンタルピー〔kJ/mol〕 → 化合物 1 mol あたりを表しています

生成エンタルピーは，**化合物 1 mol がその成分元素の単体から生成するときのエンタルピー変化**のことです。

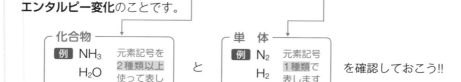

化合物
例 NH_3
H_2O
CO_2
元素記号を2種類以上使って表します

と

単 体
例 N_2
H_2
C
元素記号1種類で表します

を確認しておこう!!

例えば，「NH_3(気)の生成エンタルピー −46kJ/mol」から，

「化合物(NH_3) 1 mol がその成分元素（N，H）の単体（N_2，H_2）から生成するとき，エンタルピーが 46kJ 減少し発熱する」

と読みとります。これを，次のように書きます。

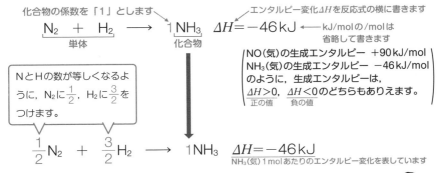

化合物の係数を「1」とします

エンタルピー変化 ΔH を反応式の横に書きます

$$\underline{N_2 \ + \ H_2} \ \longrightarrow \ \underset{化合物}{1NH_3} \quad \Delta H = -46\,kJ \longleftarrow \begin{array}{l} kJ/mol\,の/mol\,は \\ 省略して書きます \end{array}$$
単体

NとHの数が等しくなるように，N_2 に $\frac{1}{2}$，H_2 に $\frac{3}{2}$ をつけます。

$$\left(\begin{array}{l} NO(気)\,の生成エンタルピー \ +90\,kJ/mol \\ NH_3(気)\,の生成エンタルピー \ -46\,kJ/mol \end{array} \right)$$
のように，生成エンタルピーは，
$\Delta H > 0$，$\Delta H < 0$ のどちらもありえます。
正の値　　負の値

$$\frac{1}{2}N_2 \ + \ \frac{3}{2}H_2 \ \longrightarrow \ 1NH_3 \quad \underset{NH_3(気)\,1\,mol\,あたりのエンタルピー変化を表しています}{\Delta H = -46\,kJ}$$

（　）に，常温・常圧($25\,℃$，$1.013 \times 10^5\,Pa$)における状態(N_2，H_2，NH_3 は，いずれも気体)を書いて，完成です!!

以上から，

$$\frac{1}{2}N_2(気) \ + \ \frac{3}{2}H_2(気) \ \longrightarrow \ NH_3(気) \quad \Delta H = -46\,kJ$$

となりますね。

また，C(黒鉛)，H_2(気)，O_2(気)などの単体の生成エンタルピーは $0\,kJ/mol$ とします。

C(黒鉛)の 生成エンタルピー	H_2(気)の 生成エンタルピー	O_2(気)の 生成エンタルピー
$0\,kJ/mol$	$0\,kJ/mol$	$0\,kJ/mol$
単体なので　C(黒鉛)$1\,mol$あたり ゼロです　　を表しています	H_2(気)$1\,mol$あたり を表しています	O_2(気)$1\,mol$あたり を表しています

(2) 燃焼エンタルピー〔kJ/mol〕

物質$1\,mol$（単体，化合物どちらでもよい）あたりを表しています

燃焼エンタルピーは，**単体や化合物$1\,mol$が完全燃焼するときのエンタルピー変化**のことです。

CとHを含む化合物 が完全燃焼すると，$\begin{array}{c} CO_2 \\ と \\ H_2O \end{array}$ が生じますよ。

例えば，「エタンC_2H_6（気）の燃焼エンタルピー　$-1560\,kJ/mol$」から，
「C_2H_6　1 molが完全燃焼によりCO_2とH_2Oを生成するとき，エンタルピーが1560 kJ減少し発熱する」
と読みとります。これを，次のように書きます。

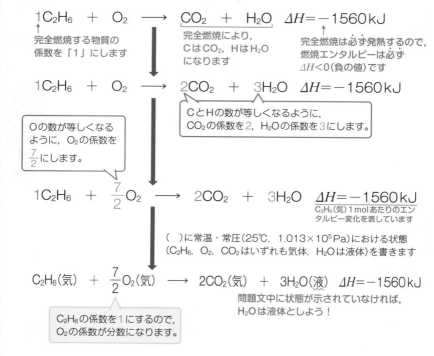

1C_2H_6　＋　O_2　⟶　CO_2　＋　H_2O　　$\Delta H=-1560\,kJ$

↑
完全燃焼する物質の
係数を「1」にします

完全燃焼により，
CはCO_2，HはH_2O
になります

完全燃焼は必ず発熱するので，
燃焼エンタルピーは必ず
$\Delta H<0$（負の値）です

1C_2H_6　＋　O_2　⟶　2CO_2　＋　3H_2O　　$\Delta H=-1560\,kJ$

CとHの数が等しくなるように，
CO_2の係数を2，H_2Oの係数を3にします。

Oの数が等しくなる
ように，O_2の係数を
$\dfrac{7}{2}$にします。

1C_2H_6　＋　$\dfrac{7}{2}O_2$　⟶　2CO_2　＋　3H_2O　　$\underline{\Delta H=-1560\,kJ}$
C_2H_6（気）1 molあたりのエン
タルピー変化を表しています

（　）に常温・常圧（25℃，$1.013×10^5\,Pa$）における状態
（C_2H_6，O_2，CO_2はいずれも気体，H_2Oは液体）を書きます

C_2H_6（気）　＋　$\dfrac{7}{2}O_2$（気）　⟶　2CO_2（気）　＋　3H_2O（液）　　$\Delta H=-1560\,kJ$

問題文中に状態が示されていなければ，
H_2Oは液体としよう！

C_2H_6の係数を1にするので，
O_2の係数が分数になります。

ここで，次のエンタルピー変化を付した反応式を見てください。

C（黒鉛）　＋　O_2（気）　⟶　CO_2（気）　　$\Delta H=-394\,kJ$

この反応式を，

$\underset{\text{単体}}{\underline{C（黒鉛）　＋　O_2（気）}}$　⟶　$\underset{\text{化合物}}{1CO_2（気）}$　　$\Delta H=-394\,kJ$

と見ると，

「化合物であるCO_2（気）1 molが単体であるC（黒鉛）やO_2（気）から生成している」
と読みとれ，この反応エンタルピーは

「二酸化炭素（気）の生成エンタルピー」

を表しているとわかります。また，

$$1C（黒鉛）　+　O_2（気）　\longrightarrow　\underline{CO_2（気）}　\varDelta H = -394\,kJ$$

完全燃焼による生成物

と見ると，

「C（黒鉛）1mol が完全燃焼し CO_2（気）が生成している」

と読みとれ，この反応エンタルピーは

「黒鉛の燃焼エンタルピー」

を表していることもわかります。

ポイント　生成エンタルピーと燃焼エンタルピー

1つのエンタルピー変化を付した反応式が「生成エンタルピー」と「燃焼エンタルピー」を同時に表すことがある。

例　$C（黒鉛）+ O_2（気）\longrightarrow CO_2（気）　\varDelta H = -394\,kJ$

$H_2（気）+ \dfrac{1}{2}O_2（気）\longrightarrow H_2O（液）　\varDelta H = -286\,kJ$

---

(3) 中和エンタルピー〔kJ/mol〕 → H_2O（液）1mol あたりを表しています

　中和エンタルピーは，**酸と塩基が中和反応し水1mol が生じるときのエンタルピー変化**のことです。
→ $H^+ + OH^- \longrightarrow H_2O$ の反応のことです

　例えば「塩酸 HCl と水酸化ナトリウム NaOH 水溶液との中和反応における中和エンタルピーが -57kJ/mol である」ことは，次のように書きます。

$$HClaq　+　NaOHaq　\longrightarrow　NaClaq　+　1H_2O（液）　\varDelta H = -57\,kJ$$

aq は溶媒の水を表しています。塩化水素 HCl の水溶液である塩酸を HClaq と表しています

水酸化ナトリウム NaOH の水溶液を表しています

H_2O の係数を「1」とします

中和反応は必ず発熱するので，中和エンタルピーは必ず $\varDelta H < 0$（負の値）です

　または，次のように書きます。

$$H^+aq　+　OH^-aq　\longrightarrow　H_2O（液）　\varDelta H = -57\,kJ$$

(4) 溶解エンタルピー〔kJ/(mol)〕→多量の水に溶解する溶質1molあたりを表しています

溶解エンタルピーは**溶質1molが多量の水に溶けるときのエンタルピー変化**のことです。
└→aq

NaClの溶解エンタルピーがプラスの値であることを示しています
NaOH −45kJ/molのように, 溶解エンタルピーがマイナスの値になるものもあります

例えば,「NaClの溶解エンタルピーが4kJ/(mol)である」ことは, 次のように
└→NaCl 1molあたりを表しています
書きます。

$$1NaCl（固） ＋ aq \longrightarrow NaClaq \quad \Delta H＝＋4kJ \quad \cdots ①$$

aqは溶媒の水を表しています
NaCl水溶液を表しています
＋は省略することが多いです

多量の水に溶解する溶質の係数を「1」とします

ところで, NaClは水溶液中で電離し, Na^+ や Cl^- を生じ, これらのイオンが水和されていましたから, ①式は

$$NaCl（固） ＋ aq \longrightarrow Na^+aq ＋ Cl^-aq \quad \Delta H＝＋4kJ \quad \cdots ①'$$

と書くこともできます。

(5) 結合エネルギー〔kJ/(mol)〕→気体分子内の共有結合1molあたりを表しています

結合エネルギー（結合エンタルピー）は**気体分子のもつ共有結合1molを切断して気体状の原子**にするために必要なエネルギーのことです。
バラバラの原子

例えば,「H−H結合の結合エネルギーが436kJ/molである」ことは,
「気体H_2のもつH−H（気）の共有結合1molをたたいて切断し, H（気）2molにするのに必要なエネルギーが436kJである」
ことを示しています。

$$H−H（気） ＋ \boxed{H−H（気）の結合エネルギー} \longrightarrow H（気） ＋ H（気）$$

気体状ですよ
「左辺」に結合エネルギー（436kJ）を加えて結合を切断します
バラバラにこわれても気体状のままですね

となり, この反応は**吸熱反応**とわかります。吸熱反応のエンタルピー変化は$\Delta H＞0$だったので,

$$H_2(気) \longrightarrow 2H(気) \quad \Delta H = +436\,kJ$$

+は省略することが多いです

と書くことができます。

分子のもつ共有結合が2か所以上あるときには注意が必要です。

例えば，C-H結合の結合エネルギーをx〔kJ/mol〕（ただし，$x > 0$）とし，気体状のメタンCH_4 1molを気体状の原子（C（気），H（気））にしてみましょう。

バラバラの原子

C-H結合すべてを切断するには $4x$〔kJ〕必要

メタンCH_4（気）1molの結合

$$H \overset{\downarrow}{\underset{\downarrow}{\overset{|}{H} - C - \overset{|}{\underset{H}{}} H}} （気）$$

をすべて切断するためには，

C-H の結合エネルギー ×4kJ　つまり　$4x$〔kJ〕が必要になりますね。ですから，

$$CH_4(気) + \boxed{\text{C-H（気）の結合エネルギー}} \times 4 \longrightarrow C(気) + 4H(気)$$

気体状です　　「左辺」に結合エネルギーの和（$4x$〔kJ〕）を加えて，CH_4（気）のもつ共有結合をすべて切断します　　バラバラにこわれても気体状のままです

となり，この反応は吸熱反応とわかります。吸熱反応のエンタルピー変化は$\Delta H > 0$だったので，

$$CH_4(気) \longrightarrow C(気) + 4H(気) \quad \Delta H = +4x\text{〔kJ〕}$$

+は省略することが多いです

と書くことができます。

●状態変化にともなうエンタルピー変化

物質が状態変化するときにも，熱の出入りをともなうので，エンタルピーが変化します。物質1molが融解・凝固・蒸発・凝縮・昇華するときのエンタルピー変化をそれぞれ，**融解エンタルピー**・**凝固エンタルピー**・**蒸発エンタルピー**・**凝縮エンタルピー**・**昇華エンタルピー**といいます。これらのエンタルピー変化の符号は，日常生活の感覚をあてはめて考えましょう。

例えば，氷の融解エンタルピーは，「氷を加熱すると水になる」ことから，H_2O（固）からH_2O（液）への変化は吸熱反応になり，融解エンタルピーは正の値と

吸熱反応は$\Delta H > 0$

わかります。

0℃の氷の融解エンタルピーは＋6.0kJ/mol なので，
└→ H_2O（固）1 mol あたりを表しています

　　H_2O（固）　──→　H_2O（液）　$\Delta H = +6.0kJ$　…①

と表せます。

また，水の凝固エンタルピーは「凝固は融解の逆である」ことから考えます。
つまり，0℃の水の凝固エンタルピーは－6.0kJ/mol となり，
H_2O（液）から H_2O（固）への変化は発熱反応 ┘
なので，$\Delta H < 0$ になります　　　　　　　　　H_2O（液）1 mol あたりを表しています

　　H_2O（液）　──→　H_2O（固）　$\Delta H = -6.0kJ$　< ①式の左辺と右辺を入れかえて，符号を逆に直せばOK

と表せます。

同様に，蒸発は吸熱反応で $\Delta H > 0$，凝縮は発熱反応で $\Delta H < 0$ になり，25℃
　　　　　水を加熱すると水蒸気になります　　凝縮は蒸発の逆です

の水の蒸発エンタルピー＋44kJ/mol と25℃の水蒸気の凝縮エンタルピー
－44kJ/molは，

　　H_2O（液）　──→　H_2O（気）　$\Delta H = +44kJ$
　　H_2O（気）　──→　H_2O（液）　$\Delta H = -44kJ$

のように表すことができます。

Step 2 **の内容をまとめると**　いろいろな反応エンタルピーや結合エネルギー

❶ 生成エンタルピー

化合物 1 mol が成分元素の単体から生成するときのエンタルピー変化
└→H_2O，NH_3 ……など　　　└→H_2，N_2 ……など
〔kJ/mol〕

例｜「アンモニア NH_3（気）の生成エンタルピーが－46kJ/molである」こ
とは，次のように表します。

　　$\dfrac{1}{2}N_2$（気）＋$\dfrac{3}{2}H_2$（気）──→ $1NH_3$（気）　$\Delta H = -46kJ$

ここを表現しています

❷ 燃焼エンタルピー

物質1molが完全燃焼するときのエンタルピー変化〔kJ/mol〕
└→ 単体・化合物のどちらでも大丈夫です └→ CはCO₂に，HはH₂Oになります

例 「エタンC_2H_6（気）の燃焼エンタルピーが−1560kJ/molである」こ
とは，次のように表します。ただし，生成するH_2Oは液体とします。

$$1C_2H_6（気）+ \frac{7}{2}O_2（気）\longrightarrow 2CO_2（気）+ 3H_2O（液）\quad \Delta H = -1560 kJ$$

ここを表現しています

❸ 中和エンタルピー

酸と塩基が中和反応して，水1molが生じるときのエンタルピー変化
〔kJ/mol〕

例 「塩酸HClと水酸化ナトリウムNaOH水溶液との中和反応における中
和エンタルピーが−57kJ/molである」ことは，次のように表します。

$$HClaq + NaOHaq \longrightarrow 1H_2O（液）+ NaClaq \quad \Delta H = -57 kJ$$

ここを表現しています

❹ 溶解エンタルピー

溶質1molが多量の水に溶けるときのエンタルピー変化〔kJ/mol〕

例 「水酸化ナトリウム（固）が水に溶けるときの溶解エンタルピーが
−45kJ/molである」ことは，次のように表します。

$$1NaOH（固）+ aq \longrightarrow NaOHaq \quad \Delta H = -45 kJ$$

多量の水を表現しています

ここを表現しています

❺ 結合エネルギー（結合エンタルピー）

気体分子内の共有結合1molを切り離して気体状の原子にするのに必要な
エネルギー〔kJ/mol〕→ 気体分子内の共有結合1molあたりを表しています

例 「H−H結合の結合エネルギーが436kJ/molである」ことは，次のよ
うに表します。

$$H-H（気）+ \boxed{\begin{array}{c} H-H（気）の \\ 結合エネルギー \end{array}} \longrightarrow H（気）+ H（気）$$

気体状　　「左辺」に結合エネルギー（436kJ）を　　　バラバラになっても
　　　　　加えて共有結合を切断します　　　　　　気体状です

となり，この反応は吸熱反応つまり$\Delta H > 0$なので，

$$H_2（気）\longrightarrow 2H（気）\quad \Delta H = +436 kJ$$

Step 3　**計算テクニックを身につけよう。**

●反応エンタルピーを連立方程式を解くように求める

H_2O(液) の生成エンタルピーは $-286kJ/mol$ なので，反応式にエンタルピー変化をあわせて書くと，
→ 化合物(H_2O(液))1molあたりを表しています

$$H_2(気) + \frac{1}{2}O_2(気) \longrightarrow 1\underset{化合物}{H_2O(液)} \quad \Delta H_1 = -286kJ \quad \cdots ①$$

単体

化合物の係数が「1」です

となります。また，25℃のH_2O(液)の蒸発エンタルピーが $+44.0kJ/mol$ であり，
H_2O(液)1molあたりを表しています ←

液体から気体への変化を蒸発ということから，

水(H_2O(液))　を　加熱する　と　水蒸気(H_2O(気))　になる。

つまり，H_2O(液) ＋ 熱 ⟶ H_2O(気)　と書ける。

と考えると，この変化は吸熱反応とわかり，反応式にエンタルピー変化をあわせて書くと，
$\Delta H > 0$になります

$$H_2O(液) \longrightarrow H_2O(気) \quad \Delta H_2 = +44.0kJ \quad \cdots ②$$

となります。

〈問〉　①式と②式を使って，H_2O(気)の生成エンタルピーを求めてみましょう。

H_2O(気)の生成エンタルピーを $\Delta H_3 = Q$〔kJ/mol〕とおき，反応式にエンタルピー変化をあわせて書くと，
→ 化合物(H_2O(気))1molを表しています

$$H_2(気) + \frac{1}{2}O_2(気) \longrightarrow 1\underset{化合物}{H_2O(気)} \quad \Delta H_3 = Q〔kJ〕 \quad \cdots ③$$

単体

となりますね。ここで，③式にないH_2O(液)を消去するために，①式＋②式を行います。すると，①式＋②式から③式が得られます。

$$H_2(気) + \frac{1}{2}O_2(気) \longrightarrow H_2O(液) \quad \Delta H_1 = -286\,\mathrm{kJ} \quad \cdots ①$$

$$\underline{+)\qquad\qquad\qquad H_2O(液) \longrightarrow H_2O(気) \quad \Delta H_2 = +44.0\,\mathrm{kJ} \quad \cdots ②}$$

③式にない
H_2O(液)を
消去します。

$$H_2(気) + \frac{1}{2}O_2(気) \longrightarrow H_2O(気) \quad \Delta H_1 + \Delta H_2$$

①式と②式を加えることにより，③式が得られたので，

$$\Delta H_3 = Q = \Delta H_1 + \Delta H_2$$

が成り立ちます。よって，

$$\Delta H_3 = Q = \Delta H_1 + \Delta H_2 = -286\,\mathrm{kJ} + 44.0\,\mathrm{kJ} = -242\,\mathrm{kJ} \quad と求められます。$$

〈答〉 $-242\,\mathrm{kJ/mol}$

このように，与えられた反応式を組み合わせることで反応エンタルピーを求めることができます。このとき，

ΔH を求める式に含まれていない単体や化合物を消去するように式を加減すること

が解き方のコツになります。

●パターンを3つ覚え，反応エンタルピーを求める

反応エンタルピーは，頻出のパターンを覚えて求めることもできます。

パターン1　生成エンタルピーを利用して，エンタルピー変化 ΔH を求める

例　題　プロパン C_3H_8 を完全燃焼させると次の反応が起こった。

$$C_3H_8(気) + 5O_2(気) \longrightarrow 3CO_2(気) + 4H_2O(液)$$

この反応のエンタルピー変化 ΔH 〔kJ〕を整数値で答えよ。

ただし，生成エンタルピーは，

H_2O(液)：$-286\,\mathrm{kJ/mol}$，　CO_2(気)：$-394\,\mathrm{kJ/mol}$

C_3H_8(気)：$-105\,\mathrm{kJ/mol}$

とする。

パターン1の「生成エンタルピーを利用してエンタルピー変化 ΔH を求める」

ときは，次の手順で求めましょう。

手順1 ΔHを求める化学反応式を書き，左辺や右辺にある化学式の下に生成エンタルピーの値を**符号とともに書きます。**このとき，化学反応式の**係数に注意します。**また，単体の生成エンタルピーは0kJ/molとすることも忘れないようにしましょう。

手順2 $\Delta H ＝ （右辺）－（左辺）$を計算します。つまり，（右辺の生成エンタルピーの和）から（左辺の生成エンタルピーの和）を引くことでΔHを求めます。

解き方

手順1 ΔHを求める化学反応式を書き，化学式の下に生成エンタルピーの値を**符号とともに書きます。**

係数に注意して，生成エンタルピーを符号とともに化学式の下に書き込みます。

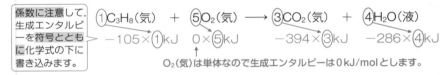

O₂（気）は単体なので生成エンタルピーは0kJ/molとします。

手順2 $\Delta H ＝ （右辺）－（左辺）$を計算します。

$$\Delta H ＝ \{(-394 \times 3kJ) + (-286 \times 4kJ)\} - \{(-105 \times 1kJ) + (0 \times 5kJ)\}$$

右辺にある生成物の生成エンタルピーの和 ／ 左辺にある反応物の生成エンタルピーの和

$$＝ -2221\,kJ$$

〈答〉 $-2221\,kJ$

パターン2 燃焼エンタルピーを利用して，エンタルピー変化ΔHを求める

例題 燃焼エンタルピーは，

H₂（気）：$-286\,kJ/mol$， C（黒鉛）：$-394\,kJ/mol$，

C₃H₈（気）：$-2221\,kJ/mol$

である。この燃焼エンタルピーを用いて，プロパンC_3H_8（気）の生成エンタルピーΔH〔kJ/mol〕を整数値で答えよ。ただし，生成するH_2Oは液体とする。

パターン2の「燃焼エンタルピーを利用して，エンタルピー変化ΔHを求める」ときは，次の手順で求めましょう。

手順1 ΔHを求める化学反応式を書き，左辺や右辺にある化学式の下に燃焼エ

ンタルピーの値を符号とともに**書きます**。このときに，化学反応式の<u>係</u>
<u>数に注意します</u>。

手順2 $\boxed{\Delta H = (左辺) - (右辺)}$ を計算します。つまり，（左辺の燃焼エンタルピー
の和）から（右辺の燃焼エンタルピーの和）を引くことでΔHを求めます。

注意 **パターン2**を利用するとき，ΔHを求める化学反応式中にO_2（気），CO_2（気），
H_2O（液）があるときには注意が必要です。（p.231参照）

解き方

手順1 プロパンC_3H_8（気）の生成エンタルピーを表す化学反応式を書きます。

$$3C（黒鉛） + 4H_2（気） \longrightarrow C_3H_8（気）$$
単体   化合物

> 生成エンタルピーは，
> 化合物1molが単体
> から生成します。

化学式の下に燃焼エンタルピーの値を符号とともに書きます。

$$③C（黒鉛） + ④H_2（気） \longrightarrow ①C_3H_8（気）$$
$$-394×③kJ \quad -286×④kJ \quad -2221×①kJ$$

> 係数に注意
> しましょう！

パターン1とは異なり，$\boxed{\Delta H = (左辺) - (右辺)}$ に注意しましょう！

手順2 $\boxed{\Delta H = (左辺) - (右辺)}$ を計算します。

$$\Delta H = \{(-394×3)kJ + (-286×4)kJ\} - (-2221×1\,kJ)$$
左辺にある反応物の   右辺にある生成物の
燃焼エンタルピーの和   燃焼エンタルピーの和

$$= -105\,kJ$$

〈答〉 $-105\,kJ/mol$

パターン3 結合エネルギーを利用して，エンタルピー変化ΔHを求める

例題 結合エネルギーは，

$$N\equiv N：946\,kJ/mol, \quad H-H：436\,kJ/mol, \quad N-H：391\,kJ/mol$$

である。この結合エネルギーを用いて，アンモニアNH_3（気）の生成エンタル
ピーΔH〔kJ/mol〕を整数値で答えよ。

パターン3の「結合エネルギーを利用してエンタルピー変化ΔHを求める」と
きは，次の手順で求めましょう。

手順1 ΔHを求める化学反応式を書き，左辺や右辺にある化学式の下に結合エ

ネルギーの値を**符号とともに書きます。**このとき，化学反応式の係数や単体・化合物の共有結合の数に注意しましょう。

手順2 $\Delta H = (左辺) - (右辺)$ を計算します。

注意 パターン3を利用するときには，ΔH を求める化学反応式の反応物や生成物をすべて気体にする必要があります。（p.232参照）

解き方

手順1 アンモニア NH_3（気）の生成エンタルピーを表す化学反応式を書きます。

$$\underbrace{\frac{1}{2}N_2（気）+ \frac{3}{2}H_2（気）}_{単体} \longrightarrow \underbrace{NH_3（気）}_{化合物}$$

「化合物1molが単体から生成」します。

化学式の下に結合エネルギーの値を**符号とともに書きます。**

$$\left(\frac{1}{2}\right)N_2（気）+ \left(\frac{3}{2}\right)H_2（気）\longrightarrow \textcircled{1}NH_3（気）$$

$+946\times\left(\frac{1}{2}\right)kJ \quad +436\times\left(\frac{3}{2}\right)kJ \quad +391\times 3\times\textcircled{1}kJ$

$$\begin{array}{c} H \\ | \\ H-N-H \end{array} には，N-H結合が3か所あります。$$

パターン1とは異なり，$\Delta H = (左辺) - (右辺)$ に注意しましょう！

手順2 $\Delta H = (左辺) - (右辺)$ を計算します。

$$\Delta H = \underbrace{\left\{\left(+946\times\frac{1}{2}kJ\right)+\left(+436\times\frac{3}{2}kJ\right)\right\}}_{左辺にある反応物の結合エネルギーの和} - \underbrace{(+391\times 3\times 1\,kJ)}_{右辺にある生成物の結合エネルギーの和}$$

$$= -46\,kJ$$

〈答〉 $-46\,kJ/mol$

次の練習問題 ①～③ で**パターン1～パターン3**を試してみましょう。

練習問題 ①

酸化鉄（Ⅲ）と一酸化炭素を反応させて鉄を得る反応は次のようになる。

$$Fe_2O_3（固）+ 3CO（気）\longrightarrow 2Fe（固）+ 3CO_2（気）$$

この反応のエンタルピー変化 ΔH〔kJ〕を整数値で答えよ。

ただし，生成エンタルピーは，Fe_2O_3（固）：$-824\,kJ/mol$，CO（気）：$-111\,kJ/mol$，CO_2（気）：$-394\,kJ/mol$とする。

解き方

パターン1の「生成エンタルピーを利用して，エンタルピー変化ΔHを求めるパターン」ですね。このパターンは，ΔHを求める化学反応式を書き，係数に注意しながら生成エンタルピーを符号とともに左辺と右辺の化学式の下に書き込みました。

①Fe₂O₃（固）　＋　③CO（気）　⟶　②Fe（固）　＋　③CO₂（気）
$-824\times$①kJ　　$-111\times$③kJ　　$0\times$②kJ　　$-394\times$③kJ

Fe（固）は単体なので生成エンタルピーは0kJ/molです

次に，$\boxed{\Delta H=（右辺）-（左辺）}$を行い，$\Delta H$を求めます。

$\Delta H=\{(0\times2kJ)+(-394\times3kJ)\}-\{(-824\times1kJ)+(-111\times3kJ)\}$
　　$=-25kJ$

答え　$-25kJ$

練習問題 2

燃焼エンタルピーは，

C_2H_5OH（液）：$-1368kJ/mol$，C（黒鉛）：$-394kJ/mol$，H_2（気）：$-286kJ/mol$

である。この燃焼エンタルピーを用いて，エタノールC_2H_5OH（液）の生成エンタルピーΔH〔kJ/mol〕を整数値で答えよ。ただし，生成するH_2Oは液体とする。

解き方

パターン2の「燃焼エンタルピーを利用して，エンタルピー変化ΔHを求めるパターン」ですね。このパターンは，ΔHを求める化学反応式を書き，係数に注意しながら燃焼エンタルピーの値を符号とともに左辺と右辺の化学式の下に書き込みます。

> **パターン2**では，完全燃焼に使われるO_2（気）や完全燃焼で生じるCO_2（気）・H_2O（液）を見つけたら，これらを消去します。

消す

②C（黒鉛）＋③H₂（気）＋$\frac{1}{2}$O₂（気）⟶①C₂H₅OH（液）
$-394\times$②kJ　$-286\times$③kJ　　　　$-1368\times$①kJ

次に，$\boxed{\Delta H=（左辺）-（右辺）}$を行い，$\Delta H$を求めます。

$\Delta H=\{(-394\times2)kJ+(-286\times3)kJ\}-(-1368\times1kJ)$
　　$=-278kJ$

答え　$-278kJ/mol$

C（黒鉛） ＋ O₂（気） ⟶ CO₂（気）　$\Delta H_1 = -394\,\text{kJ}$

は，CO₂（気）の生成エンタルピーでもあり，

H₂（気）の燃焼エンタルピー

$$H_2（気） ＋ \frac{1}{2}O_2（気） \longrightarrow H_2O（液）\quad \Delta H_2 = -286\,\text{kJ}$$

は，H₂O（液）の生成エンタルピーでもあります。

　つまり，この問題は**パターン1**の「生成エンタルピーを利用して，エンタルピー変化ΔHを求めるパターン」と考えることもできます。そこで，エタノールC₂H₅OH（液）の生成エンタルピーをΔH_3〔kJ/mol〕とおき，係数に注意しながら，生成エンタルピーの値を符号とともにエタノールの完全燃焼を表す化学反応式の左辺と右辺の化学式の下に書き込みます。

エタノールC₂H₅OH（液）の燃焼エンタルピーを表す化学反応式を書きます

①C₂H₅OH（液）＋③O₂（気）⟶②CO₂（気）＋③H₂O（液）　$\Delta H_4 = -1368\,\text{kJ}$

　　$\Delta H_3 \times$①kJ　　0×③kJ　　　$-394 \times$②kJ　　$-286 \times$③kJ　←　生成エンタルピーの値を化学式の下に符号とともに書きます
　　　　　　　単体はゼロ

　次に，$\Delta H_4 =$（右辺）−（左辺）を行い，ΔH_3を求めます。

$\Delta H_4 = \{(-394 \times 2\,\text{kJ}) + (-286 \times 3\,\text{kJ})\} - \{(\Delta H_3 \times 1\,\text{kJ}) + (0 \times 3\,\text{kJ})\}$
$-1368\,\text{kJ}$

　よって，$\Delta H_3 = -278\,\text{kJ}$

答え　$-278\,\text{kJ/mol}$

練習問題 3

結合エネルギーは，

　　H−H：436kJ/mol　　O=O：484kJ/mol　　O−H：460kJ/mol

である。この結合エネルギーを用いて，水H₂O（液）の生成エンタルピーΔH_1〔kJ/mol〕を整数値で答えよ。

ただし，25℃のH₂O（液）の蒸発エンタルピーを44kJ/molとする。

- -

解き方

　パターン3の「結合エネルギーを利用してエンタルピー変化ΔHを求めるパターン」ですね。このパターンを使うときには，反応物・生成物ともに気体にする必要があります。

手順1　H₂O（液）の生成エンタルピーを表す化学反応式は，

$$H_2(気) + \frac{1}{2}O_2(気) \longrightarrow H_2O(液) \quad \Delta H_1〔kJ〕 \quad \cdots①$$

となり，H_2O（液）の蒸発エンタルピーを表す化学反応式は，

$$H_2O(液) \longrightarrow H_2O(気) \quad \Delta H_2 = +44\,kJ \quad \cdots②$$ ← 蒸発は吸熱反応なので，蒸発エンタルピーは正の値になります

となります。

パターン3は，反応物・生成物ともに気体のときに成り立つので，①式＋②式を行います。
H_2O（液）を消去します！

$$H_2(気) + \frac{1}{2}O_2(気) \longrightarrow H_2O(気) \quad (\Delta H_1 + 44)\,kJ$$

ここで，結合エネルギーの値を符号とともに左辺と右辺の化学式の下に書き込みます。このとき，化学反応式の係数や単体・化合物の共有結合の数に注意しましょう。

$①H_2(気) + ②\left(\frac{1}{2}\right)O_2(気) \longrightarrow ①H_2O(気)$

H—O—Hには，O—H結合が2か所あります。

$+436 \times ① \,kJ \quad +484 \times \left(\frac{1}{2}\right)kJ \quad +460 \times 2 \times ① \,kJ$

手順2 $\Delta H_1 + 44\,kJ = (左辺) - (右辺)$ を計算します。

$$\Delta H_1 + 44\,kJ = \left\{ (+436 \times 1\,kJ) + \left(+484 \times \frac{1}{2}\,kJ\right) \right\} - (+460 \times 2 \times 1\,kJ)$$

より，$\Delta H_1 = -286\,kJ$

答え $-286\,kJ/mol$

ポイント 反応エンタルピーの求め方

パターン1 **生成エンタルピーを利用する**
↓
単体の生成エンタルピーは 0 kJ/mol

化学式の下に与えられた値を符号とともに書き，
$\boxed{\Delta H = (右辺) - (左辺)}$ から求める。

パターン2 **燃焼エンタルピーを利用する**
↓
O_2（気），CO_2（気），H_2O（液）を見つけたら消去します

化学式の下に与えられた値を符号とともに書き，
$\boxed{\Delta H = (左辺) - (右辺)}$ から求める。

パターン3 **結合エネルギーを利用する**
反応物・生成物ともに気体のときに成り立ちます

化学式の下に与えられた値を符号とともに書き，
$\boxed{\Delta H = (左辺) - (右辺)}$ から求める。

Step 4 エネルギー図を自由自在に!!

●エネルギー図を使った解き方

　反応エンタルピーを求める問題は，エネルギー図を使って解くこともできます。

問題によっては，こちらの解き方の方がはやく答えが出ることもあります。

　まず，入試でよく出題されるパターンを2つ覚えましょう。

パターン1　生成エンタルピーを利用して問題を解くパターン

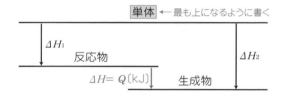

　この図にあてはめて，反応エンタルピーを求めます。

パターン2　結合エネルギーを利用して問題を解くパターン

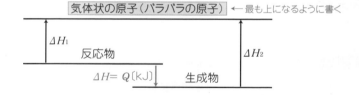

　この図にあてはめて，反応エンタルピーを求めます。

エネルギー図がスラスラ書けるようになるには慣れが必要です。
これから紹介する練習問題をくり返し解いてみましょう。

プロパンC_3H_8の燃焼反応は，次のように表すことができる。

$$C_3H_8(気) + 5O_2(気) \longrightarrow 3CO_2(気) + 4H_2O(液) \quad \Delta H_1 = Q(kJ)$$

エンタルピー変化ΔH_1を整数値で求めよ。

ただし，生成エンタルピーはH_2O(液)：$-286\,kJ/mol$，CO_2(気)：$-394\,kJ/mol$，C_3H_8(気)：$-105\,kJ/mol$とする。

（新潟大・改）

解き方

生成エンタルピーのデータが与えられています。

「H_2O(液)の生成エンタルピーが$-286\,kJ/mol$」であることから，

「H_2O(液) 1 mol が H_2(気)やO_2(気) から生成するときのエンタルピー変
　　　化合物　　　　　　　単体
化が$-286\,kJ$である」と読みとり，

$$\boxed{単体} \longrightarrow 1H_2O(液) \quad \Delta H_2 = -286\,kJ \quad \cdots ①$$

とイメージします（テスト用紙の余白にメモしてもよいでしょう）。

同じように，CO_2(気)の生成エンタルピー $-394\,kJ/mol$
は，

$$\boxed{単体} \longrightarrow 1CO_2(気) \quad \Delta H_3 = -394\,kJ \quad \cdots ②$$

C_3H_8(気)の生成エンタルピー $-105\,kJ/mol$は，

$$\boxed{単体} \longrightarrow 1C_3H_8(気) \quad \Delta H_4 = -105\,kJ \quad \cdots ③$$

とイメージします。

ここで，①式，②式，③式の生成エンタルピーを利用して問題を解く**パターン1**で解けばよいと気づき，図にあてはめます。

まず，求める反応エンタルピーをエネルギー図に直し，左辺と右辺をずらして書きます。

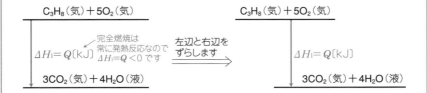

次に**パターン１**の図にあてはめます。

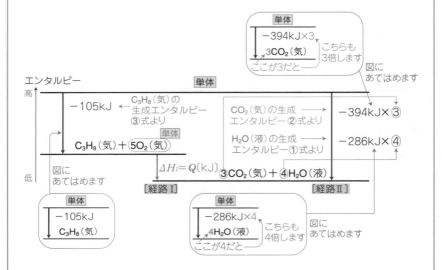

ここで、エネルギー図を見て、まず、矢印の向きがすべて下向き（↓）になっていることを確認します。

> もし、すべての矢印の向きがそろっていないときには、符号と矢印の向きを逆にして
> ＋は−、−は＋に直します
> すべての矢印の向きをそろえてください。

次に、［経路Ⅰ］と［経路Ⅱ］のエンタルピー変化が等しくなることに注目して
このような関係を「ヘスの法則」といいます

$$\begin{pmatrix} ［経路Ⅰ］の \\ エンタルピー変化の和 \end{pmatrix} = \begin{pmatrix} ［経路Ⅱ］の \\ エンタルピー変化の和 \end{pmatrix}$$

という式を立てます。

つまり、$\underline{(-105kJ)+(Q〔kJ〕)} = \underline{(-394kJ)×3+(-286kJ)×4}$
［経路Ⅰ］ ［経路Ⅱ］
矢印はすべて下向きになっています　　　矢印はすべて下向きになっています

となり、$\Delta H_1 = Q = -2221kJ$ とわかります。

答え −2221 kJ

ヘスの法則（総熱量保存の法則）

反応の最初と最後の状態が決まれば，全体のエンタルピー変化は反応の経路によらず，一定になる。

練習問題 2

気体のフッ化水素HFの合成反応は，次式で表すことができる。

$$H_2（気）＋F_2（気） \longrightarrow 2HF（気） \quad \Delta H＝-547\,kJ$$

問　H-Fの結合エネルギー〔kJ/mol〕の値を整数値で求めよ。

ただし，結合エネルギーは，F-F：159 kJ/mol，H-H：436 kJ/mol を使用せよ。

（東北大・改）

解き方

　結合エネルギー〔kJ/mol〕は，気体分子のもつ共有結合1 molを切断して，気体状の原子にするために必要なエネルギーでした。H-Fの結合エネルギーをx〔kJ/mol〕（ただし，x＞0）とすると，

$$H-F（気） ＋ \boxed{\begin{array}{c} H-F（気）の \\ 結合エネルギー \end{array}} \longrightarrow H（気） ＋ F（気）$$

気体状　　左辺に結合エネルギー（x〔kJ〕）　バラバラになっても気体状のままです
　　　　　を加えて共有結合を切断します

と表せますが，頭の中では

$$\underset{x〔kJ〕で切断}{H ＋ F（気）} \longrightarrow \boxed{\begin{array}{c} 気体状の原子 \\ （バラバラの原子） \end{array}} \quad \Delta H_1＝x〔kJ〕（＞0） \quad \cdots ①$$

とイメージしましょう。同じように，

$$\underset{159\,kJで切断}{F ＋ F（気）} \longrightarrow \boxed{\begin{array}{c} 気体状の原子 \\ （バラバラの原子） \end{array}} \quad \Delta H_2＝+159\,kJ \quad \cdots ②$$

$$\underset{436\,kJで切断}{H ＋ H（気）} \longrightarrow \boxed{\begin{array}{c} 気体状の原子 \\ （バラバラの原子） \end{array}} \quad \Delta H_3＝+436\,kJ \quad \cdots ③$$

（結合エネルギーのΔHは常に$\Delta H＞0$になりましたね。）

となりますね。ここで，①式，②式，③式の結合エネルギーを利用して問題を解くパターン2で解けばよいと気づき，図にあてはめます。

①式，②式，③式は，

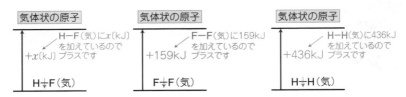

とエネルギー図に表し，2HF（気）に注意しながら**パターン2**の図にあては
めましょう。

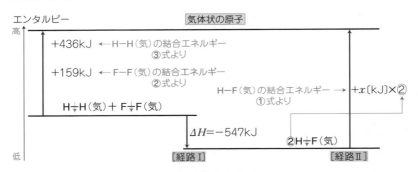

エネルギー図を見ると，矢印の向きがすべてそろっていないので，すべ
て上向きかすべて下向きにそろえます。

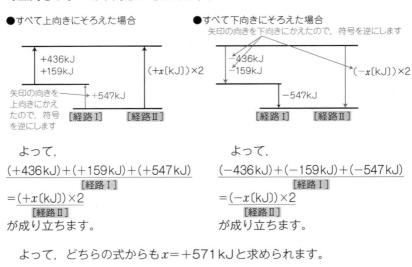

よって，
$$(+436\,kJ)+(+159\,kJ)+(+547\,kJ)$$
　　　　　　［経路Ⅰ］
$$=(+x\,[kJ])\times2$$
　　［経路Ⅱ］
が成り立ちます。

よって，
$$(-436\,kJ)+(-159\,kJ)+(-547\,kJ)$$
　　　　　　［経路Ⅰ］
$$=(-x\,[kJ])\times2$$
　　［経路Ⅱ］
が成り立ちます。

よって，どちらの式からも$x=+571\,kJ$と求められます。

答え 　571 kJ / mol

Step 5 エントロピーを理解しよう。

●乱雑さ

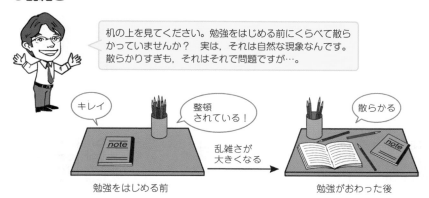

机の上を見てください。勉強をはじめる前にくらべて散らかっていませんか？　実は，それは自然な現象なんです。散らかりすぎも，それはそれで問題ですが…。

キレイ　　　整頓されている！　　　散らかる

乱雑さが大きくなる

勉強をはじめる前　　　　　　　　　　　　勉強がおわった後

　自然界の変化は，乱雑になろうとする傾向があります。このような変化を「乱雑さ（粒子の散らばり）が大きくなる」といい，乱雑さは大きい状態の方が安定です。つまり，

> 状態変化や化学変化は，乱雑さが大きくなる
> 向きに進みやすい

のです。**乱雑さはエントロピー**（記号 S）という量で表され，**エントロピーの変化量をエントロピー変化**（記号 ΔS）といいます。エントロピー変化 ΔS の求め方は，

> $\Delta S=$（変化後のエントロピー）−（変化前のエントロピー）　← （後ろ）−（前）になります

になり，状態変化や化学変化が起こる前と起こった後で乱雑さが大きくなれば $\Delta S>0$，乱雑さが小さくなれば $\Delta S<0$ になります。

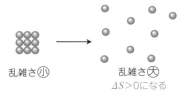

乱雑さ小　　　乱雑さ大
$\Delta S>0$になる

エンタルピーとエントロピーの違いに気をつけましょう。勉強をはじめる前とおわった後で，机の上のエントロピー変化は $\Delta S>0$ になりますね。

例えば，状態変化では，

> **固体のエントロピー ＜ 液体のエントロピー ＜ 気体のエントロピー**

になります。

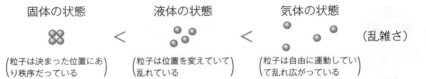

固体の状態   液体の状態   気体の状態

（乱雑さ）

$\left(\begin{array}{l}\text{粒子は決まった位置にあ}\\\text{り秩序だっている}\end{array}\right)$ $\left(\begin{array}{l}\text{粒子は位置を変えていて}\\\text{乱れている}\end{array}\right)$ $\left(\begin{array}{l}\text{粒子は自由に運動してい}\\\text{て乱れ広がっている}\end{array}\right)$

また，化学反応でのエントロピー変化の例では，

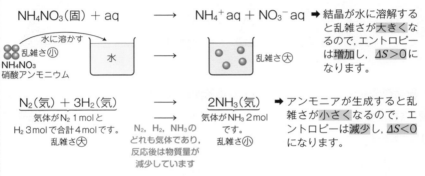

$NH_4NO_3（固）+ aq \longrightarrow NH_4^+ aq + NO_3^- aq$ ➡ 結晶が水に溶解すると乱雑さが大きくなるので，エントロピーは増加し，$\Delta S > 0$になります。

水に溶かす

乱雑さ小
NH_4NO_3
硝酸アンモニウム

水 $\longrightarrow$

乱雑さ大

$\underline{N_2（気）+ 3H_2（気）} \longrightarrow \underline{2NH_3（気）}$ ➡ アンモニアが生成すると乱雑さが小さくなるので，エントロピーは減少し，$\Delta S < 0$になります。

気体がN_2 1 molと
H_2 3 molで合計4 molです。
乱雑さ大

N_2，H_2，NH_3の
どれも気体であり，
反応後は物質量が
減少しています

気体がNH_3 2 mol
です。
乱雑さ小

などがあります。

ポイント　エントロピー

乱雑さ　　　　　➡　エントロピーSで表す

エントロピー変化　➡　ΔSで表し，$\Delta S = \left(\begin{array}{l}\text{変化後の}\\\text{エントロピー}\end{array}\right) - \left(\begin{array}{l}\text{変化前の}\\\text{エントロピー}\end{array}\right)$ になる

状態変化や化学変化は，「乱雑さが大きくなる方向」つまり「$\Delta S > 0$」の方向に進みやすい

例1　液体が蒸発する変化

蒸発する
乱雑さ大

液体　　　　　気体　　　$\Delta S > 0$になる

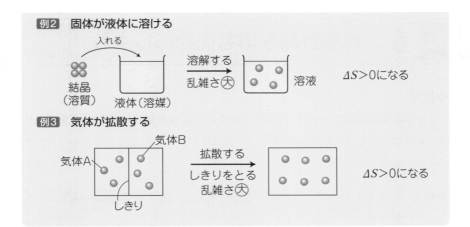

例2 固体が液体に溶ける

結晶（溶質）　液体（溶媒）　溶解する　乱雑さ大　溶液　$\Delta S > 0$になる

入れる

例3 気体が拡散する

気体B　気体A　しきり　拡散する　しきりをとる　乱雑さ大　$\Delta S > 0$になる

●化学反応が進む方向

　化学反応が進む方向は，エンタルピー変化ΔHやエントロピー変化ΔSを調べることで判定することができます。化学反応は，

$\underset{\text{発熱反応}}{\underline{\Delta H \text{ が負}}}，\underset{\text{乱雑さ，エントロピーが大きくなる}}{\underline{\Delta S \text{ が正}}}$ になる向きに進みやすい

といえます。

勉強を継続するためには，
体力（エンタルピー）を使い，
発熱反応 $\Delta H < 0$
机が散らかることが必要です。
乱雑さ大 $\Delta S > 0$

Step 6 比熱計算を得意問題にしよう。

●比熱

1gの物質の温度を1K(1℃)上げるために必要な熱量を比熱といいます。比熱の単位は，ふつう J/(g·K) で与えられます。比熱の計算をするときには，次の手順で解きましょう。

手順1 gは「水1gあたり」か「水溶液1gあたり」かを問題文からチェックします。

> **例1** 水の比熱がc〔J/(⃞g·K)〕のとき
> └→「水1gあたり」を表しています

> **例2** 水溶液の比熱がc〔J/(⃞g·K)〕のとき
> └→「水溶液1gあたり」を表しています

手順2 数字や言葉を加えて分数式に書き直します。

> **例** 水の比熱が4.2J/(g·K)のとき

$$\frac{4.2\,\mathrm{J}が必要だ}{1\,\mathrm{g}の水を\cdot1\,\mathrm{K}上げるのに} \quad または \quad \frac{4.2\,\mathrm{J}が発生した}{1\,\mathrm{g}の水が\cdot1\,\mathrm{K}上がると}$$

手順3 単位を消去しながら解きます。

例えば，比熱4.2J/(⃞g·K)の水50gを20℃上げるためには，
└→水の比熱なので，　温度の差は　℃=K　でした(p.135)。
　　　水1gあたりです　つまり，20K上げると書き直せます

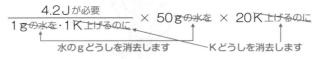

$$\frac{4.2\,\mathrm{J}が必要}{1\,\cancel{\mathrm{g}}の水を\cdot1\,\cancel{\mathrm{K}}上げるのに} \times 50\,\cancel{\mathrm{g}}\cancel{の水を} \times 20\,\cancel{\mathrm{K}}\cancel{上げるのに}$$

　　　　　　　└──水のgどうしを消去します──┘└──Kどうしを消去します

=4200J　が必要になります。

> **ポイント** 比熱
>
> ### 比熱計算は単位に注目しよう！

次の練習問題で比熱計算を得意問題にしてしまいましょう。

練習問題

ガラス製のビーカーに水100mLを入れ，水酸化ナトリウムの固体4.0gを溶かし，一定時間ごとに水溶液の温度を測る実験をおこなったところ，図のような温度と時間の関係が得られた。図中のaは31.5℃，bは30.6℃，cは29.4℃である。このとき，次の(1)〜(3)に答えよ。ただし原子量は，H＝1.0，O＝16，Na＝23とし，水の密度は1.0g/mL，水溶液の比熱は4.2J/(g·K)とする。

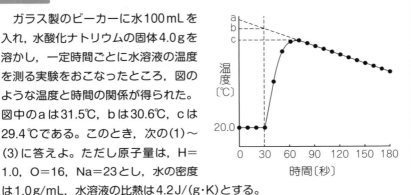

(1) NaOHの水への溶解エンタルピーを求めるために利用する温度はa〜cのうちどの温度か記号で答えよ。

(2) この実験で発生した熱量は何kJか。有効数字2桁で答えよ。

(3) NaOHの水への溶解エンタルピーは何kJ/molか。有効数字2桁で答えよ。

解き方

(1) この実験では，右の図のA点でNaOH(固)が水に溶け始め，B点ですべて溶けおわります。溶けおわった後は，時間の経過とともに熱がビーカーの外に逃げていくので水溶液の温度が下がっていきます。

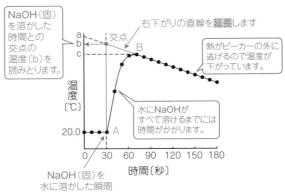

また，NaOH(固)が水にすべて溶けおわるまでには時間がかかるので，その間にも熱がビーカーの外に逃げています。溶解による温度変化を正確に見積もるためには，NaOH(固)が水にすべて溶けるのに時間がまったくかからず，熱がビーカーの外にまったく逃げなかったと仮定したときの温度を読みとる必要があります。

つまり，右下がりの直線を延長して，NaOH（固）を水に溶かした時間との交点の温度（℃）をグラフから読みとり，温度変化（K）を求めます。

以上から，NaOH（固）の水への溶解エンタルピーを求めるために利用する温度はbになります。

(2) 与えられている比熱は水溶液の比熱ですから，

$$\underline{\frac{4.2 \text{J が発生する}}{1 \text{g の水溶液が・} 1 \text{K 上がると}}}$$

> グラフを見ると，水溶液の温度が上がっているので「NaOH（固）の水への溶解」は発熱反応とわかります。

と表せます。ここで，NaOH（固）4.0g を 水 $100 \text{mL} \times \frac{1.0 \text{g}}{1 \text{mL}} = 100 \text{g}$ に

（密度1.0g/1mL）

溶かすと，水溶液は $\underset{\text{NaOH（固）}}{4.0\text{g}} + \underset{\text{水}}{100\text{g}}$ になります。この水溶液の温度は

$30.6 - 20.0 = 10.6$℃ 上がったので，NaOH（固）の水への溶解で発生し

グラフから NaOH（固）を
読みとった 水に溶かした
温度（b） 瞬間の温度

た熱量は，

温度の差は℃＝Kです

$$\underline{\frac{4.2 \text{J が発生する}}{1 \text{g の水溶液が・} 1 \text{K 上がると}}} \times (4.0 + 100) \text{g 水溶液} \times 10.6 \text{K 上がる} \times \frac{1 \text{kJ}}{10^3 \text{J}}$$

J から kJ に変更しています

$= 4.63 \fallingdotseq 4.6 \text{kJ}$

になります。

(3) NaOH（固）の水への溶解は(2)で発熱反応であることがわかったので，NaOH（固）の水への溶解エンタルピーを ΔH〔kJ/mol〕とおくと $\underline{\Delta H < 0}$ になります。

発熱反応の ΔH は負の値になりますね

ここで，NaOH $= \underset{\text{Na}}{23} + \underset{\text{O}}{16} + \underset{\text{H}}{1.0} = 40$ は $40 \text{g}/1 \text{mol}$ と書き表せ，NaOH（固）4.0g は

$$4.0 \text{g} \times \frac{1 \text{mol}}{40 \text{g}} = 0.10 \text{mol}$$

になります。よって，NaOH（固）の水への溶解エンタルピー ΔH〔kJ/mol〕は，

NaOH（固）1 mol
あたりを表しています

$$\Delta H \boxed{\text{kJ/mol}} = -\frac{4.63 \text{kJ}}{0.10 \text{mol}} \fallingdotseq -46 \text{kJ/mol}$$

kJ÷molで求められます 発熱反応の ΔH は負の値です

となります。

なお，エンタルピー変化を付した反応式は，次の通りになります。

$$\text{NaOH（固）} + \text{aq} \longrightarrow \text{NaOH aq} \quad \Delta H = -46 \text{kJ}$$

答え (1) b (2) 4.6kJ (3) −46kJ/mol または −4.6×10kJ/mol

Step **1** まずは，速度㊉の条件をおさえよう。

●反応の速さ

中学生のとき，うすい過酸化水素水(オキシドール)を使って酸素O_2を発生させました。

$$\boxed{過酸化水素水(オキシドール)} \rightarrow \boxed{水} + \boxed{酸素}$$

これを化学反応式で表すと，次のようになります。

$$2\,H_2O_2 \longrightarrow 2\,H_2O + O_2$$

この反応は，常温(25℃)では，とてもゆっくりと進みます。

25℃(常温)

わずかに酸素O_2が発生します

うすい過酸化水素水(オキシドール)

短い時間では，酸素O_2がほとんど発生しません!!

反応がおわるまでには時間がかかりそうなので，次の①〜③の操作を行ってみます。

① 過酸化水素水の濃度を大きくする

② 温度を高くする

③ 酸化マンガン(IV)MnO_2(触媒)を加える
   └→中学では二酸化マンガンとよびました

いずれの操作でも，酸素O_2が激しく発生し，反応が速く進むようになります。つまり，H_2O_2が分解する**反応の速さ**(⇒H_2O_2の分解速度 または **反応速度** といいます)を速くするには，

① 反応物（H₂O₂）の濃度を大きくする

② 温度を高くする

③ 触媒（MnO₂）を加える

などの操作が必要になります。

ポイント 反応速度

反応速度を変えるおもな条件
　① 濃度　　　② 温度　　　③ 触媒

●反応速度とエネルギー

　ある温度での気体分子  のようすを観察してみましょう。

　同じ Ⓐ の中にも元気な Ⓐ，元気のない Ⓐ…　さまざまな Ⓐ がいますね。

元気な Ⓐ を「**運動エネルギーの大きな Ⓐ**」，

元気のない Ⓐ を「**運動エネルギーの小さな Ⓐ**」

といいます。

　これを図にすると，次のようになります。

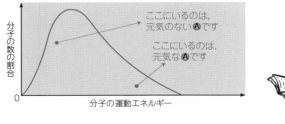

同じ
Ⓐでも
さまざま
ですね。

ここで，分子（Ⓐ，Ⓑ）が衝突して，生成物（ⒶⒷ）ができる化学反応を考えてみます。

$$\underbrace{Ⓐ \quad + \quad Ⓑ}_{反応物} \quad \longrightarrow \quad \underset{生成物}{ⒶⒷ}$$

この化学反応が起こるには，

「元気なⒶとⒷ（⇒大きな運動エネルギーをもつⒶとⒷ）」が

　　　「反応するのに都合のよい方向から衝突する」

ことが必要で，この条件をみたしたⒶとⒷが

　　　エネルギーの高い不安定な状態（⇒遷移状態または活性化状態）を通り，

生成物（ⒶⒷ）に変化します。

遷移状態にするのに必要な最小のエネルギーを活性化エネルギーといいます。

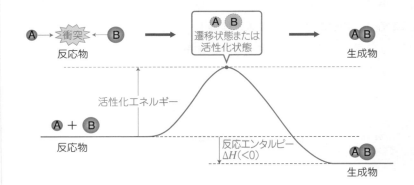

●反応速度を決める条件

反応速度を大きくするには，

---

① 反応物の濃度を大きくする

② 温度を高くする

③ 触媒を加える

などが有効でした。その理由を考えてみましょう。

(1) 濃度

　反応物の濃度が大きくなるほど，

元気な分子どうしの衝突する回数が増え，

反応速度が大きくなります。

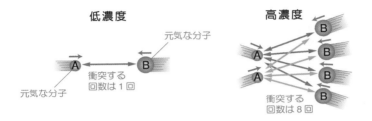

(2) 温度

　温度が高くなると，熱運動が激しくなり，活性化エネルギー以上の高い運動エネルギーをもつ分子の数の割合が増加します。そのため，温度が高くなると，

衝突により，遷移状態になる分子の数の割合が増え，

反応速度が大きくなります。

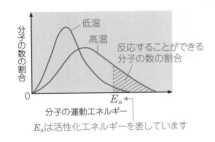

E_aは活性化エネルギーを表しています

← の太さに注目！
高温は，ぶつかるいきおいが大きいですね。

(3) 触媒

触媒を使うと,

活性化エネルギーが小さくなる($E_a \rightarrow E_a'$)ので,

反応速度が大きくなります。

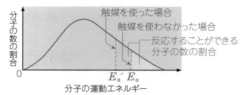

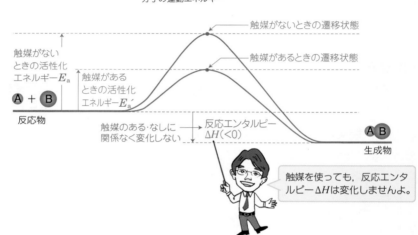

触媒を使っても, 反応エンタルピー ΔH は変化しませんよ。

●反応速度の表し方

250 kmの道のりを5時間で進んだ自動車の速さは,

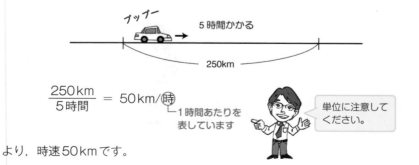

$$\frac{250\,km}{5\,時間} = 50\,km/時$$

└ 1時間あたりを表しています

単位に注意してください。

より, 時速50 kmです。

　反応速度も同じように考えます。例えば，25℃で過酸化水素H_2O_2が分解する反応

　　　　$2H_2O_2 \longrightarrow 2H_2O + O_2$

について，2分間でH_2O_2が0.060mol/L減少したとすると，25℃におけるH_2O_2の分解速度は，

$$\frac{0.060\,mol/L}{2分間} = \frac{0.060\,mol/L}{2\,min} = 0.030\,mol/(L \cdot min)$$

「分」の記号は「min」

となります。化学における反応速度は，

　　　　「距離÷時間」　ではなく　**「濃度変化÷時間」**

で求めます。

　　　　反応速度 v は，

重要公式

$$v = \frac{反応物の\,mol/L\,の変化量}{反応時間}$$

または

$$v = \frac{生成物の\,mol/L\,の変化量}{反応時間}$$

例えば，反応物Aが生成物Bとなる

　　　　$A \longrightarrow B$

の反応について考えてみます。

反応式を見ると，時間がたつほどAは減っていき，Bは増えていくことがわかりますね。

Aの時刻t_1, t_2におけるモル濃度〔mol/L〕が$[A]_1$, $[A]_2$だったとすると，Aの濃度変化を表すグラフは，次のようになります。

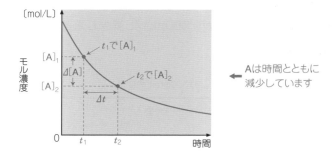

ここで，反応物Aの mol/L の変化量を $\Delta[A]$ とおくと，

$\Delta[A] = [A]_2 - [A]_1$ ←「後ろ」引く「前」です

反応時間の変化量を Δt とおくと，

$\Delta t = t_2 - t_1$ ←「後ろ」引く「前」です

となり，反応物Aが減少するときの反応速度vは，

$$v = \frac{反応物のmol/Lの変化量}{反応時間}$$

より，

重要公式
$$v = -\frac{\overset{後3}{[A]_2} - \overset{前}{[A]_1}}{\underset{後3}{t_2} - \underset{前}{t_1}} = -\frac{\Delta[A]}{\Delta t}$$

vの値を正とするために－（マイナス）記号をつけます

で求めます。

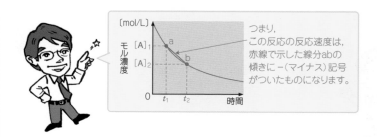

●反応速度を求めてみる

0.95 mol/L の過酸化水素 H_2O_2 水溶液 10.0 mL を，触媒に酸化マンガン（IV）MnO_2 を使い，20℃に保ちながら反応させます。

$$2H_2O_2 \longrightarrow 2H_2O + O_2$$

このとき，60秒ごとに過酸化水素水の濃度を調べると次のようになります。「秒」の記号は「s」です。

時間 t (s)	0	60	120	180	…
$[H_2O_2]$ (mol/L)	0.95	0.75	0.59	0.47	…

まず，この結果から，「H_2O_2 が減少するときの反応速度 v」を求めましょう。

0〜60秒における反応速度は，

$$v = -\frac{\overbrace{\Delta[H_2O_2]}^{\text{「後ろ」引く「前」}}}{\underbrace{\Delta t}_{\text{「後ろ」引く「前」}}} = -\frac{\overset{\text{後ろ}}{[H_2O_2]_2} - \overset{\text{前}}{[H_2O_2]_1}}{\underset{\text{後ろ} \quad \text{前}}{t_2 - t_1}}$$

$$\left(\begin{array}{l} \text{時刻 } t_1 \text{ における } H_2O_2 \text{ の} \\ \text{mol/L を} [H_2O_2]_1, \ t_2 \text{ では} \\ [H_2O_2]_2 \text{ としています。} \end{array} \right)$$

$$= -\frac{(0.75-0.95)\,\text{mol/L}}{(60-0)\,\text{s}} \fallingdotseq 3.3 \times 10^{-3}\,\text{mol/(L·s)}$$

60〜120秒では，

$$v = -\frac{(0.59-0.75)\,\text{mol/L}}{(120-60)\,\text{s}} \fallingdotseq 2.7 \times 10^{-3}\,\text{mol/(L·s)}$$

120〜180秒では，

$$v = -\frac{(0.47-0.59)\,\text{mol/L}}{(180-120)\,\text{s}} = 2.0 \times 10^{-3}\,\text{mol/(L·s)}$$

と求めることができます。

次に，「H_2O_2 の平均の濃度 $\overline{[H_2O_2]}$」を求めます。

この — は平均を表しています

$$\overline{[H_2O_2]} = \frac{[H_2O_2]_1 + [H_2O_2]_2}{2}$$

2点の濃度をたし，
それを2で割るだけです。

時間 t〔s〕	0	60	120	180	…
[H_2O_2]〔mol/L〕	0.95	0.75	0.59	0.47	…

平均の濃度は,
「2点の濃度をたして
2で割ります」

$$\frac{0.95 + 0.75}{2} \qquad \frac{0.75 + 0.59}{2} \qquad \frac{0.59 + 0.47}{2}$$

↓ ↓ ↓

0.85 mol/L   0.67 mol/L   0.53 mol/L

$\left(\begin{array}{c}0\sim60秒の\\平均の濃度\end{array}\right)$ $\left(\begin{array}{c}60\sim120秒の\\平均の濃度\end{array}\right)$ $\left(\begin{array}{c}120\sim180秒の\\平均の濃度\end{array}\right)$

と求められます。

ポイント 反応速度

A ⟶ B の反応について

$$v = -\frac{\Delta[A]}{\Delta t} = -\frac{[A]_2 - [A]_1}{t_2 - t_1}$$

$$[\overline{A}] = \frac{[A]_1 + [A]_2}{2}$$

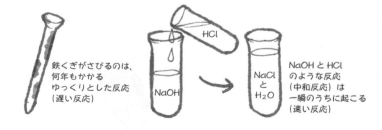

鉄くぎがさびるのは,
何年もかかる
ゆっくりとした反応
(遅い反応)

NaOH と HCl
のような反応
(中和反応)は
一瞬のうちに起こる
(速い反応)

Step 2 反応速度式を求めよう。

反応速度と反応物の濃度の関係を表す式を反応速度式といいます。例えば,

反応速度式の2が,反応式の係数と一致しています

$$2HI \longrightarrow H_2 + I_2$$

の反応速度式は,

$$v = k[HI]^2$$

反応速度式の1が,反応式の係数とは一致していません

$$2N_2O_5 \longrightarrow 2N_2O_4 + O_2$$

の反応速度式は,

$$v = k[N_2O_5]^1$$

となります。

反応速度式は,反応式の係数と一致することもありますが,一致しないことの方が多いです。

ほとんどの場合,反応速度式は反応式からは求められず,実験から求めることになります。また,

重要!

k を反応速度定数といい,
温度一定で k は一定の値となる

ことを覚えておきましょう。

ここで,反応速度式を実験から求めてみます。さきほど,

$$2H_2O_2 \longrightarrow 2H_2O + O_2$$

の反応について,

(1)「濃度変化÷時間」から反応速度 v

(2)「濃度をたして,それを2で割る」ことで,H_2O_2 の平均の濃度 $[\overline{H_2O_2}]$

を求めましたね。

(1)と(2)の結果を使い,v と $[\overline{H_2O_2}]$ の関係を求めることで,反応速度式を求めることができます。実験結果をふり返ります。

時間 t〔s〕	0	60	120	180	…
[H$_2$O$_2$]〔mol/L〕	0.95	0.75	0.59	0.47	…
$v = -\dfrac{\Delta[\mathrm{H_2O_2}]}{\Delta t}$ 〔mol/(L·s)〕	$\dfrac{0.75-0.95}{60-0}$ より，3.3×10^{-3}	$\dfrac{0.59-0.75}{120-60}$ より，2.7×10^{-3}	$\dfrac{0.47-0.59}{180-120}$ より，2.0×10^{-3}	濃度変化を ← 反応時間で 割る	
$\overline{[\mathrm{H_2O_2}]}$ 〔mol/L〕	$\dfrac{0.95+0.75}{2}$ より，0.85	$\dfrac{0.75+0.59}{2}$ より，0.67	$\dfrac{0.59+0.47}{2}$ より，0.53	濃度をたし， ← それを2で割る	

この v と $\overline{[\mathrm{H_2O_2}]}$ の関係をグラフにすると，次のようになります。

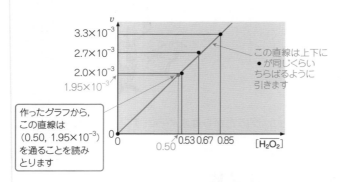

この直線は上下に ● が同じくらい ちらばるように 引きます

作ったグラフから， この直線は $(0.50,\ 1.95\times10^{-3})$ を通ることを読み とります

正比例の グラフになって いますね。

グラフから，v と $\overline{[\mathrm{H_2O_2}]}$ が比例することがわかりますから，

重要公式　$v = \underset{\substack{\text{グラフの傾きに}\\\text{相当します}}}{k}\,[\mathrm{H_2O_2}]$ ← y と x が比例するなら，y = $\underset{\text{傾き}}{a}$x と書けますね

と表せます。これが反応速度式です。

ポイント　反応速度式

$$2\mathrm{H_2O_2} \longrightarrow 2\mathrm{H_2O} + \mathrm{O_2}$$

の反応速度式は，

$$v = k\,[\mathrm{H_2O_2}]$$

ちなみに，反応速度定数 k はグラフの傾きから求めることができます。

$$k = \frac{\text{(たて)}\,1.95\times10^{-3}\,\dfrac{\text{mol}}{\text{L}\cdot\text{s}}}{\text{(よこ)}\,0.50\,\dfrac{\text{mol}}{\text{L}}} = 3.9\times10^{-3}\,(/\text{s})\ \text{または}\ (1/\text{s})$$

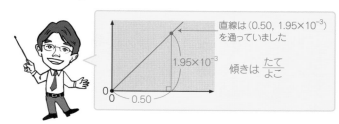

直線は $(0.50,\ 1.95\times10^{-3})$ を通っていました

傾きは $\dfrac{\text{たて}}{\text{よこ}}$

ポイント　反応速度式の求め方の手順

反応速度式を求めるまでの流れを大切にしよう。

❶ 反応速度 v を求める。

❷ 反応物の平均の濃度 $\bar{c}$ を求める。

❸ v と c の関係式を求める。

完成　反応速度式の完成!!

反応速度の求め方は，次の練習問題のパターンもおさえましょう。

練習問題

次の文章を読み，下の問いに答えよ。

AとBからXが生成する反応 A ＋ B ⟶ X の反応を，同じ温度でAのモル濃度[A]とBのモル濃度[B]を変えて行った。反応開始直後の反応速度 v を測定した結果を表に示す。

実験	[A] [mol/L]	[B] [mol/L]	反応速度 v [mol/(L·s)]
1	0.10	0.10	6
2	0.10	0.20	12
3	0.30	0.10	54

問　この反応の反応速度式を $v=k[\text{A}]^a[\text{B}]^b$（$a$, b は定数）の形で表すとき，反応速度定数 k は何 $\text{L}^2/(\text{mol}^2\cdot\text{s})$ か。その数値を有効数字2桁で求めよ。

一定温度でＡとＢからＸが生成する反応 A ＋ B ⟶ X の反応速度は,

$$v = \underbrace{k}[\text{A}]^a[\text{B}]^b$$
一定温度でkは一定の値になります

で表されます。指数a, bの値は, 化学反応式から単純に求めることはできないので実験から求めます。

まず, [A]＝0.10mol/L の一定のもとで

実験1と2から, [B]が $\dfrac{0.20\,\text{mol/L}}{0.10\,\text{mol/L}} = \boxed{2倍}$ になると

vは $\dfrac{12\,\text{mol/(L·s)}}{6\,\text{mol/(L·s)}} = \boxed{2倍}$ になることがわかります。

⊗×2 ⊗×2

つまり, $v=k[\text{A}]^a[\text{B}]^b$ から, $\underline{b=1}$ とわかります。
vは[B]に比例します

一定温度なので, [A]＝0.10mol/Lで一定なので,
kの値は一定です [A]^{a}も一定です

次に, [B]＝0.10mol/L の一定のもとで

実験1と3から, [A]が $\dfrac{0.30\,\text{mol/L}}{0.10\,\text{mol/L}} = \boxed{3倍}$ になると

vは $\dfrac{54\,\text{mol/(L·s)}}{6\,\text{mol/(L·s)}} = \boxed{9倍}$ になることがわかります。

⊗×9 ⊗×3

つまり, $v=k[\text{A}]^a[\text{B}]^b$ から, $\underline{a=2}$ とわかります。
vは[A]^{2}に比例します

一定温度なので, [B]＝0.10mol/L で一定なので,
kの値は一定です [B]^{b}も一定です

よって, 反応速度式は $v=k[\text{A}]^2[\text{B}]$ になります。

温度が一定なので, 実験1～3のどの値を代入して求めてもkは同じ値になります。例えば, $v=k[\text{A}]^2[\text{B}]$ に実験1のデータを代入してみます。

$6 = k \times (0.10)^2 \times 0.10$ となり, $k = 6000 = 6.0 \times 10^3$

また, kの単位は, $\dfrac{\text{mol}}{\text{L·s}} = k \times \left(\dfrac{\text{mol}}{\text{L}}\right)^2 \times \left(\dfrac{\text{mol}}{\text{L}}\right)$ より $k=\text{L}^2/(\text{mol}^2\text{·s})$ になります。

答え 6.0×10^3

Step ③ 化学平衡の法則を覚えよう。

●可逆反応

水素H_2とヨウ素I_2を箱に入れて加熱するとヨウ化水素HIが生成します。

$$H_2 + I_2 \longrightarrow 2HI$$

この箱を高い温度のままに保つと，生成したヨウ化水素HIの一部が分解し，水素H_2とヨウ素I_2が生成します。

$$2HI \longrightarrow H_2 + I_2$$

このように，**どちらの向きにも起こりうる反応**を可逆反応（かぎゃくはんのう）といって，次のように表します。

$$H_2 + I_2 \rightleftarrows 2HI$$

左から右への反応 $\longrightarrow$ を正（せい）反応，**右から左への反応** $\longleftarrow$ を逆（ぎゃく）反応といいます。

$2H_2 + O_2 \longrightarrow 2H_2O$ のように，
一方向にだけ進む反応を不可逆反応（ふかぎゃく）といいます。

●化学平衡

箱の中に水素H_2 1.0 mol とヨウ素I_2 1.0 mol を入れて，327℃ つまり 273＋327＝600 K に保ってみます。

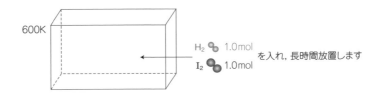

600K

H_2 1.0mol
I_2 1.0mol
を入れ，長時間放置します

ある程度の時間がたつと，H_2とI_2が反応しHIが生成してきます。その後，十分に時間がたつとH_2，I_2，HIの物質量〔mol〕が一定になります。一定になった後は，どんなに時間がたっても物質量〔mol〕は変化しません。

		H₂(気)	+	I₂(気)	⇌	2HI(気)

$$H_2(気) + I_2(気) \rightleftharpoons 2HI(気)$$

		H₂(気)	I₂(気)	2HI(気)
	（反応前）	1.0 mol	1.0 mol	0 mol
十分に時間 がたった後 →	（平衡状態）	0.20 mol	0.20 mol	1.6 mol
（平衡状態）からさらに → 時間がたってもmolの 変化はない		0.20 mol	0.20 mol	1.6 mol

H₂ 0.20 mol，I₂ 0.20 mol，HI 1.6 mol で変化しなくなり，反応が止まって
いるように見えますね。このような<u>見かけ上，反応が停止した状態</u>を<u>化学平衡の
状態または平衡状態</u>といいます。

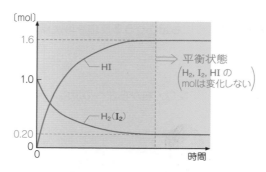

$$H_2(気) + I_2(気) \underset{v_2}{\overset{v_1}{\rightleftharpoons}} 2HI(気)$$

の可逆反応において，正反応の反応速度をv_1，逆反応の反応速度をv_2とすると，
化学平衡の状態では，

見かけ上，反応が停止しているので，

$$v_1 = v_2 \neq 0$$ ← 正反応と逆反応の反応速度は
0ではなく，等しい

となります。

> 平衡状態では，正反応や逆反応
> が止まったのではなく，H₂, I₂, HI
> が一定の割合で混合した状態に
> なっています。

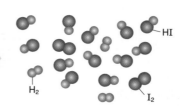

●化学平衡の法則

$$H_2(気) + I_2(気) \rightleftharpoons 2HI(気)$$

の可逆反応が化学平衡の状態にあるとき，H_2，I_2，HIのモル濃度を$[H_2]$，$[I_2]$，$[HI]$とすると，次の関係式が成り立ちます。

重要公式
$$K = \frac{[HI]^2}{[H_2][I_2]}$$
←右辺を分子に書く
←左辺を分母に書く

このKを(濃度)平衡定数といって，**この式で表される関係**を化学平衡の法則（**質量作用の法則**）といいます。ここで次の**ポイント**をおさえておきましょう。

ポイント1 ［ ］はmol/Lを表すので，［ ］にはmol/Lを代入します。
ポイント2 温度が一定であれば，Kの値は一定となります。

ポイント 平衡定数

例えば，
$$N_2(気) + 3H_2(気) \rightleftharpoons 2NH_3(気)$$ の平衡定数Kは，

$$K = \frac{[NH_3]^2}{[N_2][H_2]^3}$$

$$2SO_2(気) + O_2(気) \rightleftharpoons 2SO_3(気)$$ の平衡定数Kは，

$$K = \frac{[SO_3]^2}{[SO_2]^2[O_2]}$$

$$C(固) + CO_2(気) \rightleftharpoons 2CO(気)$$ の平衡定数Kは，

$$K = \frac{[CO]^2}{[CO_2]}$$ ← 平衡に固体が含まれるときは，固体をKに含めません!!

と表せ，**温度が一定でKの値は一定となる**。
濃度や圧力が異なっていても温度が一定ならば，Kの値は一定です

$$K = \frac{右辺}{左辺}$$

次の文章を読み，下の問いに整数値で答えよ。

（操作1）H_2とI_2を1.0×10^{-3}molずつ入れた2Lの密閉容器を600Kで十分な時間を保つと，HIが1.6×10^{-3}mol生成し（平衡状態Ⅰ）となった。

（操作2）H_2とI_2を2.0×10^{-3}molずつ入れた5Lの密閉容器を600Kで十分な時間を保つと，HIが3.2×10^{-3}mol生成し（平衡状態Ⅱ）となった。

問 （平衡状態Ⅰ）と（平衡状態Ⅱ）の600Kにおける
H_2（気）$+ I_2$（気）$\rightleftarrows 2HI$（気） の平衡定数Kの値を求めよ。

解き方

	$1H_2$（気）	$+$	$1I_2$（気）	$\rightleftarrows$	$2HI$（気）
（反応前）	1.0×10^{-3}mol		1.0×10^{-3}mol		0mol
（変化量）	$-1.6 \times 10^{-3} \times \frac{1}{2}$mol		$-1.6 \times 10^{-3} \times \frac{1}{2}$mol		$+1.6 \times 10^{-3}$mol
（平衡状態Ⅰ）	0.20×10^{-3}mol		0.20×10^{-3}mol		1.6×10^{-3}mol

$1.0 \times 10^{-3} - 0.80 \times 10^{-3}$ より

密閉容器は2Lなので，

$$K = \frac{[HI]^2}{[H_2][I_2]} = \frac{\left(\dfrac{1.6 \times 10^{-3}\,\text{mol}}{2\,\text{L}}\right)^2}{\left(\dfrac{0.20 \times 10^{-3}\,\text{mol}}{2\,\text{L}}\right)\left(\dfrac{0.20 \times 10^{-3}\,\text{mol}}{2\,\text{L}}\right)} = 64$$

	$1H_2$（気）	$+$	$1I_2$（気）	$\rightleftarrows$	$2HI$（気）
（反応前）	2.0×10^{-3}mol		2.0×10^{-3}mol		0mol
（変化量）	$-3.2 \times 10^{-3} \times \frac{1}{2}$mol		$-3.2 \times 10^{-3} \times \frac{1}{2}$mol		$+3.2 \times 10^{-3}$mol
（平衡状態Ⅱ）	0.40×10^{-3}mol		0.40×10^{-3}mol		3.2×10^{-3}mol

$2.0 \times 10^{-3} - 1.6 \times 10^{-3}$ より

密閉容器は5Lなので，

$$K = \frac{[HI]^2}{[H_2][I_2]} = \frac{\left(\dfrac{3.2 \times 10^{-3}\,\text{mol}}{5\,\text{L}}\right)^2}{\left(\dfrac{0.40 \times 10^{-3}\,\text{mol}}{5\,\text{L}}\right)\left(\dfrac{0.40 \times 10^{-3}\,\text{mol}}{5\,\text{L}}\right)} = 64$$

（平衡状態Ⅰ）と（平衡状態Ⅱ）はともに温度が600Kで一定なので，$K=64$で一定になっていることがわかりますね。

答え （平衡状態Ⅰ）$K=64$ （平衡状態Ⅱ）$K=64$

●圧平衡定数

　気体の反応が化学平衡の状態にあるとき，モル濃度の代わりに，成分気体の分圧で表した平衡定数を使うことができます。

$$N_2（気） + 3H_2（気） \rightleftharpoons 2NH_3（気） \qquad K_P = \frac{P_{NH_3}{}^2}{P_{N_2} \cdot P_{H_2}{}^3}$$

P_{N_2}，P_{H_2}，P_{NH_3}はそれぞれの気体の分圧を表し，K_Pを圧平衡定数といいます。圧平衡定数K_Pも（濃度）平衡定数Kと同じように，

チェックしよう! 温度が一定であれば K_P は一定

となります。

ポイント　圧平衡定数

　例えば，

　　$N_2O_4（気） \rightleftharpoons 2NO_2（気）$　の圧平衡定数K_Pは，

$$K_P = \frac{P_{NO_2}{}^2}{P_{N_2O_4}}$$

　　$C_2H_6（気） \rightleftharpoons C_2H_4（気） + H_2（気）$　の圧平衡定数K_Pは，

$$K_P = \frac{P_{C_2H_4} \cdot P_{H_2}}{P_{C_2H_6}}$$

と表せ，温度が一定でK_Pの値は一定となる。

●濃度平衡定数と圧平衡定数の関係

　　$N_2（気） + 3H_2（気） \rightleftharpoons 2NH_3（気）$

の可逆反応が温度$T〔K〕$のもとで化学平衡の状態にあるとき，（濃度）平衡定数Kや圧平衡定数K_Pは

$$K = \frac{[NH_3]^2}{[N_2][H_2]^3}, \quad K_P = \frac{P_{NH_3}{}^2}{P_{N_2} \cdot P_{H_2}{}^3}$$

と表すことができました。

　ここで，N_2，H_2，NH_3それぞれについて $PV=nRT$ が成り立つので，それぞれの分圧P_{N_2}，P_{H_2}，P_{NH_3}を表してみます。$PV=nRT$ は $P=\frac{n}{V}RT$ と変形でき，

$\dfrac{n〔\text{mol}〕}{V〔\text{L}〕}$ は気体のモル濃度を表しているので,N_2,H_2,NH_3のモル濃度$[N_2]$,$[H_2]$,$[NH_3]$を用いると,P_{N_2},P_{H_2},P_{NH_3}は

$$P_{N_2}=[N_2]RT,\quad P_{H_2}=[H_2]RT,\quad P_{NH_3}=[NH_3]RT$$

と表せます。これらの分圧を圧平衡定数K_Pに代入します。

$$K_P=\frac{P_{NH_3}{}^2}{P_{N_2}\cdot P_{H_2}{}^3}=\frac{([NH_3]RT)^2}{([N_2]RT)([H_2]RT)^3}=\frac{[NH_3]^2}{[N_2][H_2]^3}\times\frac{1}{(RT)^2}$$

Kになりますね

となり,K_PとKの関係式は

$$K_P=K\times\frac{1}{(RT)^2}$$

と表すことができます。

$K_P=K\times\dfrac{1}{(RT)^2}$ から,温度Tが一定であれば $(RT)^2$とKは一定なので,K_Pも一定になると確認できますね。

Step **4** ルシャトリエの原理を使いこなそう。

●ルシャトリエの原理

　ある反応が化学平衡の状態にあるとき，濃度・圧力・温度などを変化させると，一時的に平衡状態がくずれますが，すぐに**正反応や逆反応が進み**（平衡が移動し），新しい平衡状態になります。

平衡状態　→　⇑変化（濃度，圧力，温度）　→　平衡がくずれた状態　→　平衡が移動（正反応や逆反応が進む）　→　新しい平衡状態

　このとき，平衡は濃度・圧力・温度などの変化による**影響を打ち消す向きに移動**します。これを**ルシャトリエの原理**（平衡移動の原理）といいます。

> **ポイント**　ルシャトリエの原理
>
> 　ある可逆反応が平衡状態にあるとき，外部条件（濃度・圧力・温度）を変化させると，その影響を打ち消す向きに平衡が移動し，新しい平衡状態になる。

$$N_2（気） + 3H_2（気） \rightleftharpoons 2NH_3（気） \quad \Delta H = -92kJ \quad \cdots（*）$$

　（*）の平衡を利用して，次の**（操作1）～（操作4）**をおこなったときの平衡移動の向きを判定してみましょう。

（操作1）　「窒素N_2を加えて，N_2の濃度を上げる」

➡　「N_2の濃度を減少させる向き」つまり「（*）の平衡は右に移動」します。

> **ポイント**　濃度変化と平衡移動
>
> ┃ある物質Aの濃度を上げる
> ┃　⇒　物質Aの濃度を減少させる向きに平衡が移動する
> ┃ある物質Aの濃度を下げる
> ┃　⇒　物質Aの濃度を増加させる向きに平衡が移動する

（操作2）「圧力を上げる」

➡ 「気体粒子数を減らす向き」

（＊）の化学反応式の係数を読みとります

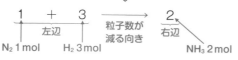

$$1 + 3 \xrightarrow{\text{粒子数が減る向き}} 2$$

左辺　　　　　　　　　　　　　　右辺

N_2 1 mol　　H_2 3 mol　　　　　　　NH_3 2 mol

「（＊）の平衡は右（1＋3から2の向き）に移動」します。

> C（固） ＋ CO_2（気） $\rightleftarrows$ $2CO$（気） のような固体を含む
> 平衡では，固体を除いて平衡移動の向きを考えます。

ポイント 圧力変化と平衡移動

　┌ 圧力を上げる ⇒ 　気体の粒子数を減らす向きに平衡が移動する
　└ 圧力を下げる ⇒ 　気体の粒子数を増やす向きに平衡が移動する

注 固体を含む場合，固体を除いて考える。

（操作3）「加熱して，温度を上げる」

➡ 「吸熱反応の向き」

（＊）のエンタルピーを付した化学反応式に右向きの矢印と
右向きが発熱反応か吸熱反応かを書き込みます

$$N_2（気） ＋ 3H_2（気） \rightleftarrows 2NH_3（気） \quad \Delta H = -92\,kJ$$

　　　　　　　　発熱反応の向き ◁ ── 「右矢印」を書き，右向きは $\Delta H < 0$ の発熱反応
　　　　　　　　　　　　　　　　　　　　なので「発熱反応の向き」と書きます。

「（＊）の平衡は吸熱反応の向きである左に移動」します。

温度変化と平衡移動

温度を上げる ⇒ $\underset{\Delta H \text{が正}}{\Delta H > 0}$ の吸熱反応の向きに平衡が移動する

温度を下げる ⇒ $\underset{\Delta H \text{が負}}{\Delta H < 0}$ の発熱反応の向きに平衡が移動する

（操作4）「触媒を加える」

➡「反応速度は大きくなりますが，平衡は移動しません」

ポイント　触媒と平衡移動

触媒を加える ⇒ 反応速度は大きくなるが，平衡は移動しない

次の練習問題をくり返し解いて，移動の向きを判定できるようにしましょう。

練習問題

$$H_2(\text{気}) + I_2(\text{気}) \rightleftarrows 2HI(\text{気}) \quad \Delta H = -9\,kJ$$

で表される可逆反応が平衡状態にあるとき，①〜④のように条件を変化させた場合，平衡はどちらの向きに移動するか答えよ。

① 温度を下げる　② 圧力を上げる

③ HIをとり除く　④ 触媒を加える

解き方

① $H_2(\text{気}) + I_2(\text{気}) \rightleftarrows 2HI(\text{気}) \quad \Delta H = -9\,kJ$

発熱反応の向き ←「右矢印」を書き，右向きは$\Delta H < 0$の発熱反応なので「発熱反応の向き」と書きます。

「温度を下げる」と「$\underset{\Delta H \text{が負}}{\Delta H < 0}$の発熱反応の向き」つまり，「平衡は右に移動」します。

② 「圧力を上げる」と「気体の粒子数を減らす向き」に平衡が移動しますが，この平衡は反応の前後で気体粒子数に変化がない（1 + 1 と 2）ために平衡は移動しません。

左辺　右辺
H_2 1 mol　I_2 1 mol　HI 2 mol

③「HIをとり除く」と「HIの濃度を増加させる向き」つまり，「平衡は右に移動」します。

④「触媒を加え」ても平衡は移動しません。

答え ① 右に移動　② 移動しない　③ 右に移動
　　　　④ 移動しない

Step 4 の内容をまとめると　**ルシャトリエの原理（平衡移動の原理）**

❶ 濃度変化と平衡移動

ある物質Aの濃度を上げる

⇒ 物質Aの濃度を減少させる向きに平衡が移動する

ある物質Aの濃度を下げる

⇒ 物質Aの濃度を増加させる向きに平衡が移動する

❷ 圧力変化と平衡移動

圧力を上げる ⇒ 気体の粒子数を減らす向きに平衡が移動する

圧力を下げる ⇒ 気体の粒子数を増やす向きに平衡が移動する

注 固体を含む場合，固体を除いて考える。

❸ 温度変化と平衡移動

温度を上げる ⇒ $\underset{\Delta H が正}{\Delta H > 0}$ の吸熱反応の向きに平衡が移動する

温度を下げる ⇒ $\underset{\Delta H が負}{\Delta H < 0}$ の発熱反応の向きに平衡が移動する

❹ 触媒と平衡移動

触媒を加える ⇒ 反応速度は大きくなるが，平衡は移動しない

難溶性の塩の溶解平衡（溶解度積）は，「無機・有機編」で扱います。

酸と塩基（1）
―中和―

Step

1 酸や塩基を分類できるようにしよう。

2 中和の反応式を書き，計算方法を
マスターしよう！

3 塩を分類し，塩の液性を
マスターしよう。

4 pH 計算をマスターしよう！

Step ① 酸や塩基を分類できるようにしよう。

●定義

　中学時代に，「酸とは，水溶液中で電離して水素イオンH^+を生じる物質」と学習しました。塩化水素HCl，硝酸HNO_3，硫酸H_2SO_4，酢酸CH_3COOHは，水溶液中で次のように電離し，H^+を生じます。

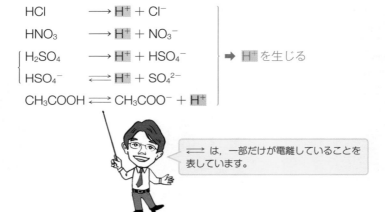

$$HCl \longrightarrow H^+ + Cl^-$$
$$HNO_3 \longrightarrow H^+ + NO_3^-$$
$$\left\{ \begin{array}{l} H_2SO_4 \longrightarrow H^+ + HSO_4^- \\ HSO_4^- \rightleftharpoons H^+ + SO_4^{2-} \end{array} \right.$$
$$CH_3COOH \rightleftharpoons CH_3COO^- + H^+$$

➡ H^+を生じる

$\rightleftharpoons$ は，一部だけが電離していることを表しています。

　また，「塩基とは，水溶液中で電離して水酸化物イオンOH^-を生じる物質」でした。水酸化ナトリウム$NaOH$，水酸化カルシウム$Ca(OH)_2$，アンモニアNH_3は，水溶液中で次のように電離し，OH^-を生じます。

$$NaOH \longrightarrow Na^+ + OH^-$$
$$Ca(OH)_2 \longrightarrow Ca^{2+} + 2OH^-$$
$$NH_3 + H_2O \rightleftharpoons NH_4^+ + OH^-$$

➡ OH^-を生じる

　このような酸・塩基の定義を「アレニウスの定義」といいます。

酸から電離して生じたH^+は，水溶液中では水H_2Oと結びついたオキソニウムイオンH_3O^+として存在しています。

$$H^+ + H_2O \longrightarrow H_3O^+$$
オキソニウムイオン

ブレンステッドとローリーは，H^+のやりとりに注目して，酸と塩基を定義しました。

暗記しよう！

酸 ・・・・ 水素イオンH^+を与える物質
塩基 ・・・ 水素イオンH^+を受けとる物質

下の **例1**，**例2** の反応式を見ると，水H_2Oは酸としても塩基としてもはたらくことができていますね。

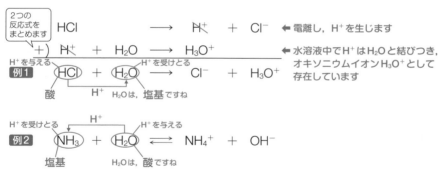

H_2OはH^+を受けとる（⇒塩基）ことも，H^+を与える（⇒酸）こともできています。

●電離度と酸や塩基の強・弱

酸や塩基が**どの程度電離しているかを表す**ときに電離度 α を使います。例えば，HCl 10個を水に溶かしたときに，10個すべてが電離していれば，電離度 α は

$$\alpha = \frac{\overset{\text{電離したHClは10個}}{10}}{\underset{\text{溶かしたHClは10個}}{10}} = 1 \quad \text{（百分率〔\%〕で表すと100\%）}$$

となります。

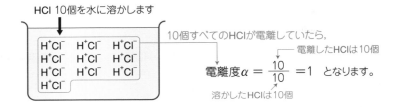

これに対して，CH₃COOH 10個を水に溶かしたときに，1個だけが電離しているのであれば

$$\alpha = \frac{\overset{\text{電離したCH}_3\text{COOHは1個}}{1}}{\underset{\text{溶かしたCH}_3\text{COOHは10個}}{10}} = 0.10 \quad \text{（百分率〔\%〕で表すと10\%）}$$

です。

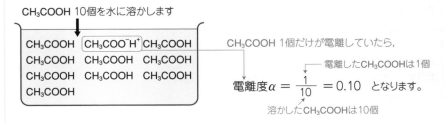

よって，電離度 α は，

重要公式	$電離度 \alpha = \dfrac{電離した酸（塩基）の mol}{溶かした酸（塩基）の mol}$
または	$電離度 \alpha = \dfrac{電離した酸（塩基）の mol/L}{溶かした酸（塩基）の mol/L}$

となります。

　電離度 α を使って，酸や塩基を分類することができます。

暗記しよう！	電離度 $\alpha \fallingdotseq 1$ の酸や塩基は，強酸・強塩基 電離度 α が1よりかなり小さな酸や塩基は，弱酸・弱塩基

と覚えましょう。

　ただし，電離度 α は酸や塩基の濃度や温度が変わると変化してしまいます。次の図を見てください。強酸である塩酸 HCl は濃度が変わっても電離度 α はほぼ1のままですが，弱酸である酢酸 CH_3COOH は濃度が変わると電離度 α が大きく変化しています。

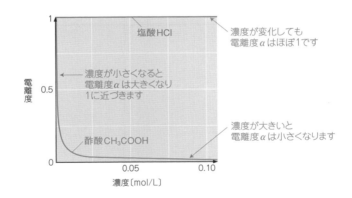

そのため，より正確には，

- 濃度が変化しても 電離度 $\alpha \fallingdotseq 1$ の酸や塩基が，強酸・強塩基
- 濃度が大きいときに電離度 α が1よりかなり小さな酸や塩基が，弱酸・弱塩基

となります。

強酸・弱酸・強塩基・弱塩基として覚えてほしいものを紹介します。

- **強　酸** ⇒ 塩酸 HCl，硝酸 HNO_3，硫酸 H_2SO_4

  の3つを覚えましょう。

- **弱　酸** ⇒ 強酸以外の酸と覚えましょう。

  酢酸 CH_3COOH，シュウ酸 $(COOH)_2$（$H_2C_2O_4$ とも表します），

  炭酸 H_2CO_3（CO_2 の水溶液中にわずかに存在しています），

  硫化水素 H_2S など。

- **強塩基** ⇒ <u>水酸化ナトリウム NaOH や水酸化カリウム KOH</u>，
  アルカリ金属の水酸化物
  <u>水酸化カルシウム $Ca(OH)_2$ や水酸化バリウム $Ba(OH)_2$</u>
  ベリリウム Be とマグネシウム Mg を除くアルカリ土類金属の水酸化物
  を覚えましょう。

- **弱塩基** ⇒ 強塩基を除く塩基と覚えましょう。

  アンモニア NH_3，水酸化亜鉛 $Zn(OH)_2$，

  水酸化銅（Ⅱ）$Cu(OH)_2$，水酸化アルミニウム $Al(OH)_3$，

  水酸化鉄（Ⅱ）$Fe(OH)_2$，水酸化マグネシウム $Mg(OH)_2$ など。

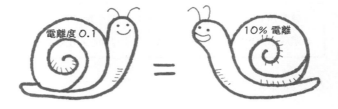

電離度 0.1 ＝ 10% 電離

●価数

　電離して生じることができる**H^+ やOH^- の数**で酸や塩基を分類することができます。この数を酸や塩基の価数といいます。塩酸HClや酢酸CH_3COOHは，次のように電離するので，

$$HCl \longrightarrow 1H^+ + Cl^-$$

$$CH_3COOH \rightleftharpoons CH_3COO^- + 1H^+$$

← 弱酸のときは，ふつう $\rightleftharpoons$ で書きます

それぞれ 1価 の酸とわかります。

　また，アンモニアNH_3や水酸化カルシウム$Ca(OH)_2$は，次のように電離するので，

$$NH_3 + H_2O \rightleftharpoons NH_4^+ + 1OH^-$$

$$Ca(OH)_2 \longrightarrow Ca^{2+} + 2OH^-$$

← 弱塩基のときは，ふつう $\rightleftharpoons$ で書きます

NH_3は 1価 の塩基，$Ca(OH)_2$は 2価 の塩基とわかります。

ポイント　酸と塩基の価数

強　酸（$\alpha \fallingdotseq 1$）	➡	$\underset{1価}{HCl}$, $\underset{1価}{HNO_3}$, $\underset{2価}{H_2SO_4}$
弱　酸（α が小さい）	➡	$\underset{1価}{CH_3COOH}$, $\underset{2価}{(COOH)_2}$, $\underset{2価}{H_2CO_3}$, $\underset{2価}{H_2S}$
強塩基（$\alpha \fallingdotseq 1$）	➡	$\underset{1価}{NaOH}$, $\underset{1価}{KOH}$, $\underset{2価}{Ca(OH)_2}$, $\underset{2価}{Ba(OH)_2}$
弱塩基（α が小さい）	➡	$\underset{1価}{NH_3}$, $\underset{2価}{Zn(OH)_2}$, $\underset{2価}{Cu(OH)_2}$, $\underset{2価}{Fe(OH)_2}$, $\underset{3価}{Al(OH)_3}$

Step 2 中和の反応式を書き，計算方法をマスターしよう！

●中和

酸と塩基が反応して，おたがいの性質を打ち消しあう反応を中和反応といいます。中和反応は，

$$酸 \ + \ 塩基 \ \longrightarrow \ 塩 \ + \ 水$$

と書くことができます。例えば，塩酸HClと水酸化ナトリウム$NaOH$水溶液とは次のように反応します。

2つの反応式を加えてまとめます		

$$HCl \longrightarrow H^+ + Cl^- \quad \text{← 電離します}$$
$$+)\quad NaOH \longrightarrow Na^+ + OH^- \quad \text{← 電離します}$$

$$HCl + NaOH \longrightarrow H^+ + Cl^- + Na^+ + OH^-$$

つまり まとめて$NaCl$とします　まとめてH_2Oとします

$$HCl + NaOH \longrightarrow NaCl + H_2O$$
$$(\ 酸 \ + \ 塩基 \ \longrightarrow \ 塩 \ + \ 水\ )$$

塩は，酸から生じる陰イオンと塩基から生じる陽イオンからできていますね。つまり，$NaCl$はHClから生じるCl^-と$NaOH$から生じるNa^+からできています。

ここで，さまざまな中和反応の化学反応式をつくってみましょう。

$H^+ + OH^- \longrightarrow H_2O$　とイメージしながら，H^+とOH^-の数が等しくなるように書きましょう。

練習問題

次の酸と塩基が完全に中和するときの化学反応式を示せ。

(1) 酢酸 CH_3COOH と 水酸化ナトリウム $NaOH$

(2) 硫酸 H_2SO_4 と 水酸化ナトリウム $NaOH$

(3) 硫酸 H_2SO_4 と 水酸化アルミニウム $Al(OH)_3$

(4) 塩酸 HCl と アンモニア NH_3

解き方

(1) 　2つの反応式をまとめます

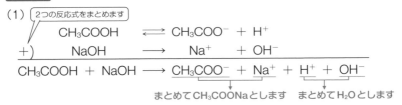

$$CH_3COOH \rightleftharpoons CH_3COO^- + H^+$$
$$+) \quad NaOH \longrightarrow Na^+ + OH^-$$
$$CH_3COOH + NaOH \longrightarrow CH_3COO^- + Na^+ + H^+ + OH^-$$

まとめて CH_3COONa とします　　まとめて H_2O とします

よって，$CH_3COOH + NaOH \longrightarrow CH_3COONa + H_2O$

(2) 　2つの反応式をまとめます

$$H_2SO_4 \longrightarrow 2H^+ + SO_4{}^{2-}$$
$$+) \quad (NaOH \longrightarrow Na^+ + OH^-) \times 2$$
$$H_2SO_4 + 2NaOH \longrightarrow 2H^+ + SO_4{}^{2-} + 2Na^+ + 2OH^-$$

OH^- の数を H^+ の数とそろえるので2倍します

まとめて Na_2SO_4 とします

H^+ や OH^- はすべて H_2O にします
$2H_2O$

よって，$H_2SO_4 + 2NaOH \longrightarrow Na_2SO_4 + 2H_2O$

慣れてきたら，次のように作ると楽です。

❶ 反応式の左辺に酸と塩基を価数とともに書きます。

2価　　　　1価
$$H_2SO_4 + NaOH \longrightarrow$$

❷ 価数をたすき（✗）に書き，生じるイオンをイメージしながら右辺に塩と水を書きます。

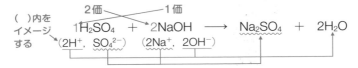

（　）内をイメージする

2価　　　　　1価
$$1H_2SO_4 + 2NaOH \longrightarrow Na_2SO_4 + 2H_2O$$
$$(2H^+,\ SO_4{}^{2-}) \quad (2Na^+,\ 2OH^-)$$

(3) $\underset{\text{2価}}{H_2SO_4} + \underset{\text{3価}}{Al(OH)_3} \longrightarrow$

$$\underset{\text{2価}}{3H_2SO_4} + \underset{\text{3価}}{2Al(OH)_3} \longrightarrow Al_2(SO_4)_3 + 6H_2O$$
$(6H^+,\ 3SO_4{}^{2-})\quad (2Al^{3+},\ 6OH^-)$

よって，$3H_2SO_4 + 2Al(OH)_3 \longrightarrow Al_2(SO_4)_3 + 6H_2O$

(4) $HCl \longrightarrow H^+ + Cl^-$
$\underline{+)\ NH_3 + H_2O \rightleftarrows NH_4{}^+ + OH^-}$
$HCl + NH_3 + H_2O \longrightarrow H^+ + Cl^- + NH_4{}^+ + OH^-$

$HCl + NH_3 + H_2O \longrightarrow NH_4Cl + H_2O$

H_2Oは左辺と右辺にあるので消去します

よって，$HCl + NH_3 \longrightarrow NH_4Cl$

> NH_3の中和反応は，塩だけが生成していますね。

答え
(1) $CH_3COOH + NaOH \longrightarrow CH_3COONa + H_2O$
(2) $H_2SO_4 + 2NaOH \longrightarrow Na_2SO_4 + 2H_2O$
(3) $3H_2SO_4 + 2Al(OH)_3 \longrightarrow Al_2(SO_4)_3 + 6H_2O$
(4) $HCl + NH_3 \longrightarrow NH_4Cl$

●中和計算

濃度がわかっている酸（または塩基）を使って，濃度がわからない塩基（または酸）の濃度を求めることができます。

> この操作を中和滴定といいます。

次のページの〈問〉で，中和計算を考えてみましょう。

〈問〉 濃度のわからない希硫酸8.0mLを0.10mol／Lの水酸化ナトリウム水溶液で中和滴定したところ，16mLが必要だった。希硫酸の濃度は何mol／Lか。有効数字2桁で求めよ。

【解法1】化学反応式の係数比から解く。

〈問〉の化学反応式は，

$$H_2SO_4 + 2NaOH \longrightarrow Na_2SO_4 + 2H_2O$$

と書けます。希硫酸の濃度をx〔mol／L〕とすると，希硫酸8.0mL中のH_2SO_4は

$$\frac{x〔mol〕}{1\cancel{L}} \times \frac{8.0}{1000}\cancel{L} \quad \leftarrow 「\frac{mol}{L}にLをかける」と「\frac{mol}{\cancel{L}} \times \cancel{L}」となり，molが求められます$$

0.10mol／Lの水酸化ナトリウム水溶液16mL中の$NaOH$は

$$\frac{0.10mol}{1\cancel{L}} \times \frac{16}{1000}\cancel{L}$$

となります。以上のことから，その量関係は次のようになります。

$$1H_2SO_4 \quad + \quad 2NaOH \quad \longrightarrow \quad Na_2SO_4 + 2H_2O$$

（反応前） $x \times \dfrac{8.0}{1000}$ mol $\quad 0.10 \times \dfrac{16}{1000}$ mol

（反応後） $\quad\quad 0 \quad\quad\quad\quad\quad 0$

└─────────────┴── 中和が終わると，酸と塩基がともに0molになります

化学反応式の係数比（H_2SO_4：$NaOH=1：2$）を読みとって計算します。

$$\underbrace{1\,mol}_{H_2SO_4} : \underbrace{2\,mol}_{NaOH} = \underbrace{x \times \frac{8.0}{1000}\,mol}_{H_2SO_4} : \underbrace{0.10 \times \frac{16}{1000}\,mol}_{NaOH}$$

よって，$x=0.10$mol／L

【解法2】 重要公式 を利用して解く。

中和が終わる点を中和点といいます。中和点では，酸と塩基がともに0molとなっていましたから，

重要公式
$$\begin{pmatrix} 中和点までに \\ 酸の出すH^+のmol \end{pmatrix} = \begin{pmatrix} 中和点までに \\ 塩基の出すOH^-のmol \end{pmatrix}$$

が成り立ちます。

x〔mol/L〕の希硫酸8.0mL中のH_2SO_4は $\dfrac{x\text{〔mol〕}}{1\cancel{L}} \times \dfrac{8.0}{1000}\cancel{L}$，$H_2SO_4$は2価

の酸なので中和点までにH_2SO_4の出すH^+は，

$$1H_2SO_4 \longrightarrow 2H^+ + SO_4^{2-} \quad\text{より，}$$

$\underset{}{H^+ \text{は} H_2SO_4 \text{の2倍出てくる}}$

$$\underset{\substack{H_2SO_4\text{〔mol〕} \\ H_2SO_4\text{の出す}H^+\text{〔mol〕}}}{x \times \dfrac{8.0}{1000} \times 2} \quad \text{mol}$$

となります。0.10mol/Lの水酸化ナトリウム水溶液16mL中のNaOHは

$\dfrac{0.10\text{mol}}{1\cancel{L}} \times \dfrac{16}{1000}\cancel{L}$，NaOHは1価の塩基なので中和点までにNaOHの出

すOH^-は

$$1NaOH \longrightarrow Na^+ + 1OH^-$$

$OH^- \text{は} NaOH \text{の1倍出てくる}$

$$\underset{\substack{NaOH\text{〔mol〕} \\ NaOH\text{の出す}OH^-\text{〔mol〕}}}{0.10 \times \dfrac{16}{1000} \times 1} \quad \text{mol}$$

となります。そして，[重要公式] にあてはめます。

$$\underset{\substack{\text{中和点までに} \\ H_2SO_4\text{の出す}H^+\text{〔mol〕}}}{x \times \dfrac{8.0}{1000} \times 2} \;\; = \;\; \underset{\substack{\text{中和点までに} \\ NaOH\text{の出す}OH^-\text{〔mol〕}}}{0.10 \times \dfrac{16}{1000} \times 1}$$

よって，$x = 0.10$mol/L

〈答〉 0.10mol/L または 1.0×10^{-1}mol/L

ポイント 中和計算

x〔mol/L〕の酸(a価)V_1〔mL〕を y〔mol/L〕の塩基(b価)V_2〔mL〕で中和滴定したときに成り立つ式

$$x \times \dfrac{V_1}{1000} \times a \;\; = \;\; y \times \dfrac{V_2}{1000} \times b$$

Step **3** # 塩を分類し，塩の液性をマスターしよう。

●塩の分類

中和反応を思い出してみましょう。

酸 ＋ 塩基 ⟶ 塩 ＋ 水

中和反応で生成した塩は，その形から3種類に分類できます。

酸性塩 ⇒ 酸のHが残っている塩

例 $NaHSO_4$ ， $NaHCO_3$

H_2SO_4のHが　　H_2CO_3のHが
残っています　　残っています

チェック
しよう!
塩基性塩 ⇒ 塩基のOHが残っている塩

例 $MgCl(OH)$

$Mg(OH)_2$のOHが残っています

正 塩 ⇒ 酸のH，塩基のOHが残っていない塩

例 $NaCl$ ， Na_2CO_3 ， NH_4Cl

酸性塩といっても，水溶液が酸性を示すといっているのではありません。

例えば，酸性塩である

　$NaHSO_4$ の水溶液は酸性 を示しますが，

　$NaHCO_3$ の水溶液は塩基性 を示します。

つまり，塩を分類するときは，化学式だけを見て分類します。

NaH_2PO_4，Na_2HPO_4は酸性塩，
$CuCl(OH)$ は塩基性塩ですね。

●塩の水溶液の液性

NaHSO$_4$の水溶液は酸性を示し，NaHCO$_3$の水溶液は塩基性を示すといいました。ここでは，「塩の液性」，つまり塩の水溶液が「酸性・中性・塩基性」のいずれを示すかを考えてみます。以前学習した中和の反応式が書けることが必要ですから，p.276～p.278を復習しておきましょう。

塩の水溶液の液性は，「正塩と酸性塩」が出題されます。まず，次のように覚えてしまいましょう。

暗記しよう！

正塩 ⟹「強いものが勝つ!!」
酸性塩 ⟹ NaHSO$_4$ の水溶液は酸性
　　　　 NaHCO$_3$ の水溶液は塩基性

酸性塩は，2つだけ覚えればよいので簡単ですね。

正塩の「強いものが勝つ!!」とは，次のように考えます。

(1) CH$_3$COONaの場合

CH$_3$COONaを生じる中和反応をイメージします。

⬇

$$CH_3COOH + NaOH \longrightarrow CH_3COONa + H_2O$$

CH$_3$COOH⇒弱酸，NaOH⇒強塩基 ですから，CH$_3$COONaは「弱酸＋⑧塩基」の中和で生成します。ここで「⑧いもの」つまり「強塩基」が勝つ!!と考え，CH$_3$COONaの水溶液は塩基性を示すと判定します。

└─ 強塩基が勝つので塩基性

(2) Na$_2$CO$_3$の場合

Na$_2$CO$_3$を生じる中和反応から

$$\underset{弱酸}{H_2CO_3} + \underset{⑧塩基}{2NaOH} \longrightarrow Na_2CO_3 + 2H_2O$$

強いものが勝つので，強塩基が勝って塩基性です

> CO$_2$が水と反応して生じる炭酸H$_2$CO$_3$は弱酸です。
> CO$_2$+H$_2$O

と考え，Na$_2$CO$_3$の水溶液は塩基性を示すと判定します。

└─ 強塩基が勝つので塩基性

(3) NH₄Clの場合

NH₄Clを生じる中和反応から

$$\underset{\substack{\text{弱塩基}}}{\text{NH}_3} + \underset{\substack{\text{強酸}}}{\text{HCl}} \longrightarrow \underline{\underline{\text{NH}_4\text{Cl}}}$$

強いものが勝つので，強酸が勝って酸性です

と考え，NH₄Clの水溶液は酸性を示すと判定します。
└─ 強酸が勝つので酸性

(4) NaNO₃の場合

NaNO₃を生じる中和反応から

$$\underset{\substack{\text{強酸}}}{\text{HNO}_3} + \underset{\substack{\text{強塩基}}}{\text{NaOH}} \longrightarrow \underline{\text{NaNO}_3} + \text{H}_2\text{O}$$

強いものが勝つはずだが，強いものどうしなので「引き分け」と考え，中性とします

と考え，NaNO₃の水溶液は中性を示すと判定します。
└─ 引き分けなので中性

ポイント 塩の水溶液の液性

❶ 正塩について
　(1) (強酸＋強塩基)からなる正塩 ➡ 「引き分け」で中性
　　　例 NaCl，NaNO₃，KCl，Na₂SO₄，CaCl₂，Ba(NO₃)₂
　(2) (弱酸＋強塩基)からなる正塩 ➡ 「塩基」が勝って塩基性
　　　例 CH₃COONa，Na₂CO₃
　(3) (強酸＋弱塩基)からなる正塩 ➡ 「酸」が勝って酸性
　　　例 NH₄Cl，(NH₄)₂SO₄，CuSO₄，AlCl₃

❷ 酸性塩について
　　NaHSO₄は酸性，NaHCO₃は塩基性

●塩の加水分解

ここでは，塩の水溶液の液性についてより深く理解しておきましょう。

すでにCH_3COONaやNH_4Clなどの塩の水溶液が塩基性や酸性を示すことを紹介しましたが，これは次のようなイオン反応式で説明することができます。

(1) CH_3COONaの場合

まず，水溶液中でCH_3COONaがCH_3COO^-とNa^+に電離します。

$$CH_3COONa \longrightarrow CH_3COO^- + Na^+ \quad （電離）$$

次に，電離で生じたCH_3COO^-が水H_2Oと反応する（→この反応を**加水分解**といいます）ことで**塩基性**を示します。

$$CH_3COO^- + H_2O \rightleftharpoons CH_3COOH + OH^- \quad （加水分解）$$

CH_3COO^-がH_2OからH^+を受けとることでOH^-が生じます　塩基性

> 加水分解のイオン反応式は $\rightleftharpoons$ で書きます。

(2) Na_2CO_3の場合

Na_2CO_3の電離で生じた$CO_3{}^{2-}$の加水分解によりOH^-が生じることで**塩基性**を示します。

$$Na_2CO_3 \longrightarrow 2Na^+ + CO_3{}^{2-} \quad （電離）$$

$$CO_3{}^{2-} + H_2O \rightleftharpoons HCO_3^- + OH^- \quad （加水分解）$$

$CO_3{}^{2-}$がH_2OからH^+を受けとることでOH^-が生じます　塩基性

(3) $NaHCO_3$の場合

$NaHCO_3$の電離で生じたHCO_3^-の加水分解によりOH^-が生じることで**塩基性**を示します。

$$NaHCO_3 \longrightarrow Na^+ + HCO_3^- \quad （電離）$$

$$HCO_3^- + H_2O \rightleftharpoons H_2CO_3 + OH^- \quad （加水分解）$$

HCO_3^-がH_2OからH^+を受けとることでOH^-が生じます　塩基性

(4) NH₄Clの場合

NH₄Clの電離で生じたNH₄⁺の加水分解によりH₃O⁺(H⁺)が生じることで<u>酸性</u>を示します。

$$NH_4Cl \longrightarrow NH_4^+ + Cl^- \quad （電離）$$

$$\overbrace{NH_4^+ + H_2O}^{H^+} \rightleftharpoons NH_3 + \underset{酸性}{\underline{H_3O^+}} \quad （加水分解）$$

NH₄⁺がH₂OにH⁺を与える
ことでH₃O⁺が生じます

ポイント 加水分解

弱酸の陰イオンや弱塩基の陽イオンが水H₂Oと反応する反応
CH_3COO^-, CO_3^{2-},　　　NH_4^+など
HCO_3^-など

第12講 酸と塩基(1)(中和)

285

Step 4 pH計算をマスターしよう！

●pH

水溶液の酸性や塩基性の強さを表すのに，pH（ビーエイチ）を使いました。

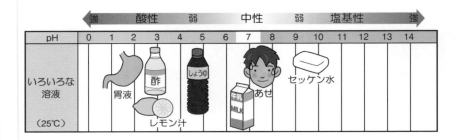

　25℃でpHの値が7のときが中性です。また，pHの値が7より小さいほど酸性が強く，pHの値が7より大きいほど塩基性が強くなります。pHは，

暗記しよう！　$[H^+] = 10^{-n}$ mol/L のとき，pH $= n$

となります。$[\ ]$は，モル濃度〔mol/L〕を表していますよ。また，pHは，

これも暗記しよう！　pH $= -\log_{10}[H^+]$

と表すこともできます。

　　　$\log_{10}10 = 1$　，　$\log_{10}10^a = a\log_{10}10 = a$

ですから，

　　　$[H^+] = 10^{-n}$mol/L　は　pH $= -\log_{10}10^{-n} = n\log_{10}10 = n$

となります。

●水のイオン積

　酸や塩基の水溶液では，**H⁺ のモル濃度[H⁺]とOH⁻のモル濃度[OH⁻]をかけ算した値が一定**になります。これをK_wと表し，**水のイオン積**といいます。
└ Wは水(water)を表しています

$$[\text{H}^+] \times [\text{OH}^-] = K_w$$
水溶液では一定の値

　K_wの値は，25℃で $1.0 \times 10^{-14} \text{mol}^2/\text{L}^2$ になります。

ポイント　水のイオン積

　　$K_w = [\text{H}^+][\text{OH}^-] = 1.0 \times 10^{-14} \text{mol}^2/\text{L}^2$　　（25℃）

●強酸・強塩基のpH

　いろいろな水溶液のpHを求めてみましょう。

(1) 強酸

　C〔mol／L〕の塩酸HClのpHを求めてみます。

　HClは強酸であり，電離度 $\alpha = 1$ つまり100％が電離しています。

	HCl	⟶	①H⁺	+	①Cl⁻
（電離前）	C mol/L				
（電離後）	0		$C \times$①mol/L		$C \times$①mol/L

強酸なので，すべて電離してなくなります

　よって，$[\text{H}^+] = C \times 1 = C$〔mol／L〕　となり，

　　pH $= -\log_{10} C$　です。

(2) 強塩基

　C〔mol／L〕の水酸化ナトリウムNaOH水溶液のpHを求めてみます。

　NaOHは強塩基であり，電離度 $\alpha = 1$ つまり 100％が電離しています。

	NaOH	⟶	①Na⁺	+	①OH⁻
（電離前）	C mol/L				
（電離後）	0		$C \times$①mol/L		$C \times$①mol/L

強塩基なので，すべて電離してなくなります

第 **12** 講

酸と塩基(1)　(中和)

よって，$[OH^-]=C\times1=C$〔mol/L〕　となります。水溶液では，水のイオン積K_wが成り立つので，

$$[H^+] \times C = K_w \quad \leftarrow [H^+][OH^-]=K_w \text{ に代入します}$$

$K_w=1.0\times10^{-14}mol^2/L^2$　から，

$$[H^+] \times C = 1.0\times10^{-14} \quad \text{となり，}$$

$$[H^+] = \frac{10^{-14}}{C}\text{〔mol/L〕} \quad \text{つまり}$$

$$pH = -\log_{10}\left(\frac{10^{-14}}{C}\right) \quad \text{です。}$$

文字で表すと難しそうですが，数値であればやさしいですよ。

$0.10 = \dfrac{1}{10} = 10^{-1}mol/L$　の　NaOH水溶液は，

$\quad [OH^-] = 10^{-1}\times1 = 10^{-1}mol/L$　となり，

$\quad [H^+]\times10^{-1} = K_w = 10^{-14}$　なので，

$\quad [H^+] = 10^{-13}mol/L$　つまり　pH=13　です。

●弱酸・弱塩基のpH

(1) 弱酸

C〔mol/L〕の酢酸CH_3COOH水溶液（電離度α）のpHを求めてみます。

C〔mol/L〕のCH_3COOHのうち，電離度がαなので，$C\times\alpha=C\alpha$〔mol/L〕のCH_3COOHが電離していることがわかります。

CH_3COOH 1 mol が電離すると，CH_3COO^- が1 mol，H^+ も1 mol生じるので，$C\alpha$〔mol/L〕のCH_3COOHが電離するとCH_3COO^- は$C\alpha$〔mol/L〕，H^+ も$C\alpha$〔mol/L〕生成します。

まとめると，次のようになります。

$$\text{CH}_3\text{COOH} \quad \rightleftharpoons \quad \text{CH}_3\text{COO}^- \quad + \quad \text{H}^+$$

（電離前）　　C　〔mol/L〕

（電離後）　$\underline{C-C\alpha}$　〔mol/L〕　　　　　$C\alpha$〔mol/L〕　　　　　　$C\alpha$〔mol/L〕

残っているCH_3COOHはC〔mol/L〕から
電離した$C\alpha$〔mol/L〕を引いたものです

よって，$[\text{H}^+]=C\alpha$〔mol/L〕　となり，

　　pH$=-\log_{10}C\alpha$　です。

(2) 弱塩基

C〔mol/L〕のアンモニアNH_3水（電離度α）のpHを求めてみましょう。

(1)と同じように考えます。

$C\times\alpha=C\alpha$〔mol/L〕のNH_3が電離しているので，次のようになります。

$$\text{NH}_3 \quad + \quad \text{H}_2\text{O} \quad \rightleftharpoons \quad \text{NH}_4^+ \quad + \quad \text{OH}^-$$

（電離前）　　C　〔mol/L〕

（電離後）　$C-C\alpha$〔mol/L〕　　　　　　$C\alpha$　〔mol/L〕　　　　　$C\alpha$　〔mol/L〕

よって，$[\text{OH}^-]=C\alpha$〔mol/L〕　となり，水溶液では水のイオン積が成り立つ
ので，$K_\text{w}=10^{-14}$　より，

　　$[\text{H}^+]\times C\alpha = 10^{-14}$　← $[\text{H}^+][\text{OH}^-]=K_\text{w}$ に代入します

　　$[\text{H}^+]=\dfrac{10^{-14}}{C\alpha}$〔mol/L〕　つまり

　　pH$=-\log_{10}\left(\dfrac{10^{-14}}{C\alpha}\right)$　です。

次のまとめを利用するとpH計算は簡単ですね。

Step 4 の内容をまとめると　　強酸・強塩基，弱酸・弱塩基

$\begin{cases} C\,\text{mol/L}\quad\text{HCl}\qquad\text{の}\ [\text{H}^+]\ =C \\ C\,\text{mol/L}\quad\text{NaOH}\qquad\text{の}\ [\text{OH}^-]=C \end{cases}$

$\begin{cases} C\,\text{mol/L}\quad\text{CH}_3\text{COOH}\quad\text{の}\ [\text{H}^+]\ =C\alpha \\ C\,\text{mol/L}\quad\text{NH}_3\qquad\text{の}\ [\text{OH}^-]=C\alpha \end{cases}$

次の各水溶液のpHを整数値で求めよ。$K_w = 1.0 \times 10^{-14} \, mol^2/L^2$ とする。

(1) 0.10 mol/L HCl
(2) 0.010 mol/L NaOH
(3) 0.10 mol/L CH$_3$COOH （電離度0.010）
(4) 0.050 mol/L NH$_3$ （電離度0.020）

解き方

(1) $0.10 = \dfrac{1}{10} = 10^{-1} \, mol/L$ の HCl なので，$[H^+] = 10^{-1} \, mol/L$

$$pH = -\log_{10}[H^+] = -\log_{10}10^{-1} = 1$$

(2) $0.010 = \dfrac{1}{100} = \dfrac{1}{10^2} = 10^{-2} \, mol/L$ の NaOH なので，

$[OH^-] = 10^{-2} \, mol/L$ となり，

$[H^+] \times 10^{-2} = K_w = 10^{-14}$ より

$[H^+] = 10^{-12} \, mol/L$

$$pH = -\log_{10}[H^+] = -\log_{10}10^{-12} = 12$$

(3) $0.10 \, mol/L$ の CH$_3$COOH なので，

$$[H^+] = C\alpha = 0.10 \times 0.010 = \dfrac{1}{10^3} = 10^{-3} \, mol/L$$

$$pH = -\log_{10}[H^+] = -\log_{10}10^{-3} = 3$$

(4) $0.050 \, mol/L$ の NH$_3$ なので，

$$[OH^-] = C\alpha = 0.050 \times 0.020 = \dfrac{1}{10^3} = 10^{-3} \, mol/L$$

となり，

$[H^+] \times 10^{-3} = K_w = 10^{-14}$ より，

$[H^+] = 10^{-11} \, mol/L$

$$pH = -\log_{10}[H^+] = -\log_{10}10^{-11} = 11$$

答え (1) 1 (2) 12 (3) 3 (4) 11

酸と塩基（2）
―中和滴定実験・緩衝液―

Step

1. 中和滴定の操作をおさえよう。

2. 器具の扱いを覚えよう。

3. 滴定曲線のおおよその形を覚えよう。

4. 逆滴定の問題を解けるようになろう。

5. 酢酸の pH と緩衝液の pH を求められるようにしよう。

Step 1 　中和滴定の操作をおさえよう。

●実験器具

まず，中和滴定に使う器具の名前を4つ覚えましょう。

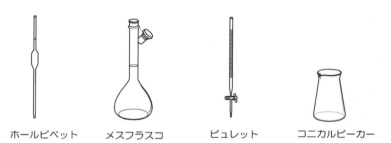

ホールピペット　　メスフラスコ　　ビュレット　　コニカルビーカー

次に，これらの器具を使い，濃度のわからない酢酸CH_3COOH水溶液（⇒x〔mol/L〕とします）を0.10mol/L水酸化ナトリウム$NaOH$水溶液で中和滴定してみます。

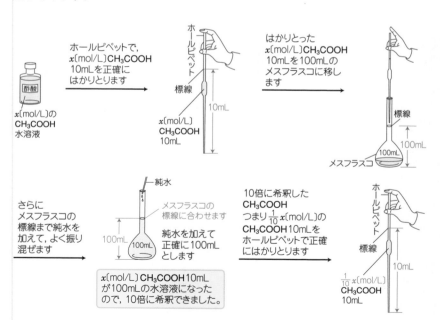

x〔mol/L〕の
CH_3COOH
水溶液

ホールピペットで，
x〔mol/L〕CH_3COOH
10mLを正確に
はかりとります

ホールピペット

標線

10mL

x〔mol/L〕
CH_3COOH
10mL

はかりとった
x〔mol/L〕CH_3COOH
10mLを100mLの
メスフラスコに移し
ます

標線

100mL

100mL

メスフラスコ

さらに
メスフラスコの
標線まで純水を
加えて，よく振り
混ぜます

純水

メスフラスコの
標線に合わせます

純水を加えて
正確に100mL
とします

100mL

100mL

x〔mol/L〕CH_3COOH10mL
が100mLの水溶液になった
ので，10倍に希釈できました。

10倍に希釈した
CH_3COOH
つまり$\frac{1}{10}x$〔mol/L〕の
CH_3COOH10mLを
ホールピペットで正確
にはかりとります

ホールピペット

標線

10mL

$\frac{1}{10}x$〔mol/L〕
CH_3COOH
10mL

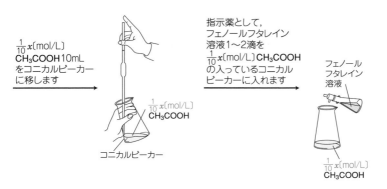

$\frac{1}{10}x$〔mol/L〕CH₃COOH10mL をコニカルビーカーに移します

指示薬として，フェノールフタレイン溶液1〜2滴を $\frac{1}{10}x$〔mol/L〕CH₃COOH の入っているコニカルビーカーに入れます

フェノールフタレイン溶液

$\frac{1}{10}x$〔mol/L〕CH₃COOH

コニカルビーカー

$\frac{1}{10}x$〔mol/L〕CH₃COOH

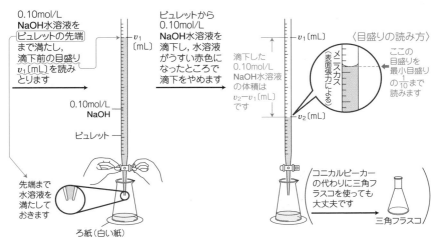

0.10mol/L NaOH水溶液をビュレットの先端まで満たし，滴下前の目盛り v_1〔mL〕を読みとります

ビュレットから0.10mol/L NaOH水溶液を滴下し，水溶液がうすい赤色になったところで滴下をやめます

〈目盛りの読み方〉

v_1〔mL〕

0.10mol/L NaOH

ビュレット

先端まで水溶液を満たしておきます

ろ紙（白い紙）

滴下した0.10mol/L NaOH水溶液の体積は v_2-v_1〔mL〕です

v_1〔mL〕

メニスカス《表面張力による》

ここの目盛りを最小目盛りの $\frac{1}{10}$ まで読みます

v_2〔mL〕

コニカルビーカーの代わりに三角フラスコを使っても大丈夫です

三角フラスコ

フェノールフタレインが無色から赤色に変色した時点で滴定を終えます。滴下した0.10mol/L NaOH水溶液は v_2-v_1〔mL〕になりますね

x〔mol/L〕酢酸CH₃COOH水溶液の濃度は，次のように求めます。メスフラスコを使って10倍に希釈し，$\frac{1}{10}x$〔mol/L〕となったCH₃COOH水溶液10mLを滴定するには，0.10mol/L NaOH水溶液が v_2-v_1〔mL〕必要だったので，

$$\underbrace{\frac{1}{10}x \times \frac{10}{1000} \times 1}_{\substack{\text{中和点までに}\\ \text{CH₃COOHの出すH}^+\text{〔mol〕}}} = \underbrace{0.10 \times \frac{v_2-v_1}{1000} \times 1}_{\substack{\text{中和点までに}\\ \text{NaOHの出すOH}^-\text{〔mol〕}}}$$

という式が成り立ちます。

Step 2 器具の扱いを覚えよう。

●器具の扱い方

　ホールピペット，メスフラスコ，ビュレットは，正確な目盛りがきざまれている
ガラス器具なので，加熱乾燥すると変形して目盛りが変化してしまいます。注意！

> **チェック**
> **しておこう!**　ホールピペット，メスフラスコ，ビュレットは，
> 　　　　　　　加熱乾燥してはいけない

　また，洗う方法は器具により異なります。

(1) ホールピペット，ビュレット

　水道水で洗い，純水ですすいだら，それぞれの**器具に入れる水溶液で2〜3回
洗う**「共洗い」という操作をおこなってから使います。純水ですすぎ，純水でぬれ
たまま使うと，濃度がうすくなってしまい，実験誤差を生じてしまうためです。

> 「ト」とついている器具（ホールピペット，ビュレット）は，
> とも洗いと覚えましょう。

(2) メスフラスコ，コニカルビーカーまたは三角フラスコ

　水道水で洗い，純水ですすいだら，純水でぬれたまま使います。

　純水を加えてうすめるメスフラスコは，純水でぬれたまま使えます。また，コ
ニカルビーカーや三角フラスコは，ホールピペットで一定の体積をとったときに，
溶質の物質量(mol)が決まるので純水でぬれたまま使えます。

ポイント　器具の扱い方のまとめ

　　　　　　加熱乾燥不可

ホールピペット，ビュレット，	メスフラスコ，コニカルビーカー，三角フラスコ
使用する溶液でとも洗いして使う	純水ですすぎ，ぬれたまま使う

| Step | **3** | **滴定曲線のおおよその形を覚えよう。** |

●滴定曲線

　酸に塩基(または　塩基に酸)を加えていき，「そのpH」と「**加えた塩基(または 酸)の体積**」との関係をグラフにしてみましょう。このグラフを滴定曲線といいます。滴定曲線は，次ページのような実験をおこない，つくります。

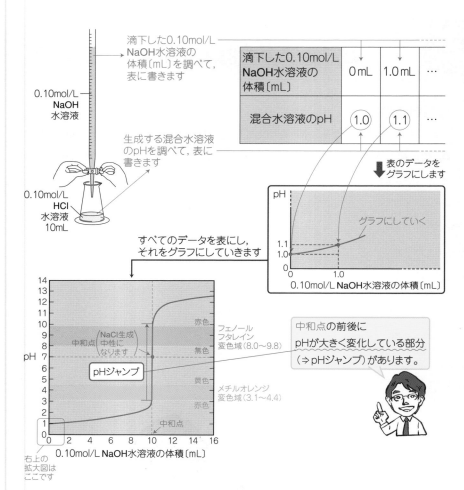

滴下した0.10mol/L NaOH水溶液の体積〔mL〕を調べて、表に書きます

生成する混合水溶液のpHを調べて、表に書きます

滴下した0.10mol/L NaOH水溶液の体積〔mL〕	0 mL	1.0 mL	…
混合水溶液のpH	1.0	1.1	…

表のデータをグラフにします

すべてのデータを表にし、それをグラフにしていきます

グラフにしていく

中和点の前後にpHが大きく変化している部分（⇒pHジャンプ）があります。

NaCl生成中和点中性になります

pHジャンプ

フェノールフタレイン変色域（8.0〜9.8）

メチルオレンジ変色域（3.1〜4.4）

赤色

無色

黄色

赤色

中和点

右上の拡大図はここです

中和点前・後のわずかなNaOH水溶液の体積変化（0.02mL程度）で、pHが大きく変化（約3→10）している「pHジャンプ」に注目します。

メチルオレンジが赤色から黄色に変わるときの体積も、フェノールフタレインが無色から赤色に変わるときの体積も、ほぼ10mLなので、中和点である10mLとほとんどズレがありません。
つまり、指示薬として
メチルオレンジとフェノールフタレインのどちらも使うことができます。

滴定曲線は，入試でよく出る次の4つの形を覚えておきましょう。pHジャンプ(｜のところ)に注目しましょう。

(1) 強酸＋強塩基
0.10mol/LのHCl水溶液10mLに
0.10mol/LのNaOH水溶液を滴下
したとき

(2) 強塩基＋強酸
0.10mol/LのNaOH水溶液10mLに
0.10mol/LのHCl水溶液を滴下
したとき

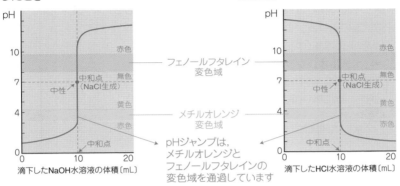

(3) 弱酸＋強塩基
0.10mol/LのCH₃COOH水溶液10mLに
0.10mol/LのNaOH水溶液を滴下
したとき

(4) 弱塩基＋強酸
0.10mol/LのNH₃水10mLに
0.10mol/LのHCl水溶液を滴下
したとき

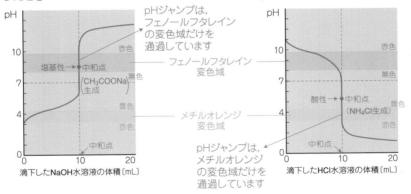

pHジャンプのほぼまん中が中和点で，中和点のpHを見れば生成する塩の水溶液が何性を示すかがわかります。

つまり，(1)と(2)の中和点では水溶液が中性のNaCl，(3)の中和点では水溶液が塩基性のCH₃COONa，(4)の中和点では水溶液が酸性のNH₄Clが生じています。

pHジャンプが指示薬の変色域を通過していれば，中和点を知ることができますから，指示薬は(1)と(2)ではメチルオレンジとフェノールフタレイン，(3)ではフェノールフタレイン，(4)ではメチルオレンジを選択すればよいとわかります。

ポイント 滴定曲線でおさえること

- ●「酸・塩基の組み合わせ」と「滴定曲線のおおよその形」を覚えよう。
- ●「指示薬の選び方」と「色の変化」を覚えよう。
  - 強酸＋強塩基(中和点：中性)
    - ⇒ メチルオレンジ と フェノールフタレイン
  - 弱酸＋強塩基(中和点：塩基性) ⇒ フェノールフタレイン
  - 強酸＋弱塩基(中和点：酸性) ⇒ メチルオレンジ

  コツ 「強酸のときはメチルオレンジOK」，「強塩基のときはフェノールフタレインOK」と覚えてしまおう。

Step **4** ## 逆滴定の問題を解けるようになろう。

●逆滴定

中和滴定でアンモニアNH₃などの気体の量を直接求めるのは難しいので，逆滴定とよばれる次の方法でその量を求めます。

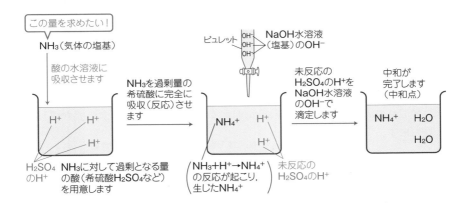

逆滴定を線分図に表してみます。

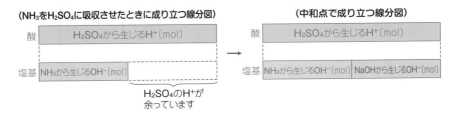

以上から，H₂SO₄は2価の酸，NH₃とNaOHはいずれも1価の塩基であることに注意すると，中和点では次の式が成り立ちます。

$$\underbrace{\mathrm{H_2SO_4}〔mol〕 \times \underset{(2価)}{2}}_{\mathrm{H_2SO_4から生じるH^+〔mol〕}} = \underbrace{\mathrm{NH_3}〔mol〕 \times \underset{(1価)}{1}}_{\mathrm{NH_3から生じるOH^-〔mol〕}} + \underbrace{\mathrm{NaOH}〔mol〕 \times \underset{(1価)}{1}}_{\mathrm{NaOHから生じるOH^-〔mol〕}}$$

次の練習問題で逆滴定に慣れておきましょう。

練習問題

0.10 mol/Lの希硫酸を120 mL用意し，気体のアンモニアNH₃を完全に吸収させ，未反応の希硫酸を0.20 mol/Lの水酸化ナトリウムNaOH水溶液で中和滴定すると20 mL要した。このとき，吸収されたNH₃の体積は0℃，1.013×10^5 Pa（標準状態）で何Lか。有効数字2桁で求めよ。

解き方

吸収されたNH₃の物質量をx〔mol〕とすると，中和点では次の式が成り立ちます。

$$\underbrace{0.10 \times \frac{120}{1000} \times \overset{\overset{\text{H}_2\text{SO}_4\text{は2価}}{\downarrow}}{2}}_{\text{酸から生じるH}^+\text{〔mol〕}} = \underbrace{x \times \overset{\overset{\text{NH}_3\text{は1価}}{\downarrow}}{1} + 0.20 \times \frac{20}{1000} \times \overset{\overset{\text{NaOHは1価}}{\downarrow}}{1}}_{\text{塩基から生じるOH}^-\text{の合計〔mol〕}}$$

$$x = 0.020 \, \text{mol}$$

0℃，1.013×10^5 Pa（標準状態）で気体1 molの体積は22.4 Lなので，NH₃について22.4 L/1 mol と表すことができて，吸収されたNH₃は，

NH₃ 1 molを表しています

$$0.020 \, \text{mol} \times \frac{22.4 \, \text{L}}{1 \, \text{mol}} \fallingdotseq 0.45 \, \text{L}$$

と求めることができます。

答え 0.45 L または 4.5×10^{-1} L

| Step | **5** | 酢酸のpHと緩衝液のpHを求められるようにしよう。 |

●弱酸のpH

酢酸 CH_3COOH は弱酸で，その電離のようすは，

$$CH_3COOH \rightleftharpoons CH_3COO^- + H^+$$

と表しました。このような**電離による平衡**を電離平衡といいます。

電離平衡における（濃度）平衡定数

思い出そう！　$K_a = \dfrac{[CH_3COO^-][H^+]}{[CH_3COOH]}$

↑
酸(acid)を表しています

を電離定数といいます。K_a は平衡定数ですから，温度が一定で一定の値になります。この K_a を使って，酢酸のpHを求めてみましょう。

C〔mol/L〕の酢酸 CH_3COOH 水溶液（電離度 α）の電離平衡時のそれぞれの濃度は，次のようになりましたね。

	CH_3COOH	$\rightleftharpoons$	CH_3COO^-	$+$	H^+
（電離前）	C 〔mol/L〕				
（電離平衡時）	$C-C\alpha$ 〔mol/L〕		$C\alpha$〔mol/L〕		$C\alpha$〔mol/L〕

ここで，K_a にそれぞれのモル濃度

$$[CH_3COOH] = C - C\alpha = C(1-\alpha) \text{〔mol/L〕,}$$

$$[CH_3COO^-] = C\alpha \text{〔mol/L〕,}$$

$$[H^+] = C\alpha \text{〔mol/L〕}$$

を代入します。

$$K_a = \frac{[CH_3COO^-][H^+]}{[CH_3COOH]} = \frac{C\alpha \cdot C\alpha}{C(1-\alpha)} = \frac{C^2\alpha^2}{C(1-\alpha)} = \frac{C\alpha^2}{1-\alpha}$$

となり，弱酸である CH_3COOH の電離度 α はふつう1よりかなり小さく，

$1-\alpha \fallingdotseq 1$　とすることができます。

↑
α は極めて小さいので，ほぼ1

よって，$K_{\mathrm{a}} = \dfrac{C\alpha^2}{1-\alpha} \fallingdotseq \dfrac{C\alpha^2}{1} = C\alpha^2$

と近似でき，

$$\alpha^2 = \dfrac{K_{\mathrm{a}}}{C}$$

$\alpha > 0$ より，

$$\alpha = \sqrt{\dfrac{K_{\mathrm{a}}}{C}} \quad \cdots ①$$

となります。ここで，$[\mathrm{H^+}]$は，$[\mathrm{H^+}] = C\alpha$〔mol／L〕 に①式を代入して，

$$[\mathrm{H^+}] = C\alpha = C\sqrt{\dfrac{K_{\mathrm{a}}}{C}} = \sqrt{C^2 \cdot \dfrac{K_{\mathrm{a}}}{C}} = \sqrt{CK_{\mathrm{a}}}\,(\mathrm{mol／L})$$

「かけ算した値の$\sqrt{}$になる」と覚えておきましょう

となり，pHを求めることができます。

ポイント

C〔mol／L〕の酢酸$\mathrm{CH_3COOH}$水溶液（電離度α，電離定数K_{a}）のαや$[\mathrm{H^+}]$は，

$$\alpha = \sqrt{\dfrac{K_{\mathrm{a}}}{C}}$$ √かけ算

$$[\mathrm{H^+}] = C\alpha = \sqrt{CK_{\mathrm{a}}}\,(\mathrm{mol/L})$$

●**緩衝液**

まず，中性 つまり pH＝7 の水1.0Lを用意します。

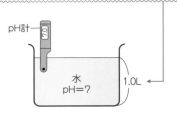

pH計

水
pH＝7   1.0L

わずかな量

ここに，10mol／LのHCl水溶液を1.0mLだけ入れてみます。すると，pH＝2 となり，pHは5も減少します。

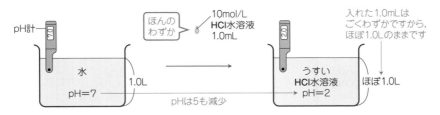

このときのpHは，次のように求めます。

10mol/LのHCl 1.0mLから電離して生じるH^+は，

$1HCl \longrightarrow 1H^+ + Cl^-$　より，

$$\underbrace{\underbrace{\frac{10\,mol}{1\,\cancel{L}} \times \frac{1.0}{1000}\,\cancel{L} \times 1}_{HCl\,(mol)}}_{HClの出すH^+\,(mol)}\ (mol)$$

ですね。また，水1.0Lに1.0mL（＝0.0010L）のHCl水溶液を加えてできた水溶液の体積は，1.0＋0.0010≒1.0L　です。

ほぼ

よって，$[H^+] = \dfrac{\boxed{10 \times \dfrac{1.0}{1000} \times 1\,mol}\ \text{—}\,H^+\,(mol)}{\boxed{1.0\,L}\ \text{—}\,水溶液\,(L)} = 10^{-2}\,mol/L$　となり，

pH＝2　です。

次に，0.10molのCH₃COOH と 0.080molのCH₃COONa を溶かした
pH＝4.6の水溶液1.0Lを用意します。

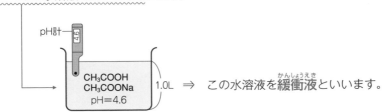

ここに，さっきと同じ量の10mol/L HCl水溶液1.0mLを入れてみます。すると，pH＝4.5となり，pHはわずか0.1だけ減少します。

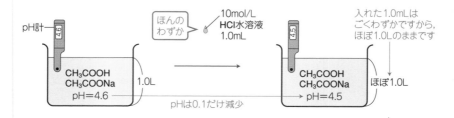

　このCH₃COOHとCH₃COONaの混合水溶液のように，**強酸がわずかに混合**

　　　　　　　　　　　　　　　　　　　　↳今回は，HCl

してもpHの値がほとんど変わらない溶液を緩衝液といいます。緩衝液は，強酸

だけでなく強塩基がわずかに混合しても，pHの値はほとんど変わりません。

ポイント 緩衝液の特徴

$$水 1.0L \quad (pH=7) \longrightarrow pH=2$$

pHの値が大きく変わる

10mol/L HCl 1.0mL加える

$$\left\{\begin{array}{l} CH_3COOH \ 0.10\,mol \\ CH_3COONa \ 0.080\,mol \\ の混合水溶液 1.0L \end{array}\right. \quad (pH=4.6) \longrightarrow pH=4.5$$

（緩衝液）

pHの値がほとんど変わらない

●緩衝作用

　「強酸や強塩基がわずかに加えられてもpHの値をほぼ一定に保つはたらき」を

緩衝作用といい，**緩衝作用のある水溶液**を緩衝液といいます。

　緩衝液の例として，

❶（弱酸＋その弱酸の塩）の水溶液

　　例　（CH₃COOH＋CH₃COONa）の水溶液

❷（弱塩基＋その弱塩基の塩）の水溶液

　　例　（NH₃＋NH₄Cl）の水溶液

を覚えておきましょう。これらの水溶液に少量のH⁺（強酸）やOH⁻（強塩基）を加

えると，次のように反応します。

❶ の緩衝液の反応

$$CH_3COO^- + H^+ \longrightarrow CH_3COOH \quad \leftarrow 加えた H^+ がなくなります！$$

$$CH_3COOH + OH^- \longrightarrow CH_3COO^- + H_2O \quad \leftarrow 加えた OH^- がなくなります！$$

❷ の緩衝液の反応

$$NH_3 + H^+ \longrightarrow NH_4^+ \quad \leftarrow 加えた H^+ がなくなります！$$

$$NH_4^+ + OH^- \longrightarrow NH_3 + H_2O \quad \leftarrow 加えた OH^- がなくなります！$$

加えた少量のH^+（強酸）やOH^-（強塩基）がなくなってしまい，$[H^+]$や$[OH^-]$がほとんど変化しないので，pHがほとんど変化しません。

●緩衝液のpH

CH_3COOHとCH_3COONaが混合した緩衝液のpHは，次の手順で求めましょう。

手順1 緩衝液中のCH_3COOHとCH_3COONa（CH_3COOHとCH_3COO^-）のモル比を求めます。

手順2 手順1で求めた比をK_aに代入します。

例えば，0.10molのCH_3COOHと0.080molのCH_3COONaを混合した1.0Lの緩衝液のpHを小数第1位まで求めてみましょう（$\log_{10}2 = 0.30$ とします）。

手順1 CH_3COOH ： CH_3COONa

$$= CH_3COOH : CH_3COO^- = 0.10\,mol : 0.080\,mol = \boxed{5} : \boxed{4}$$

モル比

代入します　　　　　　　代入します

手順2 $K_a = \dfrac{[CH_3COO^-][H^+]}{[CH_3COOH]} = \dfrac{4[H^+]}{5}$ ← [ ]はmol/Lですが，混合水溶液の体積は同じ1.0Lなので，molの比 ＝ mol/Lの比 となります

$K_a = 2 \times 10^{-5}$ とすると，

$$[H^+] = \frac{5}{4} \times K_a = \frac{\boxed{5 \times 2}^{10}}{4} \times 10^{-5} = \frac{\boxed{10 \times 10^{-5}}^{10^{-4}}}{4} = \frac{10^{-4}}{2^2}\,mol/L$$

$$pH = -\log_{10}[H^+] = -\log_{10}\frac{10^{-4}}{2^2}$$

$$= -(\log_{10}10^{-4} - \log_{10}2^2)$$

$$= 4 + 2\log_{10}2 = 4 + 2 \times 0.30 = \underline{4.6}\,答$$

$\log_{10}2 = 0.30$

0.10 mol/Lの酢酸水溶液500 mLと0.10 mol/Lの酢酸ナトリウム水溶液500 mLを混合した水溶液のpHを小数第1位まで求めよ。ただし，酢酸の電離定数K_aを2×10^{-5} mol/L，$\log_{10} 2 = 0.30$ とする。

解き方

CH_3COOHとCH_3COONaの混合した緩衝液のpHを求める問題ですね。

手順1 → **手順2** の流れで求めましょう。

手順1 CH_3COOHとCH_3COO^-のモル比を求める。

$$CH_3COOH : CH_3COO^- = 0.10 \times \frac{500}{1000} \text{mol} : 0.10 \times \frac{500}{1000} \text{mol}$$

$$= \underset{\text{モル比}}{\underline{1 : 1}}$$

手順2 モル比をK_aに代入する。

$$K_a = \frac{[CH_3COO^-][H^+]}{[CH_3COOH]} = \frac{1[H^+]}{1} = [H^+]$$

より，

$$[H^+] = K_a = 2 \times 10^{-5} \text{mol/L}$$

よって，

$$pH = -\log_{10}[H^+] = -\log_{10}(2 \times 10^{-5})$$
$$= 5 - \underset{\underset{\log_{10} 2 = 0.30}{\uparrow}}{\log_{10} 2} = 5 - 0.30 = 4.7$$

答え 4.7

ポイント

A〔mol〕のCH_3COOH と B〔mol〕のCH_3COONa の緩衝液の$[H^+]$は，

$$K_a = \frac{[CH_3COO^-][H^+]}{[CH_3COOH]} = \frac{B[H^+]}{A}$$

つまり，$[H^+] = \dfrac{A}{B} \times K_a$

第 14 講

酸化と還元

Step ❶ 定義をおさえ，酸化数を求められるようにしよう。

●定義

中学時代に，

> 酸化 … 酸素Oと結びつく変化
> 還元 … 酸素Oを失う変化

と学びました。

$$CuO + H_2 \longrightarrow Cu + H_2O$$

の反応では，「H_2は酸素Oと結びつき」，「CuOは酸素Oを失って」います。つまり，この反応では，

「H_2は酸化された」 ， 「CuOは還元された」

といえますね。

H_2はOと結びついたので，H_2は酸化された

$$\underline{CuO} + \underline{H_2} \longrightarrow \underline{Cu} + \underline{H_2O}$$

CuOはOを失ったので，CuOは還元された

（酸化と還元は同時に起こる）

また，酸化・還元は，水素Hのやりとりで考えることもできます。

> 酸化 … 酸素Oと結びつき，水素Hを失う変化
> 還元 … 酸素Oを失い，水素Hと結びつく変化

といえます。

I_2はHと結びついたので，I_2は還元された

$$\underline{H_2S} + \underline{I_2} \longrightarrow \underline{S} + \underline{2HI}$$

H_2SはHを失ったので，H_2Sは酸化された

（酸化と還元は同時に起こる）

酸素Oや水素Hのやりとりで酸化・還元を考えるのは，少しわずらわしいです
よね。もう少し簡単に酸化・還元を判断したいですね。そこで，酸化数（さんかすう）というも
のを考えてみることにします。酸化数を求めてしまえば，

「酸化数が変化している反応は酸化還元反応である」

と判定でき，酸化数の増減から「酸化された物質」と「還元された物質」を探す
ことができます。

　さっき考えたばかりの反応も，

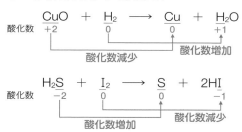

のように，酸化数が増加・減少している反応なので酸化還元反応であるとわかり
ます。また，

暗記しよう！　「酸化数が増加する」　⇒　「酸化された」
　　　　　　　　「酸化数が減少する」　⇒　「還元された」

と覚えてしまえば，

　「酸化された」のは，「酸化数が増加」している H_2 や H_2S

　「還元された」のは，「酸化数が減少」している CuO や I_2

と，酸素Oや水素Hに注目しなくても酸化された物質と還元された物質を簡単に
探すことができます。この便利な酸化数は，次の❶〜❻のルールにしたがって求
めることができます。

●酸化数の決め方

ルール❶ 単体中の原子の酸化数は $\overset{ゼロ}{0}$

　　　例 $\underset{0}{H_2}$, $\underset{0}{Cu}$, $\underset{0}{I_2}$, $\underset{0}{S}$

ルール❷ 化合物中のHの酸化数は＋1，Oの酸化数は－2

　　　例 $\underset{+1\ -2}{H_2O}$, $\underset{-2}{CuO}$, $\underset{+1}{H_2S}$, $\underset{+1}{HI}$

　　　注 ルール❷には，例外があります。次の2つを覚えておきましょう。

　　　　　　〈ルール❷の例外で，入試によく出題されるもの〉

　　　水素化ナトリウム〉 $\underset{-1}{NaH}$, $\underset{-1}{H_2O_2}$ 〈過酸化水素

ルール❸ 化合物をつくっている原子の酸化数の $\overset{ゼロ}{合計は0}$

　　　例 $\underset{+2\ -2}{CuO}$ 　　$\underset{Cu}{(+2)} + \underset{O}{(-2)} = 0$

　　　　　$\underset{+1\ -2}{H_2O}$ 　　$\underset{H}{(+1)} \times 2 + \underset{O}{(-2)} = 0$

ルール❹ 1つの原子からできている単原子イオンの酸化数は，イオンの電荷と
同じ

　　　　　　　　　　　　　　　　　　　電荷に注目しましょう

　　　例 $\underset{+3}{Al^{3+}}$, $\underset{+1}{H^+}$, $\underset{-2}{O^{2-}}$, $\underset{-1}{Cl^-}$

ルール❺ 2つ以上の原子からできている多原子イオンの酸化数の合計は，イオ
ンの電荷と同じ

　　　　　　イオンの電荷が＋1なので，酸化数の合計も＋1です

　　　例 $\underset{-3\ +1}{NH_4^{\oplus}}$ 　　$\underset{N}{(-3)} + \underset{H}{(+1)} \times 4 = (+1)$

　　　　　　イオンの電荷が－2なので，酸化数の合計も－2です

　　　　　$\underset{+6\ -2}{SO_4^{2-}}$ 　　$\underset{S}{(+6)} + \underset{O}{(-2)} \times 4 = (-2)$

ルール⑥ 化合物中のアルカリ金属の酸化数は +1，アルカリ土類金属の酸化数
は +2
　↳Li, Na, K, …　　　　　　　　　↳Be, Mg, Ca, Sr, Ba, …

Li^+，Na^+，K^+，Be^{2+}，Mg^{2+}，Ca^{2+}，Sr^{2+}，Ba^{2+} をイメージしましょう。

例 $\underset{+1 \ -1}{NaH}$ ， $\underset{+2 \ -2}{CaO}$ ， $\underset{+2}{BaSO_4}$

　　例えば，$KMnO_4$ 中の Mn の酸化数を求めてみましょう。Mn の酸化数を x とします。

$$KMnO_4 \ \Rightarrow \ \underset{K}{(+1)} + \underset{Mn}{x} + \underset{O}{(-2)} \times 4 = 0$$

┌化合物の酸化数の合計は0です

アルカリ金属は +1　　O は −2

より，$x = +7$ **答**
└符号を忘れないこと

　　または，$KMnO_4$ をイオンに分けて，

$$KMnO_4 \longrightarrow K^+ + \underset{x}{MnO_4^-}$$

イオンの電荷が −1 なので，酸化数の合計も −1 です

$$MnO_4^{\ominus} \ \Rightarrow \ \underset{Mn}{x} + \underset{O}{(-2)} \times 4 = \boxed{-1} \quad より，x = +7 \ 答$$

ポイント　酸化還元のコツ

酸化数さえ求められると，その後が楽になる。

使い捨てカイロは
酸化反応

●定義のまとめ

ここで，酸化・還元についてまとめていくことにしましょう。

「酸化」は，酸素Oと結びつく変化でした。例えば，次の反応ではCuは酸化されていますね。

$$2Cu \ + \ O_2 \ \rightarrow \ 2CuO \ (Cuが酸化された)$$

この反応で生じたCuOは，Cu^{2+}とO^{2-}がイオン結合で結びついてできた化合物です。つまり，「CuがCu^{2+}」，「O_2がO^{2-}」になる反応が起こっていますね。

$$Cu \longrightarrow Cu^{2+} + 2e^- \quad \cdots ① \quad ←Cuが電子e^-を失いCu^{2+}になります$$
$$O_2 + 4e^- \longrightarrow 2O^{2-} \qquad \cdots ② \quad ←O_2が電子e^-を受けとり2O^{2-}になります$$

（①×2+② より，$2Cu + O_2 \longrightarrow 2CuO$ となります。）

このように，酸化・還元反応は酸素Oや水素Hのやりとりで判定できるだけでなく，電子e$^-$のやりとりからも判定することができます。また，電子e$^-$をやりとりする数は，さきほど学習した酸化数の増減からわかります。

酸化数

$$\underset{0}{Cu} \longrightarrow \underset{+2}{Cu^{2+}} \ + \ 2e^- \quad \Rightarrow Cu \ 1個は電子 e^- \ 2個を失っています$$

酸化数が2増加したことから，Cu 1個が電子e$^-$ 2個を失ったことがわかります

酸化数の変化を調べると，さまざまなことがわかりますね。いよいよ，まとめに入りましょう。多くのことを紹介してきましたが，ここで覚えてほしいことがあります。

暗記しよう！
$$\begin{bmatrix} 還元剤 & \Rightarrow & 電子e^-を与える物質 \\ 酸化剤 & \Rightarrow & 電子e^-をうばう物質 \end{bmatrix}$$

つまり，

還元剤 $\xrightarrow{\ e^- \ }$ 酸化剤

となります。また，還元剤は，相手を還元し，自分は酸化されます。ここで，CuがCu^{2+}に変化する反応を使って考えますよ。

$$\underset{0}{\text{Cu}} \xrightarrow[\text{酸化数が増加しています}]{} \underset{+2}{\text{Cu}^{2+}} + \underset{\text{Cuは電子}e^-\text{を失っています}}{2e^-}$$

酸化数

この反応を見ると，Cuはe^-を失って（与えて）いるので還元剤ですね。

まとめると，還元剤については次のようにいえます。

還元剤であるCuは， ➡ 相手を還元し，自分は酸化される ➡ 酸化されると電子e^-を失う ➡ 酸化数が0から$+2$に増加する

酸化剤については，還元剤と逆に考えればいいですね。

酸化剤は， ➡ 相手を酸化し，自分は還元される ➡ 還元されると電子e^-を得る ➡ 酸化数が減少する

ポイント❶ 還元剤と酸化剤のまとめ

還元剤	酸化される	電子e^-を失う	酸化数が増加する
酸化剤	還元される	電子e^-を得る	酸化数が減少する

ポイント❷ 酸化と還元のまとめ

酸化される	酸素Oと結びつく	水素Hを失う	電子e^-を失う	酸化数が増加する
還元される	酸素Oを失う	水素Hと結びつく	電子e^-を得る	酸化数が減少する

●酸化還元反応の見つけ方

　酸化数が増加・減少している反応は，もちろん酸化還元反応です。ただ，酸化数を求めずに酸化還元反応を見つけることができればもっと楽ですね。そこで，**ステップ1**～**ステップ3**にしたがって，酸化還元反応をお手軽に探してみましょう。

ステップ1　反応式のどこかに 単体 があると，その反応を酸化還元反応と判定します。

$$\boxed{例}\quad H_2S\ +\ H_2O_2\ \longrightarrow\ \underset{\uparrow}{S}\ +\ 2H_2O$$

単体あり→酸化還元反応です

ステップ2　酸と塩基の中和反応は，酸化還元反応ではありません。

$$\boxed{例}\quad H_2SO_4\ +\ 2NaOH\ \longrightarrow\ Na_2SO_4\ +\ 2H_2O\quad（中和反応）$$

ステップ3　ステップ1やステップ2で判定できないときは，酸化数を求めてみます。酸化数が増加・減少している反応は酸化還元反応ですし，酸化数が変化していない反応は酸化還元反応ではありません。

$$\boxed{例}\quad \underset{-1}{H_2O_2}\ +\ \underset{+4}{SO_2}\ \longrightarrow\ \underset{+6-2}{H_2SO_4}\quad（酸化還元反応です）$$

酸化数

$$\underset{+2\ +4-2}{CaCO_3}\ \longrightarrow\ \underset{+2\ -2}{CaO}\ +\ \underset{+4-2}{CO_2}\quad\left(\begin{array}{c}酸化還元反応\\ではありません\end{array}\right)$$

酸化数

Step **2** 酸化還元反応の反応式をつくってみよう。

●酸化還元反応の反応式の書き方

　還元剤は電子e^-を与える物質，酸化剤は電子e^-をうばう物質でした。まず，おもな還元剤や酸化剤の「**名前**」や「**水溶液中での反応のようす**」を紹介します。

(1) 酸化剤のはたらきを示す反応式

　酸化剤 ＋ ●e^- ⟶ 変化後 （ 酸化剤 は，●個のe^-をうばう）

ハロゲン単体 (Cl_2, Br_2, I_2)	例 $Cl_2 + 2e^- \longrightarrow 2Cl^-$
過マンガン酸イオン MnO_4^-	$MnO_4^- + 8H^+ + 5e^- \longrightarrow Mn^{2+} + 4H_2O$
二クロム酸イオン $Cr_2O_7^{2-}$	$Cr_2O_7^{2-} + 14H^+ + 6e^- \longrightarrow 2Cr^{3+} + 7H_2O$
熱濃硫酸 H_2SO_4 （加熱した濃硫酸）	$H_2SO_4 + 2H^+ + 2e^- \longrightarrow SO_2 + 2H_2O$
濃硝酸	$HNO_3 + H^+ + e^- \longrightarrow NO_2 + H_2O$
希硝酸	$HNO_3 + 3H^+ + 3e^- \longrightarrow NO + 2H_2O$

これらの反応式は
電子e^-を含むイオン反応式
（または，半反応式）とよばれます。

(2) 還元剤のはたらきを示す反応式

　還元剤 ⟶ 変化後 ＋ ●e^- （ 還元剤 は，●個のe^-を失う）

金属単体	例 $Zn \longrightarrow Zn^{2+} + 2e^-$
ハロゲン化物イオン（Cl^-, Br^-, I^-）	例 $2Cl^- \longrightarrow Cl_2 + 2e^-$
硫化水素 H_2S	$H_2S \longrightarrow S + 2H^+ + 2e^-$
シュウ酸 $(COOH)_2$	$(COOH)_2 \longrightarrow 2CO_2 + 2H^+ + 2e^-$

注 過酸化水素H_2O_2や二酸化硫黄SO_2は酸化剤としても還元剤としてもはたらきます。

過酸化水素 H_2O_2	酸化剤として はたらくとき	$H_2O_2 + 2H^+ + 2e^- \longrightarrow 2H_2O$
	還元剤として はたらくとき	$H_2O_2 \longrightarrow O_2 + 2H^+ + 2e^-$
二酸化硫黄 SO_2	酸化剤として はたらくとき	$SO_2 + 4H^+ + 4e^- \longrightarrow S + 2H_2O$
	還元剤として はたらくとき	$SO_2 + 2H_2O \longrightarrow SO_4{}^{2-} + 4H^+ + 2e^-$

　多くの電子e^-を含むイオン反応式が出てきて圧倒された人もいると思います。ただ，みなさんに覚えてほしいのは反応式のすべてではなく，色のついた部分，つまり「**還元剤**や**酸化剤の化学式**」と「**その変化後の化学式**」だけですよ。

　これで少し気が楽になりましたか？

　「変化後の化学式」は，

　「 濃からは２ ， 希からは１ 」，「ニクロムさん は ニクロムさん」

$\begin{pmatrix} 濃硫酸 \to SO_2 & 希硝酸 \to NO_1 \\ 濃硝酸 \to NO_2 & \end{pmatrix}$ $\left(\underset{\text{ニクロム酸イオン}}{Cr_2O_7{}^{2-}} \to \underset{\text{にクロム3}}{2\ Cr^{3+}} \right)$

とゴロを使い，残りは，

$$MnO_4{}^- \longrightarrow Mn^{2+}, \quad H_2S \longrightarrow S, \quad (COOH)_2 \longrightarrow 2CO_2$$

$$H_2O_2 \underset{\searrow O_2}{\overset{\nearrow H_2O}{}}, \quad SO_2 \underset{\searrow SO_4{}^{2-}}{\overset{\nearrow S}{}}$$

と一気に覚えてしまいましょう。これで変化後の化学式の暗記は終わってしまいました。

「変化後の化学式」さえ覚えてしまえば，残りは次の**手順**にしたがって，電子e^-を含むイオン反応式をつくっていくことになります。

電子e^-を含むイオン反応式のつくり方の例

手順1 酸化剤，還元剤とその変化後を書きます。 ← ここは暗記しました

手順2 両辺のOの数が等しくなるようにH_2Oを加えます。

手順3 両辺のHの数が等しくなるようにH^+を加えます。

手順4 両辺の電荷が等しくなるように電子e^-を加えます。

手順1～**手順4**にしたがって，酸化剤である過マンガン酸イオンMnO_4^-について電子e^-を含むイオン反応式をつくってみましょう。MnO_4^-の変化後は，Mn^{2+}でした。

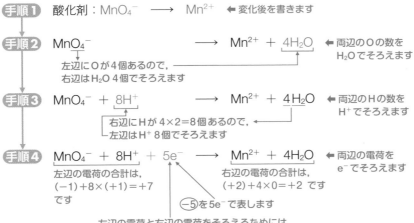

手順1 酸化剤：$MnO_4^- \longrightarrow Mn^{2+}$ ← 変化後を書きます

手順2 $MnO_4^- \longrightarrow Mn^{2+} + 4H_2O$ ← 両辺のOの数をH_2Oでそろえます

　左辺にOが4個あるので，右辺はH_2O 4個でそろえます

手順3 $MnO_4^- + 8H^+ \longrightarrow Mn^{2+} + 4H_2O$ ← 両辺のHの数をH^+でそろえます

　右辺にHが4×2=8個あるので，左辺はH^+ 8個でそろえます

手順4 $MnO_4^- + 8H^+ + 5e^- \longrightarrow Mn^{2+} + 4H_2O$ ← 両辺の電荷をe^-でそろえます

　左辺の電荷の合計は，$(-1)+8×(+1)=+7$です

　右辺の電荷の合計は，$(+2)+4×0=+2$ です

　-5を$5e^-$で表します

　左辺の電荷と右辺の電荷をそろえるためには，$(+7)-5=(+2)$より，-5が必要です

次は，還元剤です！

次に，還元剤であるシュウ酸$(COOH)_2$についても，電子e^-を含むイオン反応式をつくりましょう。$(COOH)_2$の変化後は，$2CO_2$でした。

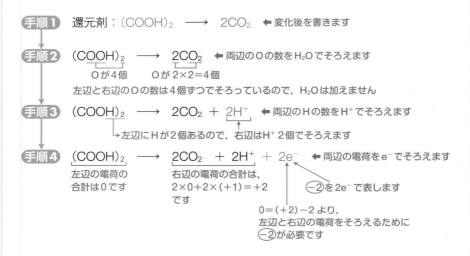

手順1 還元剤：$(COOH)_2 \longrightarrow 2CO_2$ ← 変化後を書きます

手順2 $(COOH)_2 \longrightarrow 2CO_2$ ← 両辺のOの数をH_2Oでそろえます
Oが4個　　　Oが$2×2=4$個
左辺と右辺のOの数は4個ずつでそろっているので，H_2Oは加えません

手順3 $(COOH)_2 \longrightarrow 2CO_2 + 2H^+$ ← 両辺のHの数をH^+でそろえます
→左辺にHが2個あるので，右辺はH^+2個でそろえます

手順4 $(COOH)_2 \longrightarrow 2CO_2 + 2H^+ + 2e^-$ ← 両辺の電荷をe^-でそろえます
左辺の電荷の合計は0です
右辺の電荷の合計は，$2×0+2×(+1)=+2$です
(-2)を$2e^-$で表します
$0=(+2)-2$より，左辺と右辺の電荷をそろえるために(-2)が必要です

これで，酸化剤や還元剤の電子e^-を含むイオン反応式をつくることができました。

この2つの反応式を **手順5** と **手順6** にしたがって組み合わせましょう。そうすると，酸化剤と還元剤のイオン反応式と化学反応式をつくることができます。

┌─ イオン反応式や化学反応式のつくり方 ─

手順5 **手順1** ～ **手順4** にしたがって，酸化剤と還元剤の反応式をつくり，電子e^-の数を等しくするために，それぞれの反応式を何倍かし，反応式をたすことで電子e^-を消去します。これで，イオン反応式が完成します。

手順6 **手順5** でつくったイオン反応式の両辺に，省略していた陽イオンや陰イオンを加えます。これで化学反応式が完成します。

「希硫酸で酸性にした$KMnO_4$水溶液と$(COOH)_2$水溶液との化学反応式」をつくってみましょう。

さきほど，**手順1** ～ **手順4** にしたがってMnO_4^-や$(COOH)_2$についてe^-を含むイオン反応式をつくりました。

$$MnO_4^- + 8H^+ + 5e^- \longrightarrow Mn^{2+} + 4H_2O \quad \cdots ①$$

$$(COOH)_2 \longrightarrow 2CO_2 + 2H^+ + 2e^- \quad \cdots ②$$

手順5 e^- を消去するために，e^- の係数をそろえます。

つまり，①式を2倍，②式を5倍して，$10e^-$ でそろえます。

└→ $5e^-$ と $2e^-$ の最小公倍数ですね

たすことで $10e^-$ を消去できます

─ H^+ は左辺に6個余ります

$$2MnO_4^- + \overset{6H^+}{\cancel{16H^+}} + \cancel{10e^-} \longrightarrow 2Mn^{2+} + 8H_2O \quad \Leftarrow ①×2 より$$

$$+)\ 5(COOH)_2 \longrightarrow 10CO_2 + \cancel{10H^+} + \cancel{10e^-} \quad \Leftarrow ②×5 より$$

イオン反応式 $2MnO_4^- + 6H^+ + 5(COOH)_2 \longrightarrow 2Mn^{2+} + 10CO_2 + 8H_2O$

これでイオン反応式が完成しました。「イオン反応式を書け」という問題では，これが答えになります。

「化学反応式を書け」という問題では，最後の **手順6** を行います。

手順6 **手順5** で完成したイオン反応式を見ながら，省略していたイオンを加えます。

イオン反応式 $2MnO_4^- + 6H^+ + 5(COOH)_2 \longrightarrow 2Mn^{2+} + 10CO_2 + 8H_2O$

イオン反応式の左辺にあるイオンに注目しましょう。

MnO_4^- は $KMnO_4$ のことですね。MnO_4^- に K^+ を加えれば $KMnO_4$ にすることができます。

H^+ は何を表しているのでしょうか？　問題文を確認しましょう。

「希硫酸で酸性にした…」と書いてありますね。つまり，H^+ は硫酸 H_2SO_4 から電離して生じた H^+ を表しているのです。H_2SO_4 は $\boxed{\begin{array}{l} H^+ \\ H^+ \end{array} SO_4^{2-}}$ と考え，H^+ 2個について SO_4^{2-} 1個を加えます。

└→ SO_4^{2-} の個数は H^+ の個数の半分です

では，まとめますよ。左辺に加えたイオンと同じ数のイオンを右辺にも加えることを忘れないでくださいね。

$$2MnO_4^- + 6H^+ + 5(COOH)_2 \longrightarrow 2Mn^{2+} + 10CO_2 + 8H_2O$$

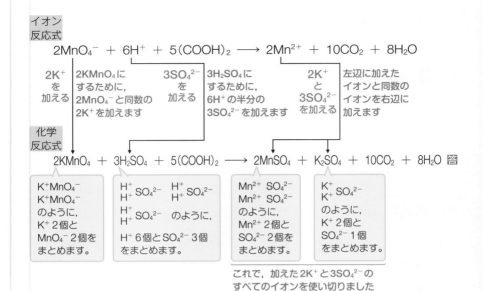

$2K^+$ を加える　2KMnO_4にするために、$2MnO_4^-$と同数の$2K^+$を加えます

$3SO_4^{2-}$ を加える　3H_2SO_4にするために、$6H^+$の半分の$3SO_4^{2-}$を加えます

$2K^+$ と $3SO_4^{2-}$ を加える　左辺に加えたイオンと同数のイオンを右辺に加えます

化学
反応式

$$2KMnO_4 + 3H_2SO_4 + 5(COOH)_2 \longrightarrow 2MnSO_4 + K_2SO_4 + 10CO_2 + 8H_2O \ \text{答}$$

$K^+MnO_4^-$
$K^+MnO_4^-$
のように、
K^+ 2個と
MnO_4^- 2個を
まとめます。

$H^+ \ SO_4^{2-} \ H^+$
$H^+ \ SO_4^{2-}$
$H^+ \ SO_4^{2-}$ のように、
H^+ 6個とSO_4^{2-} 3個をまとめます。

$Mn^{2+} \ SO_4^{2-}$
$Mn^{2+} \ SO_4^{2-}$
のように、
Mn^{2+} 2個と
SO_4^{2-} 2個を
まとめます。

$K^+ \ SO_4^{2-}$
K^+
のように、
K^+ 2個と
SO_4^{2-} 1個を
まとめます。

これで、加えた$2K^+$と$3SO_4^{2-}$の
すべてのイオンを使い切りました

これで化学反応式が完成しました。

Step ③ 酸化還元滴定の計算問題を解けるようにしよう。

　　濃度のわからない還元剤や酸化剤の濃度を，酸化還元反応を利用して求める方法を酸化還元滴定といい，$KMnO_4$を使う滴定がよく出題されます。

　　まずは，次の4つの**POINT**を確認しましょう。

POINT 1　酸化還元滴定で使う器具や操作は，中和滴定のときと同じです。

　　　　　　〈使用する器具〉　ホールピペット，メスフラスコ，ビュレット，

　　　　　　　　　　　　　　　コニカルビーカーや三角フラスコ

POINT 2　$KMnO_4$を使う滴定では，$KMnO_4$が「酸化剤」と「指示薬」の2つの役割をもつので，指示薬を使う必要がありません。

POINT 3　MnO_4^- は「赤紫色」，Mn^{2+} は「ほぼ無色」です。

POINT 4　計算問題では，

　　　　(解き方1) **反応式の係数比から解く方法**

　　　　(解き方2) **電子e^-の物質量〔mol〕に注目して解く方法**

　　　　の2つの(解き方)を使えるようにしましょう。

第
14
講

酸化と還元

　　この**POINT**でおさえたことを使って，次の〈問〉を考えてみます。

〈問〉　$0.50\,mol/L$のシュウ酸$(COOH)_2$水溶液$10\,mL$を希硫酸で酸性にして，濃度不明の過マンガン酸カリウム$KMnO_4$水溶液で滴定したところ，$20\,mL$加えたところで水溶液の赤紫色が消えなくなった。過マンガン酸カリウム$KMnO_4$水溶液のモル濃度を有効数字2桁で求めよ。

〈解き方〉

　　「希硫酸で酸性にした$(COOH)_2$水溶液　と　$KMnO_4$水溶液との化学反応式」は，p.320でつくりましたね。

$$2KMnO_4 + 3H_2SO_4 + 5(COOH)_2 \longrightarrow 2MnSO_4 + K_2SO_4 + 10CO_2 + 8H_2O$$

　　この化学反応式の係数から，$(COOH)_2$ $5\,mol$と$KMnO_4$ $2\,mol$が反応することが読みとれます。

$\left(\begin{array}{l}\text{イオン反応式}\\ \quad 2MnO_4^- + 6H^+ + 5(COOH)_2 \longrightarrow 2Mn^{2+} + 10CO_2 + 8H_2O\\ \text{の係数から読みとっても大丈夫です。}\end{array}\right)$

0.50 mol/L のシュウ酸水溶液 10 mL 中の $(COOH)_2$ は，「mol/L に L をかける」つまり「$\dfrac{mol}{L} \times L = mol$」より，

$$\dfrac{0.50\,mol}{1\,L} \times \dfrac{10}{1000}\,L \quad \text{です。}$$

また，求める過マンガン酸カリウム水溶液を x〔mol/L〕とすると，x〔mol/L〕の過マンガン酸カリウム水溶液 20 mL 中の $KMnO_4$ は，

$$\dfrac{x\,mol}{1\,L} \times \dfrac{20}{1000}\,L \quad \text{です。}$$

ここで，「解き方1 反応式の係数比から解く方法」で解いてみることにします。

$(COOH)_2$ 5 mol と $KMnO_4$ 2 mol が反応するので，

$$\underset{(COOH)_2}{5\,mol} : \underset{KMnO_4}{2\,mol} = \underset{(COOH)_2}{0.50 \times \dfrac{10}{1000}\,mol} : \underset{KMnO_4}{x \times \dfrac{20}{1000}\,mol}$$

の比が成り立ちます。これを解くことで，

$x = 0.10\,mol/L$ とわかります。

次に，「解き方2 電子 e^- の物質量〔mol〕に注目して解く方法」を考えてみます。

酸化還元滴定の終わった点（終点）では，

$$\underset{((COOH)_2)}{\text{還元剤}} = 0\,mol \quad , \quad \underset{(KMnO_4)}{\text{酸化剤}} = 0\,mol$$

となっていて，

 重要公式
$$\left(\begin{array}{l}\text{還元剤}((COOH)_2)\text{が終点}\\ \text{までに放出した } e^-\,[mol]\end{array}\right) = \left(\begin{array}{l}\text{酸化剤}(KMnO_4)\text{が終点}\\ \text{までに受けとった } e^-\,[mol]\end{array}\right)$$

が成り立ちます。

終点では，還元剤が相手に e^- を与えてなくなり，酸化剤も相手から e^- を受けとりなくなってしまいます。ここに注目したのがこの 重要公式 です。

0.50 mol/Lのシュウ酸水溶液10mL中の$(COOH)_2$ $0.50 \times \dfrac{10}{1000}$ mol は，終点までに

$$\overset{\times 2}{\overbrace{\qquad\qquad\qquad\qquad}\!\downarrow}$$
$$1(COOH)_2 \longrightarrow 2CO_2 + 2H^+ + 2e^-$$

より，e^-を

$$0.50 \times \frac{10}{1000} \times 2 \, mol$$

放出します。また，x〔mol/L〕の過マンガン酸カリウム水溶液20mL中のKMnO₄ $x \times \dfrac{20}{1000}$ mol は，終点までに

$$\overset{\times 5}{\overbrace{\qquad\qquad\qquad\qquad}\!\downarrow}$$
$$1MnO_4^- + 8H^+ + 5e^- \longrightarrow Mn^{2+} + 4H_2O$$

より，e^-を

$$x \times \frac{20}{1000} \times 5 \, mol$$

受けとります。終点ではp.322の ■重要公式■ が成り立ちます。

$$\underset{\substack{\text{還元剤である}(COOH)_2\text{が終} \\ \text{点までに放出した} e^- \text{〔mol〕}}}{\underbrace{0.50 \times \frac{10}{1000} \times 2}} = \underset{\substack{\text{酸化剤であるKMnO}_4\text{が終点} \\ \text{までに受けとった} e^- \text{〔mol〕}}}{\underbrace{x \times \frac{20}{1000} \times 5}}$$

これを解いて，$x = 0.10$ mol/Lと求めることもできます。

〈答〉 0.10mol/L

【終点の判定方法】

p.321の **POINT 2** で，「KMnO₄を使う滴定では，KMnO₄が「酸化剤」だけでなく「指示薬」の役割をもつ」と紹介しました。これについて考えてみましょう。

〈問〉の滴定では，「無色」の$(COOH)_2$水溶液に，「赤紫色」のKMnO₄水溶液
_{POINT3より}
を加えていきます。このとき，加えた赤紫色のMnO₄⁻ は$(COOH)_2$と反応し，「無色」のMn²⁺に変化しています。滴定のようすは次のようになります。
_{POINT3より}

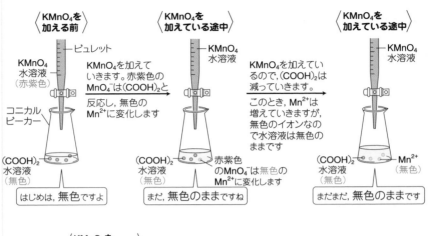

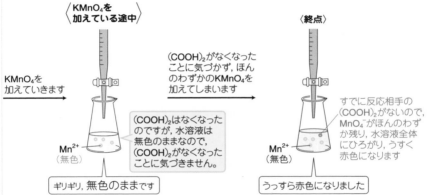

つまり，KMnO₄を使う滴定の終点は，

滴下した KMnO₄ 水溶液 の 赤紫色 が 消えなくなった点，

となります。

ポイント 酸化還元滴定でおさえること

KMnO₄を使う滴定では，

「計算問題」と「終点の判定」が大切。

イオン化傾向と電池

Step **1** イオン化傾向の大きさの順を
覚えよう。

2 イオン化傾向と反応性の関係を
覚えてしまおう。

3 さまざまな電池を原理とともに
おさえよう。

Step ① イオン化傾向の大きさの順を覚えよう。

　還元剤は電子e^-を与える物質，酸化剤は電子e^-をうばう物質でした。還元剤がe^-を与える反応や酸化剤がe^-をうばう反応が可逆反応のときは，次のような関係になります。

暗記しよう！

左から右にむかって見ると，
還元剤はe^-を失っています

$$\boxed{還元剤} \rightleftharpoons \boxed{酸化剤} \quad + \quad n\mathrm{e}^- \qquad (n=1, 2, \cdots)$$

右から左にむかって見ると，
酸化剤はe^-をうばっています

　この関係から，「還元剤がe^-を失うと酸化剤」になり，「酸化剤がe^-をうばうと還元剤」になることがわかります。CuやAgにこの関係をあてはめてみましょう。

$$\begin{array}{ccc} \boxed{Cu} & \rightleftharpoons & \boxed{Cu^{2+}} & + & 2e^- \\ \boxed{Ag} & \rightleftharpoons & \boxed{Ag^+} & + & e^- \end{array}$$

（還元剤）　　　（酸化剤）

　この反応式から，還元剤はCuやAg，酸化剤はCu^{2+}やAg^+とわかりますが，CuとAgのどちらが強い還元剤なのか，Cu^{2+}とAg^+のどちらが強い酸化剤なのかはわかりませんね。還元剤としての強さや酸化剤としての強さは覚えるしかありません。

　金属の単体が水溶液中で電子e^-を失って陽イオンになろうとする性質をイオン化傾向といいます。このイオン化傾向が大きな金属の単体は強い還元剤で，イオン化傾向が小さな金属の陽イオンは強い酸化剤になります。

　つまり，次のような関係になります。

大きい　　　　　イオン化傾向　　　　　小さい

還元剤と
しての強さ　強

$$Li > K > Ba >\cdots> (H_2) > Cu >\cdots> Ag >\cdots$$

弱

弱

$$Li^+ < K^+ < Ba^{2+} <\cdots< (H^+) < Cu^{2+} <\cdots< Ag^+ <\cdots$$

強　酸化剤と
しての強さ

このイオン化傾向の大きさの順は，ゴロを使って覚えてしまいましょう。

ポイント　イオン化傾向の覚え方

金属単体が水中で電子を失って陽イオンになろうとする性質をイオン化傾向といい，その大きさは，

絶対暗記しよう！

$$\overset{\text{リ}}{Li} > \overset{\text{カ}}{K} > \overset{\text{バ}}{Ba} > \overset{\text{カ}}{Ca} > \overset{\text{ナ}}{Na} > \overset{\text{マ}}{Mg} > \overset{\text{ア}}{Al} > \overset{\text{ア}}{Zn} > \overset{\text{テ}}{Fe} > \overset{\text{ニ}}{Ni} > \overset{\text{ス}}{Sn} > \overset{\text{ナ}}{Pb} >$$
$$\overset{\text{ヒ}}{(H_2)} > \overset{\text{ド}}{Cu} > \overset{\text{ス}}{Hg} > \overset{\text{ぎる}}{Ag} > \overset{\text{借}}{Pt} > \overset{\text{金}}{Au}$$

●金属単体と金属イオンの反応

　　実験(A)　硝酸銀$AgNO_3$水溶液に銅Cuを入れた。

　　実験(B)　硫酸銅(Ⅱ)$CuSO_4$水溶液に銀Agを入れた。

　実験(A)と**実験(B)**は似たような実験ですが，異なる結果になってしまいます。つまり，**実験(A)**では反応が起こりますが，**実験(B)**では反応が起こりません。金属単体が金属イオンと反応するかは，イオン化傾向の大小関係で判断します。

実験(A)　「硝酸銀$AgNO_3$水溶液に銅Cuを入れた」場合

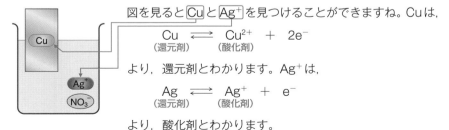

図を見ると$\boxed{Cu}$と$\boxed{Ag^+}$を見つけることができますね。Cuは，

$$\underset{\text{(還元剤)}}{Cu} \; \rightleftharpoons \; \underset{\text{(酸化剤)}}{Cu^{2+}} \; + \; 2e^-$$

より，還元剤とわかります。Ag^+は，

$$\underset{\text{(還元剤)}}{Ag} \; \rightleftharpoons \; \underset{\text{(酸化剤)}}{Ag^+} \; + \; e^-$$

より，酸化剤とわかります。

つまり，この**実験(A)**は「Ag^+（酸化剤）の水溶液にCu（還元剤）を入れた」といいかえることができます。反応が起こるのであれば，Cu（還元剤）がe^-を失い，Ag^+（酸化剤）がそのe^-を受けとるはずですから，

$$Cu \longrightarrow Cu^{2+} + 2e^- \quad \cdots ① \quad \Leftarrow Cuはe^-を失います$$

$$Ag^+ + e^- \longrightarrow Ag \qquad\qquad \cdots ② \quad \Leftarrow Cuの失ったe^-をAg^+が受けとります$$

の反応が起こり，①＋②×2 より，

$$\overset{\displaystyle 2e^-}{\overbrace{Cu \;\; + \;\; 2Ag^+}} \longrightarrow Cu^{2+} \;\; + \;\; 2Ag \quad \cdots ③$$

となるはずです。

実験(B)　「硫酸銅（Ⅱ）$CuSO_4$水溶液に銀Agを入れた」場合

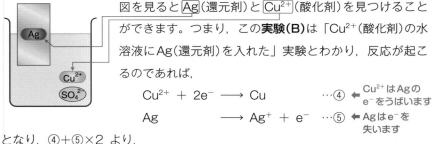

図を見ると$\boxed{Ag}$（還元剤）と$\boxed{Cu^{2+}}$（酸化剤）を見つけることができます。つまり，この**実験(B)**は「Cu^{2+}（酸化剤）の水溶液にAg（還元剤）を入れた」実験とわかり，反応が起こるのであれば，

$$Cu^{2+} + 2e^- \longrightarrow Cu \qquad\qquad \cdots ④ \quad \Leftarrow \begin{array}{l} Cu^{2+}はAgの \\ e^-をうばいます \end{array}$$

$$Ag \longrightarrow Ag^+ + e^- \quad \cdots ⑤ \quad \Leftarrow \begin{array}{l} Agはe^-を \\ 失います \end{array}$$

となり，④＋⑤×2 より，

$$\overset{\displaystyle 2e^-}{\overbrace{Cu^{2+} \;\; + \;\; 2Ag}} \longrightarrow Cu \;\; + \;\; 2Ag^+ \quad \cdots ⑥$$

となるはずです。

　ところが，実験を行うと，**実験(A)**の③の反応は起こりますが，**実験(B)**の⑥の反応は起こりません。

実験(A)　$Cu + 2Ag^+ \underset{起こる}{\longrightarrow} Cu^{2+} + 2Ag \quad \cdots ③$

実験(B)　$Cu^{2+} + 2Ag \underset{起こらない}{\nrightarrow} Cu + 2Ag^+ \quad \cdots ⑥$

反応が起こるか，起こらないかは，次のように判定しましょう。

判定のしかた 1 イオン化傾向の大きな金属が，イオン化傾向の小さな金属を追い出す。

または

判定のしかた 2 強い還元剤と強い酸化剤の組み合わせで反応が起こる。

判定のしかた 1 なら，

イオン化傾向は Cu＞Ag なので，

実験(A) $Cu + 2Ag^+ \xrightarrow{\text{起こる}} Cu^{2+} + 2Ag$　…③
（イオン化傾向大）　　　　（イオン化傾向小）

実験(B) $Cu^{2+} + 2Ag \xrightarrow{\text{起こらない}} Cu + 2Ag^+$　…⑥
（イオン化傾向小）　　　　（イオン化傾向大）

となり，イオン化傾向大がイオン化傾向小を追い出している③の反応だけが起こるとわかります。

判定のしかた 2 なら，

<----- 大きい　　　　　　イオン化傾向　　　　　　小さい

還元剤としての強さ　Cu ＞ Ag

Cu²⁺ ＜ Ag⁺　酸化剤としての強さ

なので，Cu と Ag⁺ の組み合わせである
強いものどうし

実験(A) $Cu + 2Ag^+ \longrightarrow Cu^{2+} + 2Ag$　…③

のように，③の反応だけが起こるとわかります。

このように，それぞれ **判定のしかた 1** や **判定のしかた 2** を使って，反応が起こるか，起こらないかを判定できます。

ポイント イオン化傾向と反応の関係

イオン化傾向 M>N のとき

N^{n+} + M $\xrightarrow{\hspace{1em}}$ 反応する

M^{m+} + N $\xrightarrow{\times}$ 反応しない

例 イオン化傾向 Cu>Ag より

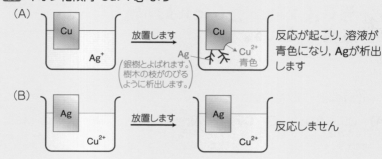

(A) 反応が起こり, 溶液が青色になり, **Ag**が析出します

（銀樹とよばれます。樹木の枝がのびるように析出します。）

(B) 反応しません

Step ② イオン化傾向と反応性の関係を覚えてしまおう。

●金属の反応性

さきほど，イオン化傾向の大きさの順を覚えてもらいました。

「リ(Li)カ(K)バ(Ba)カ(Ca)ナ(Na)…」

でしたね。イオン化傾向と空気(空気中の酸素O_2)，水H_2O，酸との反応性は，深く関わりあっています。イオン化傾向の大きい金属ほど，反応性が大きくなります。

(1) 空気(空気中の酸素O_2)との反応

> **暗記しよう!**
>
> ◄ **大きい(反応性大)**　　　イオン化傾向　　　(反応性小)**小さい**
>
> Li K Ba Ca Na　Mg Al Zn Fe Ni Sn Pb (H_2) Cu Hg Ag Pt Au
>
> 空気中ですみやかに　空気中で酸化されて酸化物の被膜を生じる
> 酸化される
>
> **例** $2Ca + O_2 \longrightarrow 2CaO$
>
> $4Al + 3O_2 \longrightarrow 2Al_2O_3$

イオン化傾向の大きい Li, K, Ba, Ca, Na は，乾いた空気中でO_2にすみやかに酸化されてしまいます。例えば，KはK_2O，CaはCaO，NaはNa_2Oになり，NaとO_2の反応式は，次の❶〜❹のようにつくります。

❶ 左辺にNaとO_2，右辺にNa_2Oを　　❶ $1Na + O_2 \longrightarrow Na_2O$
書き，Naの係数を1とおきます。　　　　　　　　　　　　　　↑
　　　　　　　　　　　　　　　　　　　　　　　　NaはNa_2Oになります

❷ Na_2Oに係数をつけます。　　　　　❷ $1Na + O_2 \longrightarrow \dfrac{1}{2}Na_2O$
　　　　　　　　　　　　　　　　　　　　　　↗
　　　　　　　　　　　　　　Naは左辺に1個あるので，$\dfrac{1}{2}$でそろえます

❸ O_2 に係数をつけます。

❸ $1Na + \dfrac{1}{4}O_2 \longrightarrow \dfrac{1}{2}Na_2O$

Oは右辺に $\dfrac{1}{2}$ 個あるので, $\dfrac{1}{4}$ でそろえます

❹ 反応式全体を4倍し, 完成です。

❹ $4Na + O_2 \longrightarrow 2Na_2O$

イオン化傾向がNaより小さい, Mg, Al, Zn, Fe, Ni, Sn, Pb, Cu は空気中で徐々に酸化されて表面に酸化物の被膜(例えば, MgならMgO, AlならAl$_2$O$_3$)を生じます。

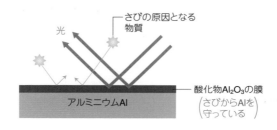

イオン化傾向の小さな Ag, Pt, Au は空気中で酸化されにくく, 美しい金属光沢を保ち, 貴金属とよばれます。

(2) 水H$_2$Oとの反応

暗記しよう!

← 大きい(反応性大) イオン化傾向 (反応性小)小さい →

Li K Ba Ca Na Mg Al Zn Fe Ni Sn Pb (H$_2$) Cu Hg Ag Pt Au

高温の水蒸気や熱水はもちろん常温の水でも反応して, 水酸化物とH$_2$になる

高温の水蒸気と反応して, 酸化物とH$_2$になる(常温の水や熱水とは反応しない)

高温の水蒸気はもちろん熱水でも反応して, 水酸化物とH$_2$になる(常温の水とは反応しない)

例 $2Na + 2H_2O(常温の水) \longrightarrow 2NaOH + H_2$

$Mg + 2H_2O(熱水) \longrightarrow Mg(OH)_2 + H_2$

$Zn + H_2O(高温の水蒸気) \longrightarrow ZnO + H_2$

イオン化傾向の大きな Li，K，Ba，Ca，Na
は常温の水と反応してH_2を発生し，金属イオン
とOH^-がむすびついた水酸化物になります。

　反応式の係数は❶〜❹のようにつけましょう。

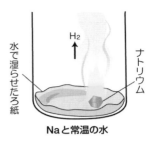

水で湿らせたろ紙　　　　　ナトリウム

Naと常温の水

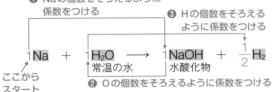

❶ Naの個数をそろえるように
　係数をつける

❸ Hの個数をそろえる
　ように係数をつける

$$1Na \ + \ 1H_2O \longrightarrow 1NaOH \ + \ \frac{1}{2}H_2$$

↑常温の水　　　水酸化物

ここから
スタート

❷ Oの個数をそろえるように係数をつける

❹ 全体を2倍する。

$$2Na \ + \ 2H_2O \longrightarrow 2NaOH \ + \ H_2$$

　イオン化傾向が Na より小さな Mg は，常温の水とは反応
しなくなり，熱水と反応してH_2を発生します。

H_2

熱水

Mgと熱水

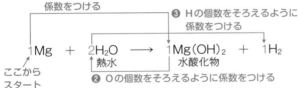

❶ Mgの個数をそろえるように
　係数をつける

❸ Hの個数をそろえるように
　係数をつける

$$1Mg \ + \ 2H_2O \longrightarrow 1Mg(OH)_2 \ + \ 1H_2$$

↑熱水　　　水酸化物

ここから
スタート

❷ Oの個数をそろえるように係数をつける

　イオン化傾向がMgより小さな Al，
Zn，Fe は，高温の水蒸気と反応して
H_2を発生します。このとき，水酸化物
（$Al(OH)_3$，$Zn(OH)_2$，…）ではなく，金
属イオンとO^{2-}がむすびついた酸化物
（Al_2O_3，ZnO，Fe_3O_4）ができます。

　反応式の係数は❶〜❹のようにつけましょう。

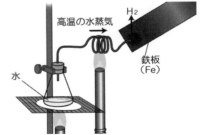

高温の水蒸気

H_2

鉄板
（Fe）

水

Feと高温の水蒸気

❶ Znの個数をそろえるように係数をつける

❸ Hの個数をそろえるように係数をつける

$$1Zn \ + \ 1H_2O \longrightarrow 1ZnO \ + \ 1H_2$$

↑高温の水蒸気　酸化物

ここから
スタート

❷ Oの個数をそろえるように係数をつける

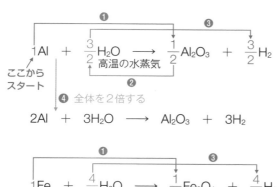

$$1Al + \frac{3}{2}H_2O \underset{\text{高温の水蒸気}}{\longrightarrow} \frac{1}{2}Al_2O_3 + \frac{3}{2}H_2$$

ここから
スタート

❹ 全体を2倍する

$$2Al + 3H_2O \longrightarrow Al_2O_3 + 3H_2$$

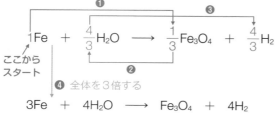

$$1Fe + \frac{4}{3}H_2O \longrightarrow \frac{1}{3}Fe_3O_4 + \frac{4}{3}H_2$$

ここから
スタート

❹ 全体を3倍する

$$3Fe + 4H_2O \longrightarrow Fe_3O_4 + 4H_2$$

(3) 酸との反応

暗記しよう!

◀ 大きい(反応性大) 　　　イオン化傾向 　　　(反応性小)小さい

Li K Ba Ca Na Mg Al Zn Fe Ni Sn Pb (H₂) Cu Hg Ag Pt Au

塩酸・希硫酸と反応して水素H₂を発生する

熱濃硫酸・濃硝酸・希硝酸と反応してSO₂・NO₂・NOを発生する

王水と
のみ反応

（A）　水素H₂よりイオン化傾向の大きな金属は，塩酸HClや希硫酸H₂SO₄から電離して出てきたH⁺と反応してH₂を発生します。亜鉛Znを，塩酸HClに入れると，イオン化傾向は Zn＞H₂ なので，

$$Zn \longrightarrow Zn^{2+} + 2e^- \quad \cdots ①$$ ← Znはe⁻を失います

$$2H^+ + 2e^- \longrightarrow H_2 \quad \cdots ②$$ ← H⁺はZnのe⁻をうばいます

となり，①＋②より，

$$\underset{\binom{\text{イオン化}}{\text{傾向}⼤}}{Zn} + \underset{}{2H^+} \underset{\text{起こる}}{\longrightarrow} \underset{\binom{\text{イオン化}}{\text{傾向}⼩}}{Zn^{2+}} + H_2 \quad \cdots ③$$

Znと塩酸

の反応が起こり，H_2が発生します。

　ここで，③式の両辺に$2Cl^-$を加えると，亜鉛Znと塩酸HClの反応式になります。

$$Zn + 2HCl \longrightarrow ZnCl_2 + H_2$$

　また，③式の両辺にSO_4^{2-}を加えると，亜鉛Znと希硫酸H_2SO_4の反応式になります。

$$Zn + H_2SO_4 \longrightarrow ZnSO_4 + H_2$$

　ここでは，次の3点に注意しましょう。

ⓐ　鉄Feを塩酸HClや希硫酸H_2SO_4と反応させるときには，FeはFe^{2+}に変化します。Fe^{3+}ではありません。

$$Fe \longrightarrow Fe^{2+} + 2e^- \quad \cdots ①$$
$$2H^+ + 2e^- \longrightarrow H_2 \quad \cdots ②$$

①＋②より，

$$Fe + 2H^+ \longrightarrow Fe^{2+} + H_2 \quad \cdots ③$$
$$Fe + 2HCl \longrightarrow FeCl_2 + H_2 \quad \leftarrow ③式の両辺に 2Cl^- を加えました$$
$$Fe + H_2SO_4 \longrightarrow FeSO_4 + H_2 \quad \leftarrow ③式の両辺にSO_4^{2-}を加えました$$

Feと塩酸

ⓑ　鉛Pbは，水に溶けない$PbCl_2$や$PbSO_4$がPbの表面をおおってしまうため，塩酸HClや希硫酸H_2SO_4とほとんど反応しません。

Pb　塩酸や希硫酸　Pb　$PbCl_2$や$PbSO_4$がPbの表面をおおってしまいます

ⓒ　水素H_2よりイオン化傾向の小さな金属　Cu, Hg, Ag, Pt, Au　は塩酸や希硫酸とは反応しません。

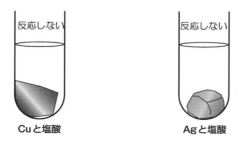

反応しない　反応しない
Cuと塩酸　　**Agと塩酸**

（B） Cu，Hg，Agなどの**イオン化傾向が銀Ag以上の金属**は，**熱濃硫酸**（加熱した濃硫酸）H_2SO_4・**濃硝酸**HNO_3・**希硝酸**HNO_3**と反応し**，SO_2・NO_2・NO**を発生**します。

Cuと熱濃硫酸

Cuと濃硝酸

Cuと希硝酸

「 濃からは2， 希からは1 」でしたね。
$$\begin{pmatrix} 濃硫酸 \to SO_2 & 希硝酸 \to NO; \\ 濃硝酸 \to NO_2 \end{pmatrix}$$

銅Cuとの反応について「反応式を書け」という問題がよく出題されます。

「Cuと熱濃硫酸の反応式」は，

$$Cu \longrightarrow Cu^{2+} + 2e^- \quad \cdots ①$$
← CuはCu^{2+}になります

$$H_2SO_4 + 2H^+ + 2e^- \longrightarrow SO_2 + 2H_2O \quad \cdots ②$$
← p.315で学習しました。SO_2になります

①＋②，両辺に$SO_4{}^{2-}$を加えると完成です。

$$Cu + H_2SO_4 + 2H^+ \longrightarrow Cu^{2+} + SO_2 + 2H_2O$$
← ①＋②より

$$\underline{+) \qquad\qquad SO_4{}^{2-} \qquad\quad SO_4{}^{2-}}$$
← 両辺に加えます

$$Cu + 2H_2SO_4 \longrightarrow CuSO_4 + SO_2 + 2H_2O \quad 答$$

「Cuと濃硝酸の反応式」は，

$$Cu \longrightarrow Cu^{2+} + 2e^- \quad \cdots ①$$
← CuはCu^{2+}になります

$$HNO_3 + H^+ + e^- \longrightarrow NO_2 + H_2O \quad \cdots ②$$
← p.315で学習しました。NO_2になります

①＋②×2，両辺に$2NO_3{}^-$を加えると完成です。

$$Cu + 2HNO_3 + 2H^+ \longrightarrow Cu^{2+} + 2NO_2 + 2H_2O$$
← ①＋②×2より

$$\underline{+) \qquad\qquad 2NO_3{}^- \qquad\quad 2NO_3{}^-}$$
← 両辺に加えます

$$Cu + 4HNO_3 \longrightarrow Cu(NO_3)_2 + 2NO_2 + 2H_2O \quad 答$$

「Cuと希硝酸の反応式」は，

$$Cu \longrightarrow Cu^{2+} + 2e^- \quad \cdots ① \quad \leftarrow CuはCu^{2+}になります$$

$$HNO_3 + 3H^+ + 3e^- \longrightarrow NO + 2H_2O \quad \cdots ② \quad \leftarrow p.315で学習しました。NOになります$$

①×3＋②×2，両辺に$6NO_3^-$を加えると完成です。

$$3Cu + 2HNO_3 + 6H^+ \longrightarrow 3Cu^{2+} + 2NO + 4H_2O \quad \leftarrow ①×3＋②×2より$$

$$\underline{+) \qquad\qquad\qquad 6NO_3^- \qquad 6NO_3^-} \qquad\qquad\qquad\qquad\qquad \leftarrow 両辺に加えます$$

$$3Cu + 8HNO_3 \longrightarrow 3Cu(NO_3)_2 + 2NO + 4H_2O \quad 圏$$

ここで，注意してほしいことがあります。

鉄Fe，ニッケルNi，アルミニウムAlは，濃硝酸にはその**表面にち密な酸化物の被膜**ができて，ほとんど溶けません。この状態を不動態（ふどうたい）といいます。

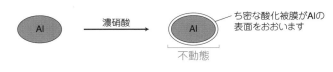

濃硝酸

不動態

ち密な酸化被膜がAlの表面をおおいます

反応しない

Alと濃硝酸

不動態となる金属は，

手 (Fe) に (Ni) ある (Al)

と覚えましょう。

（C）イオン化傾向がAgより小さなPt，Auは，塩酸や希硫酸はもちろん熱濃硫酸，濃硝酸，希硝酸とも反応しません。ただ，**濃硝酸と濃塩酸が体積比1：3で混合した王水**（おうすい）には，PtやAuも溶けます。

Auと王水

イオン化傾向と金属の反応性の関係

金属の反応性(空気中の酸素O_2との反応,水H_2Oとの反応,酸との反応)は,次の表を覚えよう。

◀ 大きい(反応性大) 　　　　　イオン化傾向　　　　　(反応性小)小さい

金属	Li K Ba Ca Na Mg Al Zn Fe Ni Sn Pb (H_2) Cu Hg Ag Pt Au
空気中の酸素O_2との反応	空気中ですみやかに酸化 ／ 空気中で酸化されて酸化物の被膜を生じる ＞
水H_2Oとの反応	常温の水と反応 ＞ 熱水と反応 ＞ 高温の水蒸気と反応 ＞
酸との反応	塩酸・希硫酸と反応して水素H_2を発生する ＞ 熱濃硫酸・濃硝酸・希硝酸と反応してSO_2・NO_2・NOを発生する ＞ ／ 王水とのみ反応

338

Step 3 さまざまな電池を原理とともにおさえよう。

●電池の原理

酸化還元反応を思い出しましょう。

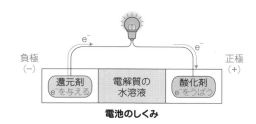

このエネルギーを電気エネルギーとして
とり出す装置が「電池」です

酸化還元反応によって出てくるエネルギーを電気エネルギーとしてとり出す装置を電池といいます。つまり，電池のイメージは次のようになります。

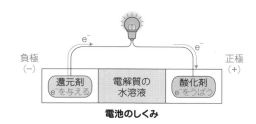

電池のしくみ

電子e^-が流れ出す電極を負極（－），電子e^-が流れ込む電極を正極（＋）といいます。つまり，

> こう覚えよう！
>
> 還元剤 を見つけたら，その電極は 負極（－）
> 酸化剤 を見つけたら，その電極は 正極（＋）

と決めることができます。

　還元剤は「酸化され」，酸化剤は「還元され」ましたから，還元剤の反応する負極では「酸化される反応」，酸化剤の反応する正極では「還元される反応」が起こります。

負極（－）…還元剤が酸化される。e⁻ が流れ出す。

（－）還元剤　⟶　変化後　＋　●e⁻　（酸化反応）

正極（＋）…酸化剤が還元される。e⁻ が流れ込む。

（＋）酸化剤　＋　●e⁻　⟶　変化後　（還元反応）

　電池の問題を見つけたら，はじめに負極（－）と正極（＋）を決定しましょう。このとき，

方法1　還元剤を探す　⇒　負極（－）！
　　　　酸化剤を探す　⇒　正極（＋）！

と決める方法と

方法2　イオン化傾向の大きい方の金属板を探す　⇒　負極（－）！
　　　　イオン化傾向の小さい方の金属板を探す　⇒　正極（＋）！

と決める方法の２つを知っておくと便利ですよ。

● 負極（還元剤あり）⇒　e⁻ を放出する電極：酸化反応が起こる
● 正極（酸化剤あり）⇒　e⁻ を受けとる電極：還元反応が起こる
● 電池　⇒　還元反応と酸化反応の起こる場所を導線で接続した装置

〈負極の決め方〉
　方法1　還元剤を見つけて負極（－）と決定する
　方法2　イオン化傾向の大きい方の金属板を見つけて負極（－）と決定する
方法1 と 方法2 のどちらかを選択して，負極（－）を決めよう。

電池に電球などをつないで，**電流をとり出すこと**を放電といいます。それに対して，**電池を放電前の状態に戻すこと**を充電といいます。また，**充電してくり返し使うことができない電池**を一次電池，**充電してくり返し使う電池**は二次電池または蓄電池といいます。

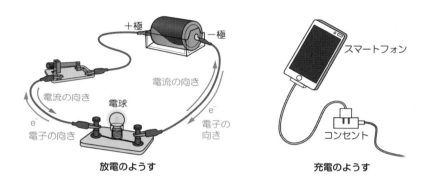

放電のようす　**充電のようす**

電気の流れを電流といって，電流は電池の＋極から－極に流れると決められていましたね（実際は，電池の－極から＋極に電子e⁻が流れていました）。電流の単位には，**アンペア**（記号**A**）や**ミリアンペア**（記号**mA**）を使います。

電流を流そうとするはたらきの大きさを電圧といい，電圧の単位には**ボルト**（記号**V**）を使います。

水流＝電流

ポンプ＝電池　高さ＝電圧

電池・電流・電圧のイメージ

電池の**負極と正極の間の電圧の最大値**を起電力といいます。

例　マンガン乾電池の起電力は1.5V
リチウムイオン電池の起電力は4.0V

スマートフォンに使われているリチウムイオン電池は，起電力が大きいですね。

電池を

チェックしよう！　(－) 負極 ｜ 電解質水溶液 ｜ 正極 (＋)
└→ aq で表します

と表したものを電池式といいます。

●ボルタ電池

亜鉛 Zn 板と銅 Cu 板を希硫酸に入れて導線でつないだ電池を**ボルタ電池**といいます。

イオン化傾向は Zn＞Cu ですから，亜鉛板が（－），銅板が（＋）と決定できます。電池式では，

　（－）Zn ｜ H_2SO_4aq ｜ Cu（＋）

と表します。　水溶液

ボルタ電池

ボルタ電池の負極と正極で起こる反応を考えてみます。

　電池はイオン化傾向の大きい方の金属板が負極（－），小さい方の金属板が正極（＋）でした。イオン化傾向は Zn＞Cu ですから，

チェックしよう！ ボルタ電池では，Zn 板が（－），Cu 板が（＋）

とわかります。

　負極では，イオン化傾向の大きな Zn が Zn^{2+} になるとともに，亜鉛板から銅板にむかって電子 e^- が流れます。正極では，この流れてくる電子 e^- を銅板の表面で希硫酸 H_2SO_4 の H^+ が受けとり，水素 H_2 が発生します。ボルタ電池では，**Zn が還元剤，H^+ が酸化剤**としてはたらいています。

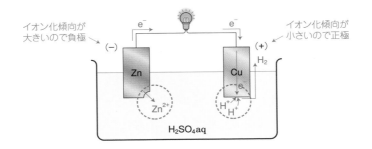

（−）では，ZnがZn²⁺になり，e⁻を失います。

（−）$Zn \longrightarrow Zn^{2+} + 2e^-$ （酸化反応）

（＋）では，H⁺がe⁻を受けとり，H₂が発生します。

（＋）$2H^+ + 2e^- \longrightarrow H_2$ （還元反応）

ボルタ電池の起電力は1.1Vですが，放電をはじめるとすぐに0.4Vくらいに低下してしまいます。この現象を**分極**といいます。実用的な電池ではないですね。

ポイント ボルタ電池の構成と反応

ボルタ電池 （−）Zn ｜ H₂SO₄aq ｜ Cu（＋）

（−） $Zn \longrightarrow Zn^{2+} + 2e^-$

（＋） $2H^+ + 2e^- \longrightarrow H_2$

●ダニエル電池

硫酸亜鉛ZnSO₄水溶液に亜鉛Zn板を入れ，硫酸銅（Ⅱ）CuSO₄水溶液に銅Cu板を入れ，素焼き板でしきります。亜鉛Zn板と銅Cu板を導線でつなぐと**ダニエル電池**になります。

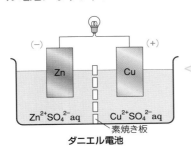

ダニエル電池

イオン化傾向は Zn＞Cu なので，亜鉛板が（−），銅板が（＋）です。素焼き板は，水溶液がすぐ混ざるのを防いでいますが，小さな穴があいているのでイオンは通します。
電池式では，
　（−)Zn ｜ ZnSO₄aq ｜ CuSO₄aq ｜ Cu（＋）
と表します。

イオン化傾向は Zn＞Cu なので，ダニエル電池の

負極は Zn板，正極は Cu板

とわかります。

　負極では，イオン化傾向の大きなZnがZn²⁺になるとともに，亜鉛板から銅板にむかって電子e⁻が流れます。正極では，この流れてくる電子e⁻を銅板の表面でCu²⁺(H⁺はどこにもありませんよ。図をよく見てくださいね。)が受けとり，銅Cuが析出します。ダニエル電池では，Znが還元剤，Cu²⁺が酸化剤としてはたらいています。

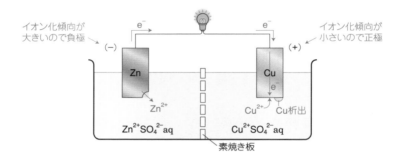

　(−)では，ZnがZn²⁺となり，e⁻を失います。

　　(−) $Zn \longrightarrow Zn^{2+} + 2e^-$　(酸化反応)

　(＋)では，Cu²⁺がe⁻を受けとり，Cuが析出します。

　　(＋) $Cu^{2+} + 2e^- \longrightarrow Cu$　(還元反応)

　素焼き板に注目してみます。ダニエル電池を放電させると(−)極側ではZn²⁺が生じ，(＋)極側ではCu²⁺が減っていきます。(＋)極側では，Cu²⁺が減るためにSO₄²⁻が余ることに注目しましょう。(−)極側で生じたZn²⁺と(＋)極側で余ったSO₄²⁻は，お互いにお互いを引き合います。

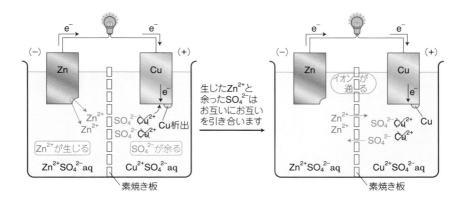

放電中は，水溶液中でZn^{2+}やSO_4^{2-}が素焼き板を通り，移動しています。つまり，電池が放電している間は，

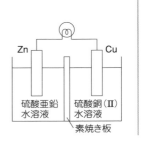

チェックしよう！ 電子e^-が導線中を負極(−)から正極(+)に流れ，陽イオンや陰イオンが水溶液中を移動

しています。

ポイント　ダニエル電池の構成と反応

ダニエル電池　$(-)Zn \mid ZnSO_4\,aq \mid CuSO_4\,aq \mid Cu(+)$

$(-)\ Zn \longrightarrow Zn^{2+} + 2e^-$

$(+)\ Cu^{2+} + 2e^- \longrightarrow Cu$

次の練習問題をやってみましょう。

練習問題 ①

　右図は，ダニエル電池の構成を示したものである。ダニエル電池は，亜鉛板を浸した硫酸亜鉛水溶液と，銅板を浸した硫酸銅(Ⅱ)水溶液からなっている。それらの溶液は，すぐに混合しないように，素焼き板で仕切られている。亜鉛板と銅板を導線でつなぐと，電流が流れる。

(1) 負極と正極で起こる反応を，電子 e^- を含むイオン反応式でそれぞれ示せ。

(2) ダニエル電池の放電で $0.20\,mol$ の電子が流れたとき，負極と正極の質量はそれぞれ何g変化するか。質量が増加する場合は「＋」の符号を，減少する場合は「－」の符号をつけて有効数字2桁で答えよ。原子量は $Zn=65$，$Cu=64$ とする。

- -

解き方

(1) ダニエル電池の負極（－）と正極（＋）では，次の反応が起こりました。

（－） $Zn \longrightarrow Zn^{2+} + 2e^-$　（酸化反応）

（＋） $Cu^{2+} + 2e^- \longrightarrow Cu$　（還元反応）

(2) 負極では，

$$\overset{\times \frac{1}{2}}{（-）\ \textcircled{1}Zn \longrightarrow Zn^{2+} + \textcircled{2}e^-}$$

と $Zn=65$ つまり $65\,g/_1mol$ より，

$$\underset{e^-(mol)}{0.20} \times \underset{Zn(mol)}{\frac{1}{2}\,mol} \times \underset{Zn(g)}{\frac{65\,g}{1\,mol}} = 6.5\,g$$

質量が減少するので，$\underline{-6.5\,g}$ になります。

正極では，

$$\overset{\times \frac{1}{2}}{（+）\ Cu^{2+} + \textcircled{2}e^- \longrightarrow \textcircled{1}Cu}$$

と $Cu=64$ つまり $64\,g/_1mol$ より，

$$\underset{e^-(mol)}{0.20} \times \underset{Cu(mol)}{\frac{1}{2}\,mol} \times \underset{Cu(g)}{\frac{64\,g}{1\,mol}} = 6.4\,g$$

質量が増加するので，$\underline{+6.4\,g}$ になります。

答え　(1) 負極：$Zn \longrightarrow Zn^{2+} + 2e^-$

正極：$Cu^{2+} + 2e^- \longrightarrow Cu$

(2) 負極：$-6.5\,g$　　正極：$+6.4\,g$

●鉛蓄電池

鉛Pbと酸化鉛(Ⅳ)PbO$_2$を希硫酸に入れた電池を鉛蓄電池（なまりちくでんち）といいます。

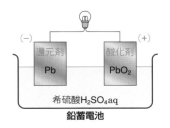

鉛蓄電池

この電池は還元剤のPbが(−)，酸化剤のPbO$_2$が(＋)と決定できます。電池式では，

(−)Pb ｜ H$_2$SO$_4$aq ｜ PbO$_2$(＋)

と表します。

Pbが還元剤，PbO$_2$が酸化剤なので，鉛蓄電池は

　Pbが負極，PbO$_2$が正極

とわかります。

鉛蓄電池の放電では，PbやPbO$_2$がともにPb^{2+}に変化し，生じたPb^{2+}は希硫酸中のSO$_4{}^{2-}$と結びつき，白色のPbSO$_4$になります。

重要！　Pbや PbO$_2$は Pb^{2+}に変化し，
生じた Pb^{2+}は すぐ PbSO$_4$になる

PbSO$_4$は白色で水に溶けず，負極と正極の表面をおおいます。

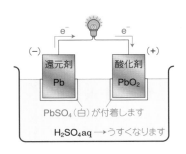

PbSO$_4$(白)が付着します

H$_2$SO$_4$aq → うすくなります

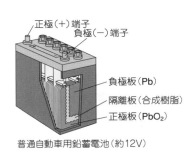

正極(＋)端子
負極(−)端子

負極板(Pb)
隔離板(合成樹脂)
正極板(PbO$_2$)

普通自動車用鉛蓄電池(約12V)

負極と正極の反応式をつくってみましょう。

（−）極では，PbがPb^{2+}に，生じたPb^{2+}は$PbSO_4$になります。

$$（-）\quad Pb \longrightarrow Pb^{2+} + 2e^- \quad \text{← Pbは}Pb^{2+}\text{へ変化します}$$

2つの反応式を加えて

$$+)\quad Pb^{2+} + SO_4^{2-} \longrightarrow PbSO_4 \quad \text{← }Pb^{2+}\text{は}SO_4^{2-}\text{と結びつきます}$$

$$Pb + SO_4^{2-} \longrightarrow PbSO_4 + 2e^- \quad （酸化反応）$$

（＋）極では，PbO_2がPb^{2+}に，生じたPb^{2+}は$PbSO_4$になります。

$$（+）\quad PbO_2 + 4H^+ + 2e^- \longrightarrow Pb^{2+} + 2H_2O \quad \text{← }PbO_2\text{は}Pb^{2+}\text{へと変化します}$$

$$+)\quad Pb^{2+} + SO_4^{2-} \longrightarrow PbSO_4 \quad \text{← }Pb^{2+}\text{は}SO_4^{2-}\text{と結びつきます}$$

2つの反応式を加えます

$$PbO_2 + 4H^+ + SO_4^{2-} + 2e^- \longrightarrow PbSO_4 + 2H_2O \quad （還元反応）$$

ここで，（−）極と（＋）極の反応式をまとめて，鉛蓄電池の全体の反応式をつくってみます。$2e^-$どうしでそろっているので，2つの反応式をそのまま加えましょう。

$$（-）\quad Pb + SO_4^{2-} \longrightarrow PbSO_4 + 2e^-$$

$$+)\quad（+）\quad PbO_2 + 4H^+ + SO_4^{2-} + 2e^- \longrightarrow PbSO_4 + 2H_2O$$

$$Pb + PbO_2 + \underline{4H^+ + 2SO_4^{2-}} \longrightarrow 2PbSO_4 + 2H_2O$$

まとめると$2H_2SO_4$です

$$（全体）\quad Pb + PbO_2 + \underline{2H_2SO_4} \xrightarrow{放電} 2PbSO_4 + \underline{2H_2O}$$

放電すると……… H_2SO_4減少 ……………… H_2O増加

全体の反応式を見ると，「放電により硫酸H_2SO_4が減少し，水H_2Oが増加する」つまり

「鉛蓄電池は放電するにつれて電解質水溶液の希硫酸濃度が減少する」

ことがわかります。

鉛蓄電池は，その名前からもわかるように，充電することができる<u>二次電池(蓄電池)</u>です。充電するときは，別の電源の負極・正極を，鉛蓄電池の負極・正極につなぎます。

「(−)と(−)，(+)と(+)をつないで充電する」と覚えよう。

　ポイント　鉛蓄電池の構成・反応・特徴

鉛蓄電池　(−)Pb ｜ H₂SO₄ aq ｜ PbO₂(+)
(−) $Pb + SO_4^{2-} \longrightarrow PbSO_4 + 2e^-$
(+) $PbO_2 + 4H^+ + SO_4^{2-} + 2e^- \longrightarrow PbSO_4 + 2H_2O$
●放電するにつれ，希硫酸濃度が減少する。
●充電することで再使用できる二次電池(蓄電池)。

$$Pb + PbO_2 + 2H_2SO_4 \underset{充電}{\overset{放電}{\rightleftharpoons}} 2PbSO_4 + 2H_2O$$

　第15講　イオン化傾向と電池

●鉛蓄電池の計算問題

　鉛蓄電池については，計算問題が多く出題されます。まず，負極と正極で起こる反応を，さっきよりも簡単につくってみましょう。

　(−)極では，還元剤であるPbがPb²⁺に，生じたPb²⁺はPbSO₄になりました。

(−)　Pb ⟶ Pb²⁺ + 2e⁻
　　　右辺に書いたら　　　　　　PbSO₄にするために右辺に
+) 　SO₄²⁻ ←左辺にも書きましょう SO₄²⁻ 　SO₄²⁻ を書きます

まとめます Pb + SO₄²⁻ ⟶ PbSO₄ + 2e⁻

　(+)極では，酸化剤であるPbO₂がPb²⁺に，生じたPb²⁺はPbSO₄になりました。

(+)　PbO₂ + 4H⁺ + 2e⁻ ⟶ Pb²⁺ + 2H₂O
　　　　　　右辺に書いたら　　　　　　PbSO₄にするために右
+) 　　　　SO₄²⁻ ←左辺にも書きましょう SO₄²⁻ 辺にSO₄²⁻を書きます

まとめます PbO₂ + 4H⁺ + SO₄²⁻ + 2e⁻ ⟶ PbSO₄ + 2H₂O

負極(−)と正極(+)の反応を見ると，次のことがわかります。

（−）　$Pb + SO_4^{2-} \longrightarrow PbSO_4 + 2e^-$
　　　　　　　　　　　　　　　　　　　　　（e^- 2molあたり）
　　　　SO₄分の質量が増加しています

（＋）　$PbO_2 + 4H^+ + SO_4^{2-} + 2e^- \longrightarrow PbSO_4 + 2H_2O$
　　　　　　　　　　　　　　　　　　（e^- 2molあたり）
　　　　　　　SO₂分の質量が増加しています

原子量を S＝32，O＝16 とすると，SO₄＝96，SO₂＝64 ですから，鉛蓄電池を放電すると，

e^- 2mol あたり （−）極は96g，（＋）極は64g の質量が
　　　　　　　（SO₄分）　　　　　（SO₂分）
増加します。

次の練習問題にチャレンジしてみましょう。

練習問題 2

　鉛蓄電池では，正極に酸化鉛(IV)，負極に鉛，電解液に希硫酸が用いられる。放電時，両極の表面に化合物Xが生じ，電解液の硫酸濃度は低下する。原子量は H＝1.0，O＝16，S＝32 とする。

(1)　文章中の化合物Xを化学式で記せ。
(2)　鉛蓄電池を放電したとき，負極と正極で起こる反応を，それぞれ電子 e^- を含むイオン反応式で記せ。
(3)　鉛蓄電池の放電で，0.20molの電子が流れたとき，負極と正極の質量はそれぞれ何g変化するか，有効数字2桁で答えよ。

解き方

(1)　鉛蓄電池の放電では，両極の表面に白色の硫酸鉛(II)$PbSO_4$(化合物X)が生じました。

(2)　鉛蓄電池の放電では，負極と正極でそれぞれ次の反応が起こりました。

（負極）　$Pb + SO_4^{2-} \longrightarrow PbSO_4 + 2e^-$　（酸化反応）
　　　　　　　　　　　　　　　　　　（e^- 2molあたり）
　　　　SO₄（＝96g）分の質量が増加

（正極）　$PbO_2 + 4H^+ + SO_4^{2-} + 2e^- \longrightarrow PbSO_4 + 2H_2O$　（還元反応）
　　　　　　　　　　　　　　　　　（e^- 2molあたり）
　　　　　　SO₂（＝64g）分の質量が増加

(3) 　負極の質量がx〔g〕，正極の質量がy〔g〕それぞれ増加したとします。
（2)のイオン反応式から，

$$\begin{array}{cccc}
 & (e^-) & （負極） & （正極） \\
 & 2\,mol & : \ 96\,g & : \ 64\,g \\
= & 0.20\,mol & : \ x〔g〕 & : \ y〔g〕
\end{array}$$

└─電子e^-が$0.20\,mol$流れたとあります

の関係式が成り立ちます。よって，
負極の質量変化は，

　　　$2\,mol : 96\,g = 0.20\,mol : x〔g〕$　より，$x=9.6\,g$

正極の質量変化は，

　　　$2\,mol : 64\,g = 0.20\,mol : y〔g〕$　より，$y=6.4\,g$

とわかります。

答え　(1)　$PbSO_4$

　　　　　(2)　負極：$Pb + SO_4^{2-} \longrightarrow PbSO_4 + 2e^-$

　　　　　　　 正極：$PbO_2 + 4H^+ + SO_4^{2-} + 2e^- \longrightarrow PbSO_4 + 2H_2O$

　　　　　(3)　負極：9.6g　　　正極：6.4g

●燃料電池

水素H_2と酸素O_2の混合気体に火を近づけると，爆発的に反応して水H_2Oができました。

$$2H_2 \ + \ O_2 \ \longrightarrow \ 2H_2O \quad \cdots(1)$$

この酸化還元反応によって出る熱エネルギーを電気エネルギーとしてとり出す装置が燃料電池です。燃料としてH_2を用いる燃料電池全体の反応式は，H_2が完全燃焼するときの反応式である(1)式になります。

> H_2とO_2を使った燃料電池は，
> ①発電時に地球温暖化のおもな原因であるCO_2を出さない
> ②電気エネルギーへの変換効率が高い
> などの特徴があり，クリーンエネルギーシステムとして注目されています。

燃料電池は，白金Pt触媒をつけた多孔質の電極でしきられた容器に電解質水
多くの穴があいている電極
溶液を入れ，両側からH_2（燃料）とO_2を供給し，導線でつなぐことでつくることができます。電解質水溶液として(1)リン酸H_3PO_4水溶液を用いた**リン酸形燃料電池**と(2)水酸化カリウムKOH水溶液を用いた**アルカリ形燃料電池**をおさえましょう。

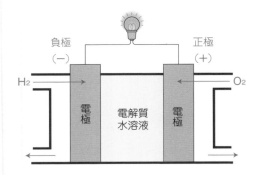

> 燃料電池は，還元剤のH_2が$(-)$，酸化剤のO_2が$(+)$になります。
> リン酸形の電池式は
> 　$(-)H_2 \mid H_3PO_4\,aq \mid O_2(+)$
> アルカリ形の電池式は
> 　$(-)H_2 \mid KOH\,aq \mid O_2(+)$
> と表します。

(1) リン酸形燃料電池　（−）H_2 | H_3PO_4 aq | O_2（＋）

（−）極では，H_2 が H^+ になります。この反応で生じた電子 e^- は，「負極→電球→正極」と移動します。

<u>還元剤</u>

$$（-）\quad H_2 \longrightarrow 2H^+ + 2e^- \quad \Leftarrow H_2 は H^+ へと変化します$$

（＋）極では，O_2 が H_2O になります。

<u>酸化剤</u>

$$（+）\quad O_2 + 4H^+ + 4e^- \longrightarrow 2H_2O \quad \Leftarrow O_2 は H_2O へと変化します$$

$\Leftarrow$ p.317の「e^- を含むイオン反応式のつくり方の例」にしたがうとつくることができます

燃料電池全体の反応式は，（−）×2＋（＋）から $4e^-$ を消去します。

$$（全体）\quad 2H_2 + O_2 \xrightarrow{放電} 2H_2O \quad \Leftarrow H_2 が完全燃焼するときの反応式$$

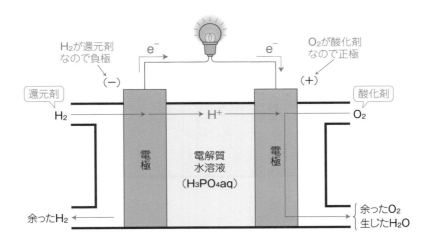

H_2 が還元剤なので負極　（−）

e^-

e^-

O_2 が酸化剤なので正極　（＋）

還元剤　H_2

酸化剤　O_2

H^+

電極

電解質水溶液（H_3PO_4 aq）

電極

余った H_2

{ 余った O_2 / 生じた H_2O

(2) アルカリ形燃料電池　（−）H_2 | KOH aq | O_2（＋）

リン酸形と同じように H_2 と O_2 が反応しますが，電解質水溶液が塩基性（アルカリ性）を示すので反応式を一部分修正する点に注意しましょう。

（−）極では，H_2 が H^+ になりますが，すぐに H^+ は OH^- と中和してしまいます。この反応で生じた電子 e^- は，「負極→電球→正極」と移動します。

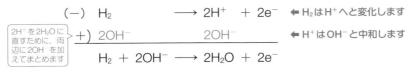

$2H^+$ を $2H_2O$ に直すために，両辺に $2OH^-$ を加えてまとめます

$$（-）\quad H_2 \longrightarrow 2H^+ + 2e^- \quad \Leftarrow H_2 は H^+ へと変化します$$
$$（+）\quad \underline{2OH^- \qquad\qquad 2OH^-} \quad \Leftarrow H^+ は OH^- と中和します$$
$$H_2 + 2OH^- \longrightarrow 2H_2O + 2e^-$$

（＋）極では，O_2 が H_2O になる反応式を塩基性の条件に修正した反応が起こります。

$$（＋）\quad O_2 \ + \ 4H^+ \ + \ 4e^- \ \longrightarrow \ 2H_2O$$

4H⁺ を 4H₂O に
直すために，両
辺に 4OH⁻ を加
えてまとめます

$$+)\quad \underline{\quad 4OH^- \qquad\qquad\qquad\qquad 4OH^- \quad}\quad ←4H^+ を 4H_2O に直します$$

$$O_2 \ + \ \underset{2}{4}H_2O \ + \ 4e^- \ \longrightarrow \ \underset{}{2}H_2O \ + \ 4OH^-$$

燃料電池全体の反応式は，（−）×2＋（＋）から $4e^-$ を消去します。

$$（全体）\quad 2H_2 \ + \ O_2 \ \overset{放電}{\longrightarrow} \ 2H_2O \quad ← H_2 が完全燃焼するときの反応式$$

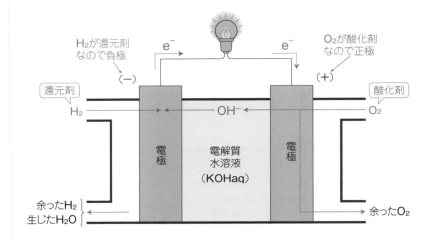

H₂が還元剤
なので負極
（−）

e⁻

e⁻

O₂が酸化剤
なので正極
（＋）

還元剤

H_2

OH⁻

O_2

酸化剤

電極

電解質
水溶液
（KOHaq）

電極

余ったH_2
生じたH_2O

余ったO_2

ポイント 燃料電池の構成・反応

リン酸形 $（−）H_2 \ | \ H_3PO_4\,aq \ | \ O_2（＋）$

$（−）\ H_2 \longrightarrow 2H^+ + 2e^-$

$（＋）\ O_2 + 4H^+ + 4e^- \longrightarrow 2H_2O$

アルカリ形 $（−）H_2 \ | \ KOHaq \ | \ O_2（＋）$

$（−）\ H_2 + 2OH^- \longrightarrow 2H_2O + 2e^-$

$（＋）\ O_2 + 2H_2O + 4e^- \longrightarrow 4OH^-$

全体の反応は，いずれもH_2が完全燃焼するときの反応式になる

$2H_2 + O_2 \longrightarrow 2H_2O$

●リチウムイオン電池

リチウムイオン電池は，小さくて軽いのに起電力が大きく(約4.0V)，スマートフォンなどに用いられている二次電池(蓄電池)です。

リチウムイオン電池の

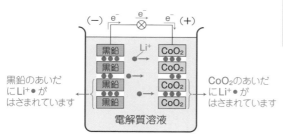

負極には，黒鉛の層でリチウムイオンLi^+をはさんだ化合物
　　　　　　　化学式はLi_xC_6とかきます

正極には，コバルトの酸化物CoO_2の層でリチウムイオンLi^+をはさんだ化合物
　　　　　　　化学式は$Li_{(1-x)}CoO_2$とかきます

電解質溶液には，Liの塩を溶かした有機化合物の溶媒

が使われています。

> 放電のときには，Li^+● が左から右に移動(●→)し，充電のときには，Li^+● が右から左に移動(←●)します。

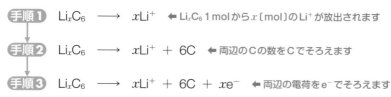

リチウムイオン電池のしくみ(放電時)

放電時，負極ではLi_xC_6 1 molからx〔mol〕のLi^+が放出され，正極では$Li_{(1-x)}CoO_2$ 1 molがx〔mol〕のLi^+を取りこみます。

(−)極の反応式のつくり方

手順1　$Li_xC_6 \longrightarrow xLi^+$　← Li_xC_6 1 molからx〔mol〕のLi^+が放出されます

手順2　$Li_xC_6 \longrightarrow xLi^+ + 6C$　← 両辺のCの数をCでそろえます

手順3　$Li_xC_6 \longrightarrow xLi^+ + 6C + xe^-$　← 両辺の電荷をe^-でそろえます

（＋）極の反応式のつくり方

手順1 $Li_{(1-x)}CoO_2 + xLi^+ \longrightarrow LiCoO_2$ ← $Li_{(1-x)}CoO_2$ 1 mol が x〔mol〕の Li^+ を取りこんで $LiCoO_2$ になります

手順2 $Li_{(1-x)}CoO_2 + xLi^+ + xe^- \longrightarrow LiCoO_2$ ← 両辺の電荷を e^- でそろえます

ポイント リチウムイオン電池の構成と反応

リチウムイオン電池　（−）Li_xC_6 ｜ Li の塩（有機化合物中）｜ $Li_{(1-x)}CoO_2$（＋）

（−）$Li_xC_6 \longrightarrow xLi^+ + 6C + xe^-$

（＋）$Li_{(1-x)}CoO_2 + xLi^+ + xe^- \longrightarrow LiCoO_2$

残りは、
電気分解だけです！

第 16 講 　電気分解

電気分解における各極の反応式をつくれるようにしよう。

●電気分解の基本

外部電源（電池）を使って，電解質の水溶液を電気分解してみましょう。電気分解では，

外部電源（電池）の

> 暗記しよう! **負極 (−)** とつないだ電極が **陰極 (−)**
> **正極 (+)** とつないだ電極が **陽極 (+)**

になることを覚えておいてください。

> 重要! **電気分解では，−と−，＋と＋をつなぐ**

ここで，外部電源として電池，電極には炭素C棒を使い，塩化銅（Ⅱ）$CuCl_2$水溶液を電気分解してみましょう。

❶ $CuCl_2$は電解質なので水溶液中ではほとんどCu^{2+}とCl^-に電離，水H_2OもごくわずかにH^+とOH^-に電離しています。

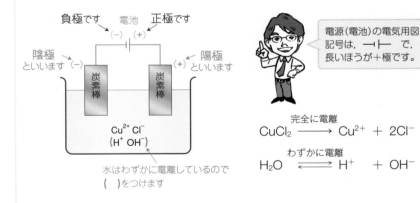

完全に電離
$$CuCl_2 \longrightarrow Cu^{2+} + 2Cl^-$$

わずかに電離
$$H_2O \rightleftharpoons H^+ + OH^-$$

電源（電池）の電気用図記号は，⟶┤├ で，長いほうが＋極です。

このとき，ごくわずかに電離している水のH^+，OH^-に（　　）をつけましょう。

❷ 電気分解を開始すると，電池の負極からe^-が流れ出し，電池の正極にe^-が流れこみます。このため，陰極はe^-が集まり－に帯電し，陽極はe^-を失い＋に帯電します。

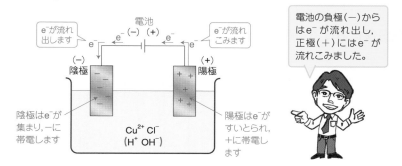

電池の負極（－）からはe^-が流れ出し，正極（＋）にはe^-が流れこみました。

❸ －に帯電した陰極には，Cu^{2+}とH^+（プラス）が引きよせられます。また，＋に帯電した陽極には，Cl^-とOH^-（マイナス）が引きよせられます。

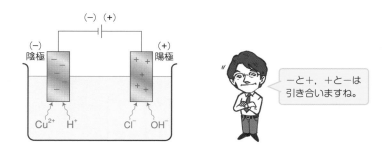

－と＋，＋と－は引き合いますね。

❹ 陰極ではCu^{2+}がe^-を受けとり銅Cuが析出し，陽極ではCl^-がe^-を失い塩素Cl_2が発生します。

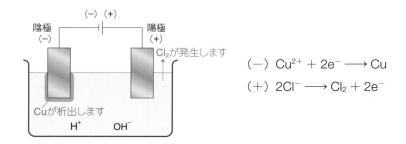

$$（-）\ Cu^{2+} + 2e^- \longrightarrow Cu$$
$$（+）\ 2Cl^- \longrightarrow Cl_2 + 2e^-$$

陰極ではH$^+$よりCu^{2+}が反応しやすく，陽極ではOH$^-$よりCl$^-$が反応しやすいので，陰極でCuが析出し，陽極でCl$_2$が発生します。陰極・陽極で反応しやすいイオンは覚えなければいけません。

●電気分解における各極の反応

STEP 1　電気分解を考えるための準備

　まず，水溶液の電気分解を考えるときは，[手順1]〜[手順3]にしたがい図をかき準備しましょう。

[手順1]

[陰極（−）]と[陽極（＋）]を決定し，図にかきこみます。

　（−）と（−），（＋）と（＋）をつなぎました。

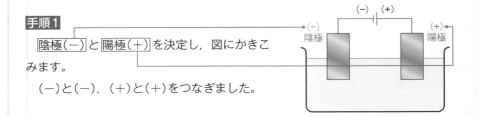

[手順2]

　溶質である電解質の電離を考え，電離によって生じた陽イオンと陰イオンを図にかきこみます。

例 CuCl$_2$なら，CuCl$_2$ ⟶ (Cu^{2+} + 2Cl$^-$)

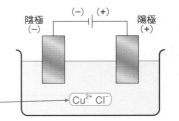

[手順3]

　水の電離を考え，H$^+$とOH$^-$を（　）をつけて図にかきこみます。

H$_2$O ⇌ (H$^+$ + OH$^-$)

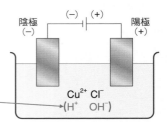

STEP 2　陰極における反応

次に，陰極における反応を考えます。手順4 ～ 手順6 にしたがい書きます。

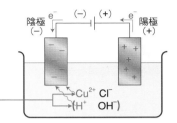

手順4

水溶液中の陽イオンを探します。

例 $CuCl_2$ aqなら，Cu²⁺とH⁺です。

手順5

イオン化傾向の小さい方の陽イオンを反応させます。

酸化剤としての強さ 強
(e⁻の受けとり やすさ)

小さい　　　　　　イオン化傾向　　　　　大きい

$Ag^+ > Cu^{2+} > H^+ > \cdots\cdots > Zn^{2+} > \cdots\cdots > Li^+$ 弱

例 Cu^{2+} とH⁺なら，Cu^{2+} が反応します。

$$Cu^{2+} + 2e^- \longrightarrow Cu$$

(注 条件によっては，イオン化傾向の小さくない陽イオンが反応することがあります。
ただし，そのときは問題文中のヒントからわかります。)

手順6

　H⁺が反応するときは，水のH⁺つまり(　　　)の中のH⁺が反応しているときだけ，H_2O の反応式に書き直します。

例 H⁺の反応式をH_2O の反応式に直すとき

2H⁺を2H₂Oに直すために，両辺に2OH⁻を加えてまとめます

$$2H^+ + 2e^- \longrightarrow H_2$$
$$+)\ 2OH^- \qquad\qquad 2OH^-$$
$$\overline{2H_2O + 2e^- \longrightarrow H_2 + 2OH^-}$$

STEP3 　陽極における反応

最後に，陽極における反応を考えます。手順7，手順8にしたがい書きます。

手順7

陽極板の種類をチェックします。

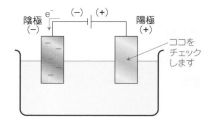

手順7の1

陽極板がC，Pt，Au以外のときは，極板自身が溶けます。

例 　陽極にCu板を使っているとき

$$Cu \longrightarrow Cu^{2+} + 2e^-$$

となります。

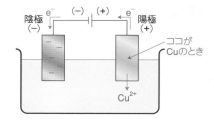

手順7の2

陽極板がC，Pt，Auのいずれかのときは，水溶液中の陰イオンを探します。

① Cl^- が見つかれば， $2Cl^- \longrightarrow Cl_2 + 2e^-$ 　と書きます。

　I^- が見つかれば， $2I^- \longrightarrow I_2 + 2e^-$ 　と書きます。

② Cl^- や I^- が見つからなければ OH^- を反応させます。

$$4OH^- \longrightarrow O_2 + 2H_2O + 4e^-$$

$4OH^-$ の変化後が　$O_2 + 2H_2O$　であることは覚えましょう。

手順8

　OH⁻ が反応するときは，水の OH⁻ つまり(　　　)の中の OH⁻ が反応しているときだけ，H_2O の反応式に直します。

例 OH⁻ の反応式を H_2O の反応式に直すとき

$4OH⁻ \longrightarrow O_2 + 2H_2O + 4e⁻$

> 4OH⁻ を 4H₂O に
> 直すために，両辺
> に 4H⁺ を加え，ま
> とめます

$+)　4H⁺　　　　　4H⁺$

$\overset{2}{4}H_2O \longrightarrow O_2 + \overset{}{2}H_2O + 4H⁺ + 4e⁻$

ポイント　電気分解における反応式

　電気分解における反応式は，**手順1**～**手順8**にしたがって書こう。

〈おおまかな流れ〉

STEP 1　陰極(−)と陽極(＋)を決定しよう。

⬇

STEP 2　陰極(−)は，イオン化傾向の小さな陽イオンが反応します。

⬇

STEP 3　陽極(＋)は，極板の種類をチェックする。

　　　　　C，Pt，Au 以外のとき，極板が溶ける。

⬇

　　　　　C，Pt，Au のいずれかのとき，反応のしやすさは Cl⁻, I⁻＞OH⁻

●(　　　)の中の H⁺ や OH⁻ が反応しているときは，H_2O に直す。

次の練習問題で復習しましょう。

陰極および陽極で起こる変化を，電子e^-を用いたイオン反応式で表せ。

(1) 白金板を電極として，硝酸銀$AgNO_3$水溶液を電気分解するとき

(2) 銅板を電極として，硫酸銅（Ⅱ）$CuSO_4$水溶液を電気分解するとき

(3) 炭素棒を電極として，希硫酸H_2SO_4を電気分解するとき

(4) 白金板を電極として，水酸化ナトリウム$NaOH$水溶液を電気分解するとき

解き方

(1) 陰極と陽極を決定し，水溶液中
のイオンを図にかきこみます。

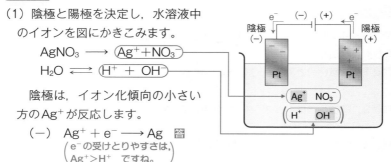

$$AgNO_3 \longrightarrow \boxed{Ag^+ + NO_3^-}$$
$$H_2O \rightleftharpoons \boxed{H^+ + OH^-}$$

陰極は，イオン化傾向の小さい
方のAg^+が反応します。

$$(-)\quad Ag^+ + e^- \longrightarrow Ag \quad 答$$
（e^-の受けとりやすさは，
$Ag^+ > H^+$ ですね。）

陽極板はPtなので，極板自身は溶けません。水溶液中の陰イオンはCl^-
やI^-が見つからないので，OH^-が反応します。

$$(+)\quad 4OH^- \longrightarrow O_2 + 2H_2O + 4e^-$$

水のOH^-つまり（　　）の中のOH^-が反応しているので，H_2Oの反応
式に直すために，両辺に$4H^+$を加えてまとめます。

$$4OH^- \longrightarrow O_2 + 2H_2O + 4e^-$$
$$\underline{+)\quad 4H^+ \qquad\qquad 4H^+}$$
$$(+)\quad \underset{2H_2O}{\cancel{4H_2O}} \longrightarrow O_2 + \cancel{2H_2O} + 4H^+ + 4e^- \quad 答$$

(2)

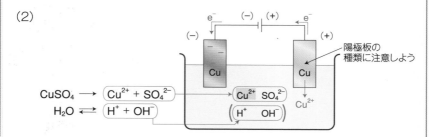

$$CuSO_4 \longrightarrow \boxed{Cu^{2+} + SO_4^{2-}}$$
$$H_2O \rightleftharpoons \boxed{H^+ + OH^-}$$

陰極は，イオン化傾向の小さい方のCu^{2+}が反応します。

$(-)$　$Cu^{2+} + 2e^- \longrightarrow Cu$　$\begin{pmatrix} e^-\text{の受けとりやすさは,} \\ Cu^{2+} > H^+ \text{ です。} \end{pmatrix}$　答

陽極板は，C，Pt，Au以外のCuなので，極板が溶けます。

$(+)$　$Cu \longrightarrow Cu^{2+} + 2e^-$　答

(3)

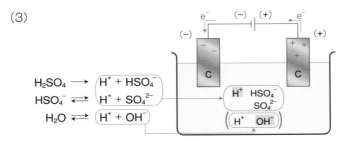

$H_2SO_4 \longrightarrow$ $(H^+ + HSO_4^-)$
$HSO_4^- \rightleftharpoons$ $(H^+ + SO_4^{2-})$
$H_2O \rightleftharpoons$ $(H^+ + OH^-)$

陰極は，イオン化傾向の小さな陽イオンが反応しますが，今回は陽イオンはH^+しかありません。

$(-)$　$2H^+ + 2e^- \longrightarrow H_2$　答

注（　）の外や中にH^+がありますが，（　）の中のH^+は水溶液中にはわずかしかないので，水溶液中に多く存在するH_2SO_4のH^+が反応しています。つまり，H_2Oの反応式に直す必要はありません。

陽極板はCなので，極板自身は溶けません。水溶液中の陰イオンはCl^-やI^-が見つからないので，OH^-が反応します。

$(+)$　$4OH^- \longrightarrow O_2 + 2H_2O + 4e^-$

水のOH^-つまり（　）の中のOH^-が反応しているので，H_2Oの反応式に直すために，両辺に$4H^+$を加えてまとめます。

$$4OH^- \longrightarrow O_2 + 2H_2O + 4e^-$$
$$+)\ 4H^+ \qquad\qquad 4H^+$$
$$(+)\ \underset{2H_2O}{4H_2O} \longrightarrow O_2 + 2H_2O + 4H^+ + 4e^-$$　答

(4)

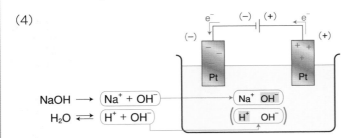

$NaOH \longrightarrow$ $(Na^+ + OH^-)$
$H_2O \rightleftharpoons$ $(H^+ + OH^-)$

陰極は，イオン化傾向の小さい方のH^+が反応します。

（－）　$2H^+ + 2e^- \longrightarrow H_2$　$\begin{pmatrix} e^-\text{の受けとりやすさは,} \\ H^+ > Na^+ \text{ ですね。} \end{pmatrix}$

水のH^+つまり（　）の中のH^+が反応しているので，H_2Oの反応式に直すために，両辺に$2OH^-$を加えてまとめます。

（－）　　$2H^+　+　2e^- \longrightarrow H_2$
$\underline{+)　2OH^-　　　　　　　　2OH^-}$
　　　$2H_2O + 2e^- \longrightarrow H_2 + 2OH^-$　圏

陽極板は Pt なので，極板自身は溶けません。水溶液中の陰イオンはCl^-やI^-が見つからないので，OH^-が反応します。

（＋）　$4OH^- \longrightarrow O_2 + 2H_2O + 4e^-$

$\begin{pmatrix} \text{注 （　）の外や中に} OH^- \text{がありますが，（　）の中の} OH^- \text{は水溶液中にはわ} \\ \text{ずかしかないので，水溶液中に多く存在する} NaOH \text{の} OH^- \text{が反応していま} \\ \text{す。つまり，} H_2O \text{の反応式に直す必要はありません。} \end{pmatrix}$

答え　(1) 陰極：$Ag^+ + e^- \longrightarrow Ag$
　　　　　陽極：$2H_2O \longrightarrow O_2 + 4H^+ + 4e^-$
　　　　(2) 陰極：$Cu^{2+} + 2e^- \longrightarrow Cu$
　　　　　陽極：$Cu \longrightarrow Cu^{2+} + 2e^-$
　　　　(3) 陰極：$2H^+ + 2e^- \longrightarrow H_2$
　　　　　陽極：$2H_2O \longrightarrow O_2 + 4H^+ + 4e^-$
　　　　(4) 陰極：$2H_2O + 2e^- \longrightarrow H_2 + 2OH^-$
　　　　　陽極：$4OH^- \longrightarrow O_2 + 2H_2O + 4e^-$

Step 2 電気分解の法則をマスターしよう。

●電気量

まず，電流の単位A(アンペア)は，

暗記しよう! $A = C/s$ ←1秒(1s)あたり

> 1sあたりの電気量[C]を表しています。

と表すことができることを覚えておきましょう。

次に，ファラデー定数 $F=9.65×10^4$〔C/mol〕をおさえましょう。

暗記しよう! $F = 9.65 × 10^4 [C/mol]$ ←e⁻ 1molあたり

> 電子e⁻ 1molのもつ電気量[C]の大きさを表しています。

例えば，5.0Aの電流を16分5秒間流したのであれば，

16分5秒＝16×60＋5秒＝965秒 s

であり，ファラデー定数 $F=9.65×10^4$C/mol より，

$$\frac{5.0\cancel{C}}{1\cancel{s}} \times 965\cancel{s} \times \frac{1\,mol}{9.65×10^4\cancel{C}} = 0.050\,mol$$

（A=C/s）　流れた〔C〕　　流れた電子e⁻〔mol〕

の電子e⁻ が流れたことがわかりますね。

ポイント 電気分解の計算で覚えること

$A=C/s$ ，$9.65×10^4$C/mol ←e⁻ 1molあたり

を覚えておこう。

次の練習問題で電気分解のまとめをしましょう。

練習問題

　白金電極を用いて、硫酸銅（Ⅱ）水溶液を、2.0Ａの一定電流で9分39秒間電気分解した。原子量はO=16，Cu=64とする。

(1) この電気分解反応で流れた電子の物質量は何molか。ただし、ファラデー定数として $9.65×10^4$ C/mol を用い、有効数字2桁で求めよ。

(2) 陰極に析出した銅は何gか。有効数字2桁で求めよ。

(3) 陽極で起こった変化をイオン反応式で表せ。

(4) 陽極から発生した気体は何gか。有効数字2桁で求めよ。

解き方

(1) 2.0Ａ=2.0C/s ，　9分39秒＝9×60+39秒=579秒 $_s$ であり、ファラデー定数 $9.65×10^4$ C/mol より、

$$\frac{2.0\cancel{C}}{1\cancel{s}} \times 579\cancel{s} \times \frac{1\,mol}{9.65×10^4\cancel{C}} = 0.012\,mol$$

　　　（A=C/s）　（C）　　　　　e^-（mol）

の電子 e^- が流れました。

(2)，(3)

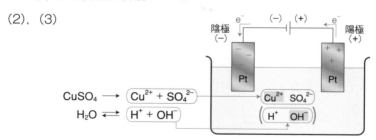

CuSO₄ → Cu²⁺ + SO₄²⁻

$CuSO_4 \longrightarrow Cu^{2+} + SO_4^{2-}$

$H_2O \rightleftharpoons H^+ + OH^-$

　　陰極はイオン化傾向の小さい方の Cu^{2+} が反応します。

(－)　$Cu^{2+} + 2e^- \longrightarrow Cu$ $\left(\begin{array}{l} e^-\text{の受けとりやすさは、} \\ Cu^{2+} > H^+ \ \text{です。} \end{array}\right)$

　　陽極板はPtなので、極板自身は溶けません。水溶液中の陰イオンは Cl^- や I^- が見つからないので、OH^- が反応します。ただし、（　　）の中の OH^- が反応しているので、H_2O の反応式に直します。

(＋)　　$4OH^- \longrightarrow O_2 + 2H_2O + 4e^-$

$+) \ 4H^+ \hspace{3.5cm} 4H^+$

$\overline{\hspace{8cm}}$

$2H_2O \longrightarrow O_2 + 4H^+ + 4e^-$　← (3)の答

陰極での反応

$$(-)\quad Cu^{2+} + \overset{\times\frac{1}{2}}{\boxed{2}e^- \longrightarrow \boxed{1}Cu}$$

と Cu=64 つまり 64g/$_1$mol より,

$$0.012 \,\Big|\, \times\frac{1}{2}\,mol \,\Big|\, \times\frac{64\,g}{1\,mol} \,\Big|\, \fallingdotseq 0.38\,g \quad \leftarrow (2)の答$$

　　　e$^-$〔mol〕　　Cu〔mol〕　　Cu〔g〕

の銅 Cu が陰極に析出したことがわかります。

（4）陽極での反応

$$(+)\quad 2H_2O \overset{\times\frac{1}{4}}{\longrightarrow \boxed{1}O_2 + 4H^+ + \boxed{4}e^-}$$

と O$_2$=32 つまり 32g/$_1$mol より,

$$0.012 \,\Big|\, \times\frac{1}{4}\,mol \,\Big|\, \times\frac{32\,g}{1\,mol} \,\Big|\, = 0.096\,g$$

　　　e$^-$〔mol〕　　O$_2$〔mol〕　　O$_2$〔g〕

の酸素 O$_2$ が発生したことがわかります。

答え
(1) 0.012 mol または 1.2×10^{-2} mol
(2) 0.38 g または 3.8×10^{-1} g
(3) $2H_2O \longrightarrow O_2 + 4H^+ + 4e^-$
(4) 0.096 g または 9.6×10^{-2} g

これで理論化学の授業は、
終講です。
一冊の参考書をやりとげた
実感がわいてきましたか？
これからも一冊一冊の参考書
や問題集をていねいに仕上げ
ることを積み重ねていきましょう。
少しずつ、着実に、みなさんは
成長しています。
おつかれさま。

橋爪健作

暗記ポイントの総整理

1 重要公式と要点のまとめ

1 原子の構造

❶ 原子番号 ＝ 陽子の数

　　質量数 ＝ 陽子の数 ＋ 中性子の数 ……………………………… ➥p.17, 19

❷ 内側からn番目の電子殻に入ることのできる電子の最大数 ＝ $2n^2$ … ➥p.29

2 物質量

❸ 1 mol ＝ 6.0×10^{23}個の粒子 ……………………………………………… ➥p.58
　　　　　　　原子・分子・イオンなど

❹ 0℃, 1.013×10^5 Pa（標準状態）の気体 1 mol ＝ 22.4 L ………… ➥p.63

3 結晶

❺ 金属結晶の単位格子 ………………………………………………………… ➥p.102

	単位格子中の原子数	配位数	aとrの関係式
体心立方格子	2	8	$\sqrt{3}\,a = 4r$
面心立方格子	4	12	$\sqrt{2}\,a = 4r$
六方最密構造	2	12	———

❻ イオン結晶の単位格子 ………………………………………………………… ➥p.114

	単位格子中のイオンの数	配位数	aとr^+やr^-の関係式
NaCl型	Na^+ 4 ， Cl^- 4	Na^+ 6 ， Cl^- 6	$a = 2(r_{Na^+} + r_{Cl^-})$
CsCl型	Cs^+ 1 ， Cl^- 1	Cs^+ 8 ， Cl^- 8	$\sqrt{3}\,a = 2(r_{Cs^+} + r_{Cl^-})$
ZnS型	Zn^{2+} 4 ， S^{2-} 4	Zn^{2+} 4 ， S^{2-} 4	

4 気体

❼ 1.013×10^5 Pa ＝ 1.013×10^3 hPa ＝ 1.013×10^2 kPa … ➥p.132

❽ 1 atm ＝ 1.013×10^5 Pa ＝ 760 mmHg …………………………… ➥p.133

❾ T〔K〕 ＝ t〔℃〕 ＋ 273 （T：絶対温度　t：セルシウス温度）……… ➥p.134

❿ PV ＝ nRT （P：圧力　V：体積　n：物質量　R：気体定数　T：絶対温度）
………………………………………………………………………………… ➥p.136

⑪ $PV = \dfrac{w}{M}RT \qquad PM = dRT$ ·················· ➡ p.140

（w：気体の質量　　M：分子量　　d：気体の密度）

⑫ $P_全 = P_A + P_B$ （全圧は分圧の和）··············· ➡ p.143

⑬ $P_全 : P_A : P_B = n_A + n_B : n_A : n_B$ （圧力の比 ＝ モルの比）··· ➡ p.144

⑭ 気体Aのモル分率 $= \dfrac{n_A〔mol〕}{混合気体の全物質量〔mol〕}$ ·················· ➡ p.147

気体Aの分圧 ＝ 全圧 × Aのモル分率

⑮ $\overline{M} = $ Aの分子量 × Aのモル分率 ＋ Bの分子量 × Bのモル分率

（$\overline{M}$：気体Aと気体Bからなる混合気体の平均分子量）··············· ➡ p.148

⑯ ヘンリーの法則 ······················ ➡ p.165

圧力が2倍 で 気体の溶ける mol や g も2倍，

圧力が3倍 で 気体の溶ける mol や g も3倍，…… となる

---

5 溶液

⑰ 質量パーセント濃度〔%〕 $= \dfrac{溶質の質量〔g〕}{溶液の質量〔g〕} \times 100$ % ············· ➡ p.172

⑱ モル濃度〔mol／L〕 $= \dfrac{溶質の物質量〔mol〕}{溶液の体積〔L〕}$ ··················· ➡ p.173

⑲ 質量モル濃度〔mol／kg〕 $= \dfrac{溶質の物質量〔mol〕}{溶媒の質量〔kg〕}$ ··············· ➡ p.174

⑳ $\Delta T_b = K_b \times m \qquad \Delta T_f = K_f \times m$ ➡ p.203

$\left(\begin{array}{l}\Delta T_b：沸点上昇度　\Delta T_f：凝固点降下度　K_b：モル沸点上昇　K_f：モル凝固点降下\\ m：質量モル濃度（電解質のときは電離後の質量モル濃度）\end{array}\right)$

㉑ $\pi V = nRT \qquad \pi = \dfrac{n}{V}RT = cRT$ ···················· ➡ p.208, 209

（π：浸透圧　　c：モル濃度（電解質のときは電離後のモル濃度））

---

6 反応速度と化学平衡

㉒ $v = \dfrac{反応物のmol／Lの変化量}{反応時間}$ ···················· ➡ p.251

または $v = \dfrac{生成物のmol／Lの変化量}{反応時間}$

（v：反応速度）

㉓ $v = -\dfrac{\Delta[A]}{\Delta t} = -\dfrac{[A]_2 - [A]_1}{t_2 - t_1}$ .... ➥ p.252, 254

$\quad [\overline{A}] = \dfrac{[A]_1 + [A]_2}{2}$

㉔ $v = k[H_2O_2]$ $\quad \left(\begin{array}{l} 2H_2O_2 \longrightarrow 2H_2O + O_2 \quad \text{の反応の反応速度式} \\ k：反応速度定数 \end{array} \right)$ .... ➥ p.256

㉕ $K = \dfrac{[HI]^2}{[H_2][I_2]}$ $\quad \left(\begin{array}{l} H_2(気) + I_2(気) \rightleftharpoons 2HI(気) \\ \text{が化学平衡の状態にあるとき} \end{array} \right)$ .... ➥ p.261

$\quad$ (K：(濃度)平衡定数 $\quad$ この式で表される関係を化学平衡の法則という)

㉖ $K_p = \dfrac{P_{NH_3}{}^2}{P_{N_2} \cdot P_{H_2}{}^3}$ $\quad \left(\begin{array}{l} N_2(気) + 3H_2(気) \rightleftharpoons 2NH_3(気) \\ \text{が化学平衡の状態にあるとき} \quad K_p：圧平衡定数 \end{array} \right)$ ➥ p.263

7 　酸と塩基

㉗ $\alpha = \dfrac{電離した酸(塩基)の\,mol}{溶かした酸(塩基)の\,mol}$ $\quad$ (α：電離度) .... ➥ p.273

㉘ 中和点までに酸の出すH^+のmol $\quad = \quad$ 中和点までに塩基の出すOH^-のmol

.... ➥ p.279

㉙ $x \times \dfrac{V_1}{1000} \times a = y \times \dfrac{V_2}{1000} \times b$ .... ➥ p.280

$\quad$ ($x\,mol/L$の酸(a価)$V_1\,mL$ を $y\,mol/L$の塩基(b価)$V_2\,mL$ で中和滴定したとき)

㉚ $[H^+] = 10^{-n}\,mol/L$ のとき $\quad\quad pH = n$ .... ➥ p.286

$\quad pH = -\log_{10}[H^+]$

㉛ $K_w = [H^+][OH^-] = 1.0 \times 10^{-14}\,mol^2/L^2$ $\quad$ (25℃) .... ➥ p.287

㉜ $C\,mol/L$ HCl(強酸) $\quad$ の $[H^+] = C$ .... ➥ p.289

$\quad C\,mol/L$ NaOH(強塩基) $\quad$ の $[OH^-] = C$

$\quad C\,mol/L$ CH₃COOH(弱酸) $\quad$ の $[H^+] = C\alpha$

$\quad C\,mol/L$ NH₃(弱塩基) $\quad$ の $[OH^-] = C\alpha$

㉝ $K_a = \dfrac{[CH_3COO^-][H^+]}{[CH_3COOH]}$ .... ➥ p.301

$\quad$ (CH₃COOH $\rightleftharpoons$ CH₃COO⁻ + H⁺ のとき $\quad K_a$：電離定数)

㉞ $\alpha = \sqrt{\dfrac{K_a}{C}}$ $\quad [H^+] = C\alpha = \sqrt{CK_a}$ .... ➥ p.302

$\quad$ ($C\,mol/L$ CH₃COOH水溶液のとき)

㉟ $[H^+] = \dfrac{A}{B} \times K_a$ $\quad \left(\begin{array}{l} A\,mol\,の\,CH_3COOH \quad と \quad B\,mol\,の\,CH_3COONa \\ \text{の緩衝液のとき} \end{array} \right)$ .... ➥ p.306

8 酸化と還元

㊱ 還元剤が終点までに放出した e^-〔mol〕 ＝ 酸化剤が終点までに受けとった e^-〔mol〕
.... ➥ p.322

㊲ イオン化傾向 .... ➥ p.327
Li ＞ K ＞ Ba ＞ Ca ＞ Na ＞ Mg ＞ Al ＞ Zn ＞ Fe ＞ Ni ＞ Sn ＞
Pb ＞（H_2）＞ Cu ＞ Hg ＞ Ag ＞ Pt ＞ Au

㊳ ボルタ電池 .... ➥ p.343
（－）Zn ｜ H_2SO_4 aq ｜ Cu（＋）

㊴ ダニエル電池 .... ➥ p.345
（－）Zn ｜ $ZnSO_4$ aq ｜ $CuSO_4$ aq ｜ Cu（＋）

㊵ 鉛蓄電池 .... ➥ p.349
（－）Pb ｜ H_2SO_4 aq ｜ PbO_2（＋）

㊶ $A = \dfrac{C}{s}$ （A：アンペア C：クーロン s：秒）...................... ➥ p.367

㊷ $F = 9.65 \times 10^4$ C/mol （F：ファラデー定数）............................ ➥ p.367

2 酸化剤と還元剤の電子を含むイオン反応式

「還元剤や酸化剤の化学式」と「その変化後の化学式」だけ覚えましょう（色文字の部分）。... ➥ p.315, 316

1 酸化剤の電子を含むイオン反応式

酸化剤 ＋ ●e^- ⟶ 変化後

ハロゲン単体（Cl_2, Br_2, I_2）	例 $Cl_2 + 2e^- \longrightarrow 2Cl^-$
過マンガン酸イオン MnO_4^-	$MnO_4^- + 8H^+ + 5e^- \longrightarrow Mn^{2+} + 4H_2O$
二クロム酸イオン $Cr_2O_7^{2-}$	$Cr_2O_7^{2-} + 14H^+ + 6e^- \longrightarrow 2Cr^{3+} + 7H_2O$
熱濃硫酸 H_2SO_4 （加熱した濃硫酸）	$H_2SO_4 + 2H^+ + 2e^- \longrightarrow SO_2 + 2H_2O$
濃硝酸	$HNO_3 + H^+ + e^- \longrightarrow NO_2 + H_2O$
希硝酸	$HNO_3 + 3H^+ + 3e^- \longrightarrow NO + 2H_2O$

2 還元剤の電子を含むイオン反応式

還元剤 ⟶ 変化後 + ●e⁻

金属単体	例 $Zn \longrightarrow Zn^{2+} + 2e^-$
ハロゲン化物イオン(Cl^-, Br^-, I^-)	例 $2Cl^- \longrightarrow Cl_2 + 2e^-$
硫化水素 H_2S	$H_2S \longrightarrow S + 2H^+ + 2e^-$
シュウ酸 $(COOH)_2$	$(COOH)_2 \longrightarrow 2CO_2 + 2H^+ + 2e^-$

3 過酸化水素 H_2O_2 と二酸化硫黄 SO_2

　過酸化水素 H_2O_2 や二酸化硫黄 SO_2 は酸化剤としても還元剤としてもはたらきます。

過酸化水素 H_2O_2	酸化剤	$H_2O_2 + 2H^+ + 2e^- \longrightarrow 2H_2O$
	還元剤	$H_2O_2 \longrightarrow O_2 + 2H^+ + 2e^-$
二酸化硫黄 SO_2	酸化剤	$SO_2 + 4H^+ + 4e^- \longrightarrow S + 2H_2O$
	還元剤	$SO_2 + 2H_2O \longrightarrow SO_4^{2-} + 4H^+ + 2e^-$

🔲③ イオン化傾向と金属の反応性の関係 ····· ➠ p.331〜338

大きい（反応性大）　　　　　イオン化傾向　　　　　（反応性小）小さい

金 属	Li K Ba Ca Na Mg Al Zn Fe Ni Sn Pb (H₂) Cu Hg Ag Pt Au
空気中の酸素 O_2 との反応	空気中ですみやかに酸化 ／ 空気中で酸化されて酸化物の被膜を生じる 〉
水 H_2O との反応	常温の水と反応 〉／ 熱水と反応 〉／ 高温の水蒸気と反応 〉
酸との反応	塩酸・希硫酸と反応して水素 H_2 を発生する 〉／ 熱濃硫酸・濃硝酸・希硝酸と反応して SO_2・NO_2・NO を発生する 〉／ 王水とのみ反応 〉

376

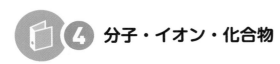

4 分子・イオン・化合物

次の分子，イオン，化合物の名称と分子式，化学式は，覚えましょう。イオンについては，価数もチェックしておきましょう。

1 分子

分子の名称	分子式	分子の名称	分子式
水 素	H_2	フッ素	F_2
窒 素	N_2	塩 素	Cl_2
酸 素	O_2	臭 素	Br_2
オゾン	O_3	ヨウ素	I_2

2 イオン

イオンの名称	化学式	価数	イオンの名称	化学式	価数
水素イオン	H^+	1	酸化物イオン	O^{2-}	2
リチウムイオン	Li^+	1	硫化物イオン	S^{2-}	2
ナトリウムイオン	Na^+	1	水酸化物イオン	OH^-	1
カリウムイオン	K^+	1	シアン化物イオン	CN^-	1
マグネシウムイオン	Mg^{2+}	2	炭酸イオン	CO_3^{2-}	2
カルシウムイオン	Ca^{2+}	2	炭酸水素イオン	HCO_3^-	1
バリウムイオン	Ba^{2+}	2	酢酸イオン	CH_3COO^-	1
亜鉛イオン	Zn^{2+}	2	シュウ酸イオン	$C_2O_4^{2-}$	2
アルミニウムイオン	Al^{3+}	3	硝酸イオン	NO_3^-	1
鉛(Ⅱ)イオン	Pb^{2+}	2	硫酸イオン	SO_4^{2-}	2
クロム(Ⅲ)イオン	Cr^{3+}	3	亜硫酸イオン	SO_3^{2-}	2
マンガン(Ⅱ)イオン	Mn^{2+}	2	硫酸水素イオン	HSO_4^-	1
鉄(Ⅱ)イオン	Fe^{2+}	2	リン酸イオン	PO_4^{3-}	3
鉄(Ⅲ)イオン	Fe^{3+}	3	チオシアン酸イオン	SCN^-	1
ニッケル(Ⅱ)イオン	Ni^{2+}	2	次亜塩素酸イオン	ClO^-	1
銅(Ⅱ)イオン	Cu^{2+}	2	亜塩素酸イオン	ClO_2^-	1
銀イオン	Ag^+	1	塩素酸イオン	ClO_3^-	1
フッ化物イオン	F^-	1	過塩素酸イオン	ClO_4^-	1
塩化物イオン	Cl^-	1	過マンガン酸イオン	MnO_4^-	1
臭化物イオン	Br^-	1	クロム酸イオン	CrO_4^{2-}	2
ヨウ化物イオン	I^-	1	ニクロム酸イオン	$Cr_2O_7^{2-}$	2

3 化合物

化合物の名称	化学式	化合物の名称	化学式
水	H_2O	塩素酸	$HClO_3$
アンモニア	NH_3	過塩素酸	$HClO_4$
一酸化炭素	CO	酸化ナトリウム	Na_2O
二酸化炭素	CO_2	酸化カルシウム	CaO
一酸化窒素	NO	酸化マグネシウム	MgO
二酸化窒素	NO_2	酸化アルミニウム	Al_2O_3
二酸化硫黄	SO_2	酸化鉄(Ⅲ)	Fe_2O_3
三酸化硫黄	SO_3	酸化マンガン(Ⅳ)	MnO_2
過酸化水素	H_2O_2	（または二酸化マンガン）	
フッ化水素	HF	酸化銅(Ⅰ)	Cu_2O
塩化水素	HCl	酸化銅(Ⅱ)	CuO
臭化水素	HBr	塩化ナトリウム	$NaCl$
ヨウ化水素	HI	塩化カルシウム	$CaCl_2$
十酸化四リン	P_4O_{10}	塩化アンモニウム	NH_4Cl
二酸化ケイ素	SiO_2	硝酸銀	$AgNO_3$
硫化水素	H_2S	硫化銅(Ⅱ)	CuS
メタン	CH_4	炭酸ナトリウム	Na_2CO_3
硫酸	H_2SO_4	炭酸水素ナトリウム	$NaHCO_3$
硝酸	HNO_3	水酸化ナトリウム	$NaOH$
炭酸	H_2CO_3	水酸化バリウム	$Ba(OH)_2$
シュウ酸	$(COOH)_2$	過マンガン酸カリウム	$KMnO_4$
酢酸	CH_3COOH	二クロム酸カリウム	$K_2Cr_2O_7$
リン酸	H_3PO_4	クロム酸カリウム	K_2CrO_4
次亜塩素酸	$HClO$	酢酸ナトリウム	CH_3COONa
亜塩素酸	$HClO_2$		

5 周期表

赤字の元素名と元素記号は覚えましょう。

周期＼族	1	2	3	4	5	6	7	8	9	10	11	12	13	14	15	16	17	18
1	H 水素																	He ヘリウム
2	Li リチウム	Be ベリリウム											B ホウ素	C 炭素	N 窒素	O 酸素	F フッ素	Ne ネオン
3	Na ナトリウム	Mg マグネシウム											Al アルミニウム	Si ケイ素	P リン	S 硫黄	Cl 塩素	Ar アルゴン
4	K カリウム	Ca カルシウム	Sc スカンジウム	Ti チタン	V バナジウム	Cr クロム	Mn マンガン	Fe 鉄	Co コバルト	Ni ニッケル	Cu 銅	Zn 亜鉛	Ga ガリウム	Ge ゲルマニウム	As ヒ素	Se セレン	Br 臭素	Kr クリプトン
5	Rb ルビジウム	Sr ストロンチウム	Y イットリウム	Zr ジルコニウム	Nb ニオブ	Mo モリブデン	Tc テクネチウム	Ru ルテニウム	Rh ロジウム	Pd パラジウム	Ag 銀	Cd カドミウム	In インジウム	Sn スズ	Sb アンチモン	Te テルル	I ヨウ素	Xe キセノン
6	Cs セシウム	Ba バリウム	ランタノイド	Hf ハフニウム	Ta タンタル	W タングステン	Re レニウム	Os オスミウム	Ir イリジウム	Pt 白金	Au 金	Hg 水銀	Tl タリウム	Pb 鉛	Bi ビスマス	Po ポロニウム	At アスタチン	Rn ラドン
7	Fr フランシウム	Ra ラジウム	アクチノイド	Rf ラザホージウム	Db ドブニウム	Sg シーボーギウム	Bh ボーリウム	Hs ハッシウム	Mt マイトネリウム	Ds ダームスタチウム	Rg レントゲニウム	Cn コペルニシウム	Nh ニホニウム	Fl フレロビウム	Mc モスコビウム	Lv リバモリウム	Ts テネシン	Og オガネソン

ランタノイド

La ランタン	Ce セリウム	Pr プラセオジム	Nd ネオジム	Pm プロメチウム	Sm サマリウム	Eu ユウロピウム	Gd ガドリニウム	Tb テルビウム	Dy ジスプロシウム	Ho ホルミウム	Er エルビウム	Tm ツリウム	Yb イッテルビウム	Lu ルテチウム

アクチノイド

Ac アクチニウム	Th トリウム	Pa プロトアクチニウム	U ウラン	Np ネプツニウム	Pu プルトニウム	Am アメリシウム	Cm キュリウム	Bk バークリウム	Cf カリホルニウム	Es アインスタイニウム	Fm フェルミウム	Md メンデレビウム	No ノーベリウム	Lr ローレンシウム

□は遷移元素。他は典型元素
□は非金属元素。他は金属元素

元素名 ← H → 元素記号
（水素）

□の元素は、詳しい性質がわかっていない。

さくいん

〔橋爪のゼロから劇的にわかる理論化学の授業　改訂版〕橋爪健作

S4d107